高等职业教育“十三五”规划教材
辽宁职业学院教育部现代学徒制项目建设成果

乳制品加工

史淑菊　主编

中国农业大学出版社
· 北京 ·

内容简介

本教材内容包括乳制品生产卫生知识、原料乳的化学成分及加工特性、原料乳验收、液态乳加工、酸乳加工、乳粉加工、冷冻乳制品加工、干酪加工、炼乳加工、奶油加工等10个项目。本教材从生产过程入手，以操作方法为重点，难点内容配以动画讲解（二维码）；内容设计以生产过程需求为标准，将理论知识渗透到实际操作中。书中配以图片，更加直观，力求图文并茂，易于理解。在栏目设计上，以任务描述、任务实施、参考标准、师生共研、知识链接为主，便于读者有重点、有选择地学习。

图书在版编目（CIP）数据

乳制品加工 / 史淑菊主编．—北京：中国农业大学出版社，2020.6
ISBN 978-7-5655-2371-7

Ⅰ.①乳…　Ⅱ.①史…　Ⅲ.①乳制品-食品加工-高等职业教育-教材　Ⅳ.①TS252.4

中国版本图书馆 CIP 数据核字（2020）第 107331 号

书　名　乳制品加工
作　者　史淑菊　主编

策划编辑　张　玉　　**责任编辑**　洪重光
封面设计　郑　川
出版发行　中国农业大学出版社
社　址　北京市海淀区圆明园西路 2 号　　**邮政编码**　100193
电　话　发行部 010-62733489，1190　　读者服务部 010-62732336
编辑部 010-62732617，2618　　出　版　部 010-62733440
网　址　http://www.caupress.cn　　**E-mail**　cbsszs@cau.edu.cn
经　销　新华书店
印　刷　北京虎彩文化传播有限公司
版　次　2020 年 6 月第 1 版　2020 年 6 月第 1 次印刷
规　格　787×1 092　16 开本　15.5 印张　340 千字
定　价　46.00 元

编审委员会

本书编写人员

主　编　史淑菊（辽宁职业学院）

副主编　曾宪红（辽宁职业学院）

　　　　　张海涛（辽宁农业职业技术学院）

参　编　冯亚男［康师傅（沈阳）方便食品有限公司］

　　　　　侯绍春（辽宁职业学院）

　　　　　王　洋（黑龙江民族职业学院）

总　序

历经两年的辛苦努力，辽宁职业学院教育部现代学徒制项目建设成果系列教材正式出版了。为贯彻落实《教育部关于开展现代学徒制试点工作的意见》（教职成〔2014〕9号）和《教育部办公厅关于全面推进现代学徒制工作的通知》（教职成厅函〔2019〕12号）文件精神，落实《国家职业教育改革实施方案》中建设一大批校企“双元”合作开发的国家规划教材要求，现代学徒制试点项目组充分利用校企共建四大平台，发挥校企双方的场所、设备、人员优势，吸纳新技术、新工艺、新规范和典型生产案例，与合作企业、行业、同类院校共同开发此系列教材，并配套信息化资源，形成共建共享的教学资源体系，落实立德树人根本任务，打造“双导师”师资队伍，提升学徒培养质量。

本着“课程内容与职业标准对接，教学过程与生产过程对接”的原则，在行业企业调研的基础上，以满足企业岗位能力需求、遵循企业工作流程、参照行业标准、符合学徒培养目标为理念，以学徒职业能力培养、职业素养提升为主线，以生产项目、工作任务为载体，立足服务区域经济发展、食品加工岗位工作实际，认真总结、吸取国内外经验，明确“如何教、教什么”的问题，我们组织相关校企共同开发了现代学徒制系列数字化教材。本系列教材具有如下特点：

1. 开发主体多元化。在校企共建的前提下，组织学术水平高、教学经验丰富的学院导师，“康师傅”一线技术人员、高级技师，兄弟院校和行业资深专家共同联合开发教材。

2. 对接职业标准化。教材以最新国家标准、行业标准为依据，融合最新教育理念及相关研究成果，以生产项目、工作任务为载体，突出学生岗位能力、职业素养培养。

3. 教材形式立体化。教材不仅包括纸质内容，还配有视频、音频、动画等数字资源，使学习者可以在手机、电脑等移动终端随时随地观看学习，满足学习者移动学习、个性化学习的需要。

4. 立德树人全程化。本教材设有“思政花园”栏目，把思政教育融入教材编写中，体现在课堂教学环节，实现全员、全方位、全过程育人。

辽宁职业学院教育部现代学徒制项目建设成果——校企合作理实一体化特色系列数字化教材，凝聚了多方开发人员的智慧和心血，凝聚了出版界的关心与关爱，希望该系列教材的出版能发挥示范引领作用，辐射、带动同类高职院校的课程改革和建设。

本系列教材适应面广、选择性强，使用者可根据不同学习需求，学习部分项目或任务。本系列教材既可用于高职教学，也可用于各类相关培训。

由于编写时间有限，教材疏漏之处在所难免。真诚希望同行及教材使用者多提宝贵意见。

辽宁机电职业技术学院院长、党委副书记 于宏国

2020年5月

前言
Preface

为了贯彻落实《国家中长期教育改革和发展规划纲要（2010—2020）》和《国家中长期人才发展纲要（2010—2020）》精神，加强校企合作建设，培养高素质技能型人才，结合高等职业（专科）院校现代学徒制试点工作的实施，在深入乳制品加工行业企业调研的基础上，紧密结合企业生产实际，以就业需求为导向，以职业岗位能力培养为中心，以乳制品加工过程为主线，以典型工作任务为载体，编写《乳制品加工》教材。

本书充分考虑高职学生的认知能力、动手能力和可持续发展能力，以典型产品基本操作为学习前提，以师生共研为巩固学习手段，以相关知识为学习辅助点，满足不同层次人才培养的需求。

本书适合作为高职高专食品加工类专业教材，亦可作为相关行业企业专业技术人员的培训用书。

本教材内容包括乳制品生产卫生知识、原料乳的化学成分及加工特性、原料乳验收、液态乳加工、酸乳加工、乳粉加工、冷冻乳制品加工、干酪加工、炼乳加工、奶油加工等10个项目。从生产过程入手，以操作方法为重点，难点内容配以动画讲解（二维码）。内容设计以生产过程需求为标准，将理论知识渗透到实际操作中。书中配以图片，更加直观，力求图文并茂，易于理解。在栏目设计上，以任务描述、参考标准、任务实施、师生共研、知识链接为主，便于读者有重点、有选择地学习。

本书由辽宁职业学院教师史淑菊、曾宪红、侯绍春，辽宁农业职业技术学院教师张海涛，黑龙江民族职业学院王洋，康师傅（沈阳）方便食品有限公司冯亚男编写。编写分工是：项目一乳制品生产卫生知识、项目四液态乳加工、项目五酸乳加工、项目七冷冻乳制品加工、项目八干酪加工由史淑菊编写；项目二中任务一牛乳的化学成分、任务二乳的物理性质，项目三原料乳验收由曾宪红编写；项目二中任务三加工处理对牛乳质量的影响、任务四乳中微生物由侯绍春编写；项目六乳粉加工、项目九炼乳加工、项目十奶油加工由张海涛编写；图片、图表由冯亚男编制。

本书编写过程中错误和疏漏之处在所难免，恳请使用本教材的师生和读者批评指正。

编　者

2019 年 12 月 5 日

目录
Contents

项目一
乳制品生产卫生知识

知识目标

1. 掌握乳制品生产卫生知识。

2. 了解相关法律法规。

技能目标

1. 掌握乳品从业人员个人卫生控制方法。

2. 掌握乳品从业人员进入车间的流程。

3. 掌握正确的洗手消毒程序。

4. 养成良好的职业素养。

德育目标

培养学生严谨的工作作风，激发学生的责任感、使命感，引导学生遵守食品生产法律法规和执行食品安全国家标准。

任务一 从业人员更衣流程

【任务描述】

1. 明确乳制品生产是一个“良心”的工作。

2. 培养乳品从业人员的卫生意识。练习卫生操作程序，使学生掌握乳制品生产卫生操作的基本做法。

【参考标准】

《中华人民共和国食品安全法》(2018 年修正)

《乳品质量安全监督管理条例》(国务院令第 536 号)

《企业生产乳制品许可条件审查细则》(2010 版)

【工艺流程】

从业人员更衣流程:整理好头发→戴发网→戴工作帽→穿工作服→换工作鞋→除掉工作服上的毛发和灰尘→洗手→工作鞋消毒。

【任务实施】

从业人员更衣流程见图 1-1。

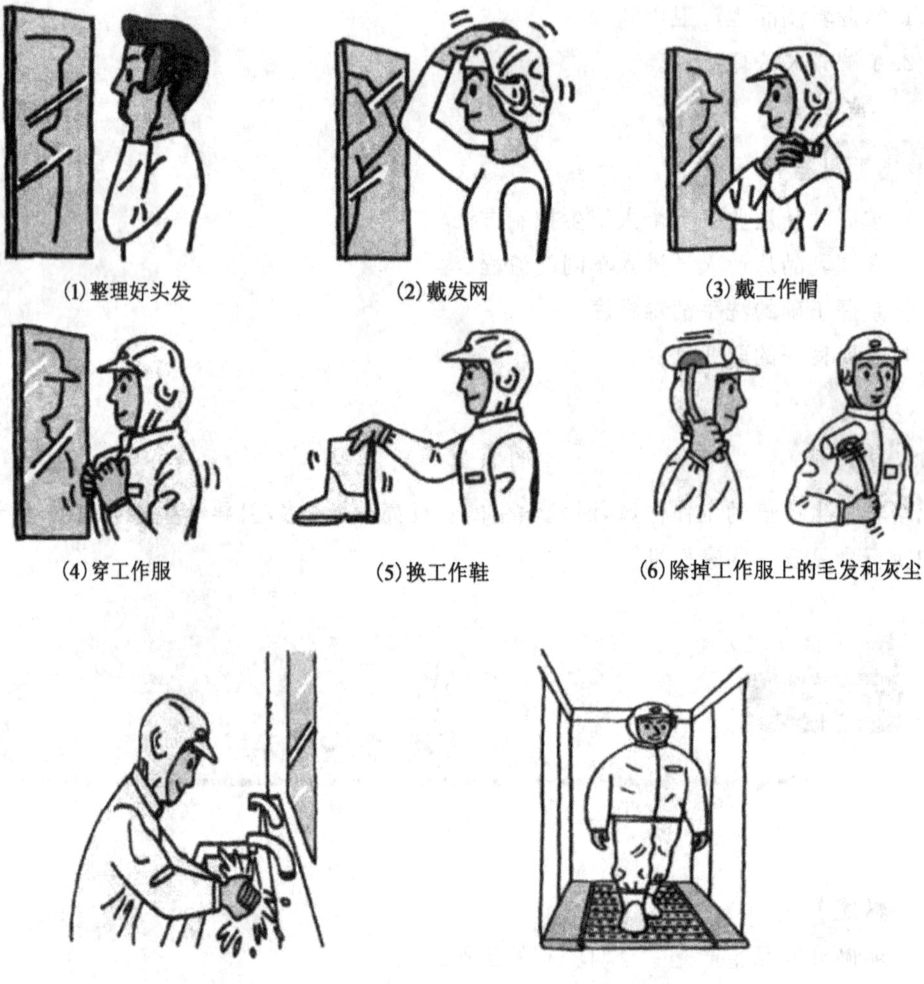

(1)整理好头发　(2)戴发网　(3)戴工作帽

(4)穿工作服　(5)换工作鞋　(6)除掉工作服上的毛发和灰尘

(7)洗手　(8)工作鞋消毒

图 1-1　从业人员更衣流程

【任务评价】

评价单

学习领域	从业人员更衣流程				
评价类别	项目	子项目	个人评价	组内互评	教师(师傅)评价
专业能力 80%	资讯(5%)	搜集信息(2%)			
		引导问题回答(3%)			
	计划(5%)	计划可执行度(3%)			
		计划执行参与程度(2%)			
	实施(40%)	操作熟练度(40%)			
	结果(20%)	结果质量(20%)			
	作业(10%)	完成质量(10%)			
社会能力 20%	团结协作(10%)	对小组的贡献(10%)			
	敬业精神(10%)	学习纪律性(10%)			

【师生共研】

认真按照洗手七步法——①洗手掌;②洗背侧指缝;③洗掌侧指缝;④洗指背;⑤洗拇指;⑥洗指尖;⑦洗手腕和手臂——进行洗手。

【知识链接】

一、健康检查

食品生产经营者应当建立并执行从业人员健康管理制度。患有痢疾、伤寒、病毒性肝炎等传染病的人员,以及患有活动性肺结核、化脓性或者渗出性皮肤病等有碍食品安全的疾病的人员,不得从事接触直接入口食品的工作。

食品生产经管人员每年应当进行健康检查,取得健康证明后方可参加工作。

当身体不适时,如感冒、咳嗽、呕吐、腹泻等,要向车间负责人报告,并根据负责人的指示行事。

当手部受伤时要马上汇报车间负责人,处理相应的产品和机械、工器具,并根据情况确定是否可以继续工作。

二、个人卫生管理

①要注意身体的清洁卫生,勤洗澡,勤理发,勤剪指甲,勤换衣服和被褥。

②不要把个人的物品带进车间,工作时不要佩戴手表、项链、饰针和其他的装饰品,不得化妆。

③上班前严禁喝酒,上班时严禁在车间或更衣室内吸烟、饮食,或做其他有碍食品卫生

的活动。

④在车间内(包括车间周围)严禁吐痰,严禁对着食品或食品接触面打喷嚏或咳嗽。

⑤不得穿着工作服、水鞋外出车间、如厕等。

⑥如厕严格按照规定的程序进行:换下工作服、水鞋→换如厕拖鞋→如厕→洗手消毒→换上工作服、水鞋。

⑦遵守企业制定的乳制品员工个人卫生规范。

三、工作服的管理

①进入车间要穿着干净的工作服。

②更衣室内工作服和便服分开放置;脏的工作服和干净的工作服分开放置。

③脏的工作服要送到指定的场所进行洗涤,穿戴前要进行消毒。

④要按照指定的方法佩戴工作帽、口罩和穿工作服、水鞋。

⑤水鞋要保持清洁,并放在更衣室中。

⑥入车间前洗手,并将水鞋放在 200 mg/kg 次氯酸钠溶液中浸泡消毒。

四、洗手消毒

(1)洗手消毒时机　入车间前;食品处理工作开始时;去卫生间后;工作期间定时洗手消毒;在处理食品原料或其他任何被污染的材料后。

若不及时洗手,就可能会污染食品。

(2)洗手消毒程序　如图 1-2 所示。

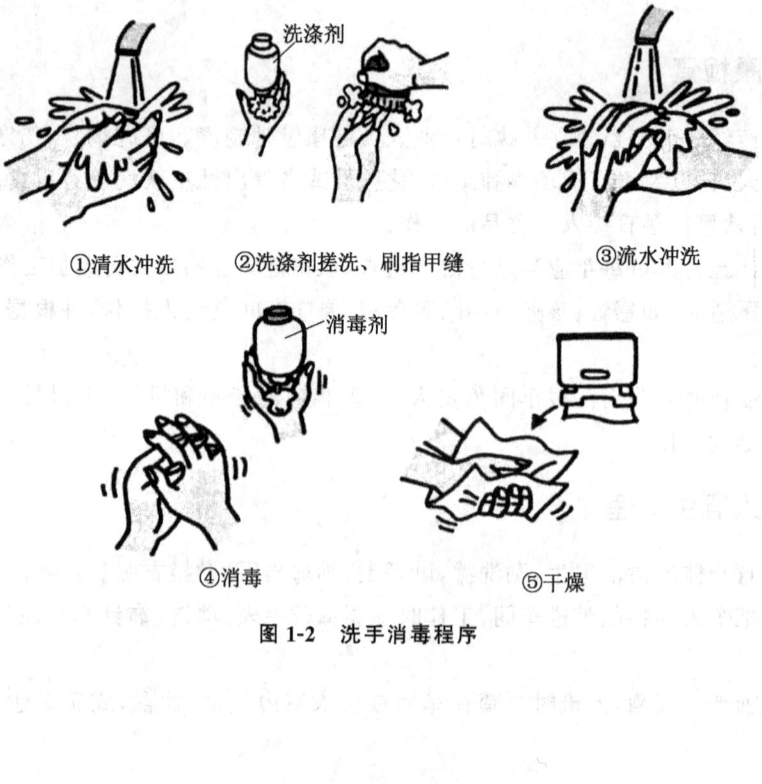

图 1-2　洗手消毒程序

①清水冲洗；

②洗涤剂搓洗、刷指甲缝；

③流水冲洗，将洗涤剂彻底冲干净，防止残留（按照洗手七步法）；

④浸泡消毒（50 mg/kg 的次氯酸钠溶液，30 s），消毒后再次用流水冲洗，冲净消毒液，防止残留；

⑤用洁净的毛巾或强风干手器干手；

⑥75%酒精（乙醇）喷洒消毒（防止干手过程的再次污染）。

五、工作中的注意事项

①充分了解污染区和非污染区的区别。

②设备、工器具受到污染，要清洗消毒处理后才能继续使用。

③工作中去卫生间要按规定的程序进行。

④当手接触了头发、鼻子或受到其他污染后就不应该继续从事工作。

⑤按规定的时间定时对工器具清洗消毒，并洗手消毒。

⑥不要用工作服擦手。

六、完工后的注意事项

①对不干净的工作服进行洗涤处理。

②对不干净的鞋子进行洗净和干燥处理。

③更衣室保持清洁。

④对车间、更衣室空气进行臭氧杀菌。

七、职业素养

（一）什么是职业素养

职业素养是个很大的概念，专业是第一位的，但是除了专业，敬业的精神和道德观是必备的。个人行为综和体现到职场上的就是职业素养，体现在生活中的就是个人素质或者道德修养。

个体行为的总和构成了自身的职业素养，职业素养是内涵，个体行为是外在表象。

所以，职业素养是一个人职业生涯成败的关键因素。职业素养经量化而成“职商”（career quotient，CQ）。也可以说一生成败看职商。

（二）职业素养包含哪些方面

职业素养概括地说包含四个方面：职业道德；职业思想（意识）；职业行为习惯；职业技能。

前三项是职业素养中最根基的部分，而职业技能是支撑职业人生的表象内容。

在衡量一个人的时候，企业通常将二者的比例以 6.5∶3.5 进行划分。

前三项属世界观、价值观、人生观范畴的产物，从出生到退休或至死亡逐步形成，逐渐完善。而后一项，通过学习、培训比较容易获得。可以通过三年左右的时间令我们掌握职业技能的入门技术。在实践运用中，我们日渐成熟而成为专家。可企业更认同的道理是，如果一个人基本的职业素养不够，比如说忠诚度不够，那么技能越高的人，聘用其隐含的风险越大。

做好自己最本职的工作，也就是具备了最好的职业素养。

所以，用大树理论来描述两者的关系比较直接。

每个人都是一棵树，原本都可以成为大树，而根系就是一个人的职业素养。枝、干、叶就是其显现出来的职业素养的表象。要想枝繁叶茂，首先必须根系发达。

从事乳制品生产的人员除了应具有的职业素养外，还应该怀着对乳品业的敬仰和对广大消费者的满腔热忱从事工作。

思政花园

国家将食品安全知识纳入国民素质教育内容，普及食品安全科学常识和法律知识，提高全社会的食品安全意识。

——《中华人民共和国食品安全法实施条例》第五条

项目二
原料乳的化学成分及加工特性

知识目标

掌握原料乳的化学成分及其与加工的关系。

技能目标

学会根据乳化学成分的特性调整加工条件，最大限度地保持乳的营养成分。

德育目标

培养学生严谨的工作作风，激发学生的责任感、使命感，引导学生遵守食品生产法律法规和执行食品安全国家标准。

任务一 牛乳的化学成分

【任务描述】

认识牛乳的组成成分，初步了解这些成分的性质和作用。

【任务实施】

1. 完善牛乳的组成成分：

- 牛乳
  - 水分（　　　　　）
  - 干物质（　　　　　）
    - 乳脂肪（　　　　　）
    - 含氮物（　　　　　）
      - 酪蛋白（　　　　　）
      - 白蛋白（　　　　　）
      - 球蛋白（　　　　　）
      - 其他含氮物（　　　　　）
    - 酶类（　　　　　）
    - 乳糖（　　　　　）
    - 维生素（　　　　　）
    - 灰分（　　　　　）
      - 氯化钙（　　　　　）
      - 磷酸（　　　　　）
      - 其他无机盐（　　　　　）
    - 柠檬酸（　　　　　）
  - 气体（　　　　　）

2.说明牛乳的各成分化学性质与加工的关系。

【任务评价】

评价单

学习领域	牛乳的化学成分				
评价类别	项目	子项目	个人评价	组内互评	教师(师傅)评价
专业能力 80%	资讯(5%)	搜集信息(2%)			
		引导问题回答(3%)			
	计划(5%)	计划可执行度(3%)			
		计划执行参与程度(2%)			
	实施(40%)	操作熟练度(40%)			
	结果(20%)	结果质量(20%)			
	作业(10%)	完成质量(10%)			
社会能力 20%	团结协作(10%)	对小组的贡献(10%)			
	敬业精神(10%)	学习纪律性(10%)			

【师生共研】

1.为什么牛乳能喂大一个婴儿?

2.为什么牛乳是世界上接近完美的食物?

3.如何最大限度地保留乳制品的营养成分?加工过程对乳有什么影响?

【知识链接】

一、乳的概念及营养学意义

(一)乳的概念

乳是哺乳动物为哺育幼儿(幼仔)从乳腺分泌的一种白色或稍带微黄色的不透明的液体。

乳含有幼儿生长发育所需要的全部营养成分,是哺乳动物出生后最适合的且易于消化吸收的食物。通常所说的乳是指乳用品种牛(奶牛)产的乳,即牛乳,另外还有其他品种的牛乳和羊乳、马乳、驼乳及鹿乳等。

据统计,中国成年人身高总体上呈增长趋势,但增长幅度为日本同龄人增长幅度的50%以下。目前,中国40岁以上男子比日本同龄人高1.2 cm,39岁以下男子则低于日本同龄人0.68 cm,中国中青年男子身高相对日本同龄人身高平均值已无优势可言。中国女子成年人各年龄段身高仍高于日本同龄人,但随着年龄的减小,差距越来越小。中国人的身高增长已呈低于日本人的趋势。日本积极推广牛奶计划。1964年,为了增强人民的体格,日本政府宣布学校给学生提供的午餐中必须有牛奶,日本人的体质因此得到极大改善,平均身高比上一代增加了11 cm,体重增加了8 kg。

(二)乳制品的定义及分类

乳制品是指以生鲜牛(羊)乳及其制品为主要原料经加工而成的各种产品。

乳制品分如下七大类:

(1)液体乳类　主要包括:杀菌乳、灭菌乳、酸牛乳、配方乳等。

(2)乳粉类　主要包括:全脂乳粉、脱脂乳粉、全脂加糖乳粉、调味乳粉、婴幼儿乳粉、其他配方乳粉。

(3)炼乳类　主要包括:全脂无糖炼乳、全脂加糖炼乳、调味炼乳、配方炼乳等。

(4)乳脂肪类　主要包括:稀奶油、奶油、无水奶油等。

(5)干酪类　主要包括:天然干酪、再制干酪等。

(6)冷冻乳类　主要包括:冰淇淋(冰激凌)、雪糕等。

(7)其他乳制品类　主要包括:干酪素、乳糖、乳清粉、浓缩乳清蛋白等。

(三)异常乳的产生原因和性质

1.生理异常乳

(1)营养不良乳　饲料不足、营养不良的乳牛所产的乳,对皱胃酶几乎不凝固,所以这种乳不能制造干酪。当喂以充足的饲料,加强营养之后,牛乳即可恢复正常,对皱胃酶即可凝固。

(2)初乳　产犊后1周之内所分泌的乳称为初乳。

初乳的特征如下。

①感官。呈黄褐色,有异臭,苦味,黏度大,特别是3 d之内的初乳特征更为显著。

②理化性质。相对密度大于常乳，达 1.060，常乳为 1.030；酸性；冰点低于常乳。

③成分组成。脂肪、蛋白质(特别是乳清蛋白质)含量高，乳糖含量低，灰分含量高。初乳中含铁量一般为常乳的 3～5 倍，铜含量约为常乳的 6 倍。初乳中含有初乳球，可能是脱落的上皮细胞，或白细胞吸附于脂肪球处而形成的，在产犊后 2～3 周即消失。初乳中含有丰富的维生素，尤其富含维生素 A、维生素 D、B 族维生素，而且含有多量的免疫球蛋白，为幼儿生长所必需。它不等于做普通乳制品的原料乳。

④热的稳定性。初乳热稳定性差，加热时容易凝固。

目前普遍利用初乳的免疫活性物质生产保健乳制品。

(3)末乳　也称老乳，即干奶期前两周所产的乳。末乳脂肪含量下降，其他成分均较常乳高，有苦而微咸的味道，含脂酶多，常有油脂氧化味。

一般末乳 pH 为 7.0，细菌数达 250 万 CFU/mL，氯离子含量为 0.16%左右。

2.化学异常乳

(1)酒精阳性乳　乳品厂检验原料乳时，一般先用 68%或 70%的酒精进行检验，凡产生絮状凝块的乳称为酒精阳性乳。

酒精阳性乳有下列几种。

①高酸度酒精阳性乳。一般酸度在 20°T 以上时的乳，酒精试验为阳性，称为酒精阳性乳。其原因是鲜乳中微生物繁殖使酸度升高。要注意挤乳时的卫生并将挤出的鲜乳保存在适当的温度条件下，以免微生物繁殖污染。

②低酸度酒精阳性乳。有的鲜乳虽然酸度低(16°T 以下)，但酒精试验也呈阳性，所以称作低酸度酒精阳性乳。这可能与饲养管理导致 Ca^{2+}、Mg^{2+} 不平衡有关。低酸度酒精阳性乳产生的原因有以下几种：

a.环境。一般来说，春季发生较多，到采食青草时自然好转。开始舍饲的初冬，气温剧烈变化，或者夏季盛暑期也易发生。奶牛年龄在 6 岁以上的易发。卫生管理越差发生得越多。采用日光浴、放牧、改进换气设施等使环境条件改善对防止产生低酸度酒精阳性乳具有一定的效果。

b.饲养管理。饲喂腐败饲料或者喂量不足，长期饲喂单一饲料和过量喂给食盐而发生低酸度酒精阳性乳的情况很多。挤乳过度而热能供给不足，容易引发耐热性低的酒精阳性乳。产乳旺盛期，单靠供给饲料不足以维持需要，所以分娩前必须给予充分的营养。因饲料骤变或维生素不足而引起酒精阳性乳时，可喂根菜类加以改善。

c.生理机能。乳腺的发育、乳汁的生成受各种内分泌的机能所支配。内分泌物质，特别是发情激素、甲状腺素、副肾上腺皮质素等的异常与阳性乳的产生都有关系。而这些情况一般与肝脏机能障碍、乳腺炎、软骨症、酮体过剩等并发。例如，乳腺中含多量可溶性钙、镁、氯化合物而无机磷较少会产生异常乳；机体酸中毒、体液酸碱失去平衡，使体液 pH 下降时也会分泌异常乳；机体血液中乙酰乙酸、丙酮、β-羟基丁酸过剩，蓄积而引起酮血病也会造成乳腺分泌异常乳。

(2)冷冻乳　冬季因受气候和运输的影响，鲜乳产生冻结现象，这时乳中一部分酪蛋白变性。在处理过程中，因温度和时间的影响，牛乳酸度相应升高，以致产生酒精阳性乳。但这种酒精阳性乳的耐热性要比因受其他原因而产生的酒精阳性乳高。

3.低成分乳

乳的营养成分明显低于常乳，这种情况主要受遗传和饲养管理所左右。

4.混入异物乳

混入异物的乳是指在乳中混入原来不存在的物质的乳。

含有防腐剂、抗生素的乳，不宜用作发酵乳制品加工的原料乳。

偶然混入异物：牛舍环境中的昆虫、杂草、饲料、污水；牛体的皮肤、粪便；挤奶时混入的头发、金属、洗涤剂等杂质。

人为添加异物：水、碱(中和剂：碳酸钠)、尿素、防腐剂、异种脂肪、蛋白(豆浆)、淀粉等。

经牛体污染混入异物：抗生素、激素、兽药残留、农药残留等。

5.风味异常乳

造成牛乳风味异常的因素很多，主要有通过机体转移或从空气中吸收而来的饲料臭，由酶作用而产生的脂肪分解臭，挤乳后从外界污染或吸收的牛体臭或金属臭等。

(1)生理异常风味　脂肪没有完全代谢，使牛乳中的酮体类物质过多增加而引起的乳牛味；在冬季、春季牧草减少而以人工饲养时产生的饲料味。产生饲料味的饲料主要是各种青贮料、芜菁、卷心菜、甜菜等；杂草味主要由大蒜、韭菜、苦艾、猪杂草、毛茛、甘菊等产生。

①脂肪分解味。由于乳脂肪被脂酶水解，乳中游离的低级挥发性脂肪酸多而产生。

②氧化味。由乳脂肪氧化而产生的不良风味。产生氧化味的主要因素为重金属、抗坏血酸、光线、氧、储藏温度以及饲料、牛乳处理方式和季节等，其中以铜的影响最大。

此外，抗坏血酸对氧化味的影响很复杂，也与铜有关。如果把抗坏血酸增加 3 倍或全部破坏均可防止发生氧化味。

另外，光线所诱发的氧化味与核黄素有关。加热后(76.7℃以上)因产生巯基化合物可以防止氧化。

(2)日光味　牛乳在阳光下照射 10 min，可检出日光味，这是由于乳清蛋白受阳光照射而产生的。日光味类似焦臭味和毛烧焦味。日光味的强度与维生素 B_2 和色氨酸的破坏有关，产生日光味物质的成分为乳蛋白质-维生素 B_2 的复合体。

(3)蒸煮味　蒸煮味主要由乳清蛋白中的乳球蛋白产生。加热牛乳产生硫氢基，致使牛乳产生蒸煮味。

例如，牛乳在 76～78℃ 加热 3 min 或在 70～72℃加热 30 min 均可产生蒸煮味。

(4)苦味　乳在长时间冷藏时，往往产生苦味。

苦味是低温菌或某种酵母菌使牛乳产生脂肽化合物，或者是解脂酶使牛乳产生游离脂肪所形成的。

(5)酸败味　主要为牛乳发酵过程异常或受非纯正的产酸菌污染所致。当受污染时，牛乳、稀奶油、奶油、冰淇淋以及发酵乳等可产生较浓烈的酸败味。

6.微生物污染乳

微生物污染乳也是异常乳的一种。鲜乳容易由乳酸菌产酸凝固，由大肠菌产生气体，由芽孢杆菌产生胨化和碱化，并发生异常风味（腐败味）。低温菌也可能使乳胨化和变黏。脂肪的分解使乳产生脂肪分解味、苦味和发生非酸凝固。挤乳前后的污染、不及时冷却和器具的洗涤杀菌不完全等原因，鲜乳可被大量微生物污染。

7.病理异常乳

（1）乳腺炎乳　外伤或者细菌感染，使乳房发生炎症，这时乳房所分泌的乳，其成分和性质都发生变化，乳糖含量降低，氯含量增加及球蛋白含量升高，酪蛋白含量下降，并且细胞（上皮细胞）数量增多，以致无脂干物质含量较常乳少。

造成乳腺炎的原因主要是奶牛体表和牛舍环境卫生不符合卫生要求，挤乳方法不合理。尤其是使用挤乳机时，使用不合理或不彻底清洗杀菌，使乳腺炎发病率升高。

（2）其他病牛乳　主要是由患口蹄疫、布氏杆菌病等的奶牛所产的乳，乳的质量变化大致与乳腺炎乳相类似。另外，奶牛酮体过剩、肝机能障碍、繁殖障碍等，易分泌酒精阳性乳。

（四）乳的营养学意义

1.经济学价值

奶牛的饲料转化率高，牛乳的生产成本低。

1 kg 饲料所能获得的动物蛋白，生产牛乳为 140 g，鸡肉为 110 g，鱼肉为 90 g，蛋为 59 g，猪肉为 24 g。

2.营养学价值

乳营养丰富，成分齐全，容易消化，是哺乳动物出生阶段维持生命、发育不可替代的必需食品。

牛初乳是奶牛产仔后 7 d 之内的乳汁，属于生理异常乳，其物理性质、成分与常乳差别很大，产量低，工业化收集较困难，质量不稳定，不适合用于加工婴幼儿配方食品（包括婴儿配方食品、较大婴儿和幼儿配方食品、特殊医学用途婴儿配方食品这三类食品）。

牛初乳喷干工艺生产有的过程温度达到了 60℃以上，而活性免疫球蛋白的活性保存温度不能高于 40℃，所以服用喷干工艺的牛初乳只能增加孩子的肾脏功能负担，而且容易上火；只有冻干工艺生产的牛初乳能够较完整保留牛初乳中活性免疫球蛋白的活性，服用效果明显，不会增加孩子的肾脏负担，更不会上火。但是冻干牛初乳生产成本是喷干牛初乳的 7 倍。

初乳的蛋白质大多数为免疫球蛋白，它能够形成抗体，与病原微生物及毒素等抗原结合，在哺乳动物新生幼仔自身免疫系统发育成熟、正常运作之前，可以保护其免受病原侵袭。

（1）乳脂肪

①乳脂肪是乳中主要的能量物质，是一种丰富的能量来源，其发热量高。

②乳脂肪在各种食用油脂中最容易消化，主要在于乳脂肪的熔点低于人的体温，同时它

本身已具备了很好的乳化状态。乳脂肪不同于其他动植物性脂肪，它含有 20 多种脂肪酸（其他动植物脂肪只含有 5～7 种脂肪酸），而且低级挥发性脂肪酸占比大，约达 14%。其中水溶性脂肪酸达 8%左右（其他油脂一般只有 1%）。由于乳脂肪中含有在体温下呈液体状态存在的脂肪酸的比例高，所以乳脂肪是一种消化率很高的食用脂肪。

③乳脂肪含必需脂肪酸（亚油酸、亚麻酸、花生四烯酸）。

必需脂肪酸（essential fatty acids，EFA）是指人体维持机体正常代谢不可缺少而自身又不能合成，或合成速度慢无法满足机体需要，必须通过食物供给的脂肪酸。

n-6 系列的亚油酸和 n-3 系列的亚麻酸是人体必需的两种脂肪酸。事实上，在 n-6、n-3 系列中许多脂肪酸如花生四烯酸（AA）、二十碳五烯酸（EPA）、二十二碳六烯酸（DHA）等都是人体不可缺少的，但人体可利用亚油酸和 α-亚麻酸合成这些脂肪酸。

④乳脂肪是脂溶性维生素的载体。脂溶性维生素包括维生素 A、维生素 D、维生素 E 和维生素 K。乳脂肪是脂溶性维生素的含有者和传递者。

（2）乳蛋白质

①生物价高。常见食物蛋白质的生物价见表 2-1。

表 2-1　常见食物蛋白质的生物价

蛋白质	生物价	蛋白质	生物价
鸡蛋	94	猪肉	74
牛奶	85	小麦	67
牛肉	76	大豆	64
白鱼	76	花生	59

②消化率高。以全氮 100%计，乳蛋白质为 98%。

③氨基酸均衡。乳中含有所有氨基酸种类，比例合理。1 L 乳能基本满足人体的全天需求。

必需氨基酸：指的是人体自身（或其他脊椎动物）不能合成或合成速度慢不能满足人体需要，必须从食物中摄取的氨基酸。包括赖氨酸、色氨酸、苯丙氨酸、甲硫氨酸（又叫作蛋氨酸）、苏氨酸、异亮氨酸、亮氨酸、缬氨酸。

（3）乳糖　乳糖是自然界中仅存于乳中的糖类，乳糖是乳中特有的糖类物质。

①乳糖的消化性：

$$\underset{\text{乳糖}}{C_{12}H_{22}O_{11}} + \underset{\text{水}}{H_2O} \longrightarrow \underset{\text{半乳糖}}{C_6H_{12}O_6} + \underset{\text{葡萄糖}}{C_6H_{12}O_6}$$

②乳糖的发酵作用：

$$\underset{\text{乳糖}}{C_{12}H_{22}O_{11}} + \underset{\text{水}}{H_2O} \longrightarrow \underset{\text{乳酸}}{4C_3H_6O_3}$$

- 乳糖的发酵作用可改善人体胃肠道的 pH 环境，缓解或消除一些肠道疾病。
- 微生物的发酵产物增加，抑制其他有害细菌的繁殖，防止婴儿下痢。

- 发酵产物对恶性肿瘤有一定的抑制作用。
- 发酵产物对治疗消化道疾病较有效。

(4)盐类　主要以无机磷酸盐和有机柠檬酸盐的状态存在。

牛乳中Ca、P含量丰富，当Ca∶P=1∶1.5时符合人体需要，牛乳是补充Ca、P最好的食品。

二、乳的化学成分

(一)水分

水是乳中的主要成分，占87.5%～89%，主要以游离水和结合水的形式存在。

1.游离水

在生产过程中易于除去。

2.结合水

含量为2%～3%。通过氢键和蛋白质的亲水基结合，结合水失去了溶解其他物质的能力，在常压下不能被除去，只有加热到150～160℃才能被除去。

(二)乳脂肪

乳脂肪(milk fat或butter fat)是牛乳的主要成分之一，对牛乳风味起重要的作用，在乳中的含量一般为3%～5%。乳脂肪不溶于水，呈微细球状分散于乳中，使乳形成乳浊液。

如果将牛乳在容器中静置一段时间之后则乳脂肪逐渐上浮，形成一层脂肪层。这上浮的脂肪层为稀奶油层，下面即为脱脂乳(图2-1)。

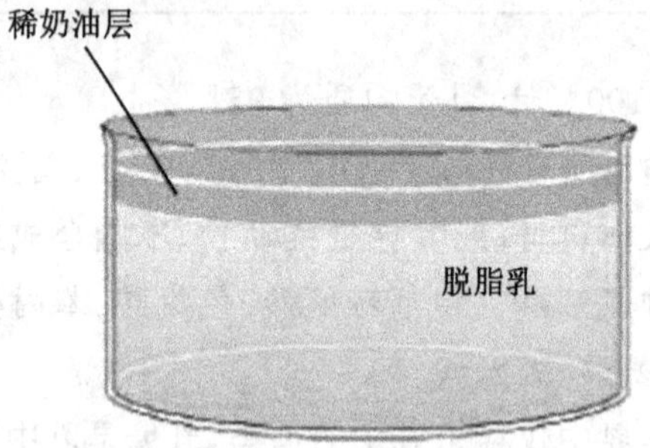

图2-1　牛乳静置后分层

乳脂肪以脂肪球的形式存在。脂肪球表面有一层脂肪球膜，能防止脂肪球凝聚，阻碍酶对脂肪的水解。

1.脂肪球膜的构造

乳脂肪球的大小依奶牛的品种、个体、健康状况、泌乳期、饲料及挤乳情况等因素而异，通常直径为0.1～10 μm，其中以0.3 μm左右者居多。每毫升的牛乳中有20亿～40亿个脂肪球。

乳脂肪球在显微镜下显示为圆球形或椭圆球形，表面被一层厚 5～10 nm 的膜所覆盖，此膜称为脂肪球膜。

脂肪球膜主要由蛋白质、磷脂、甘油三酯、胆甾醇、维生素 A、金属及一些酶类构成，同时还含有盐类和少量结合水。脂肪球含有磷脂与蛋白质形成的脂蛋白络合物，使脂肪球能稳定地存在于乳中。

(1)磷脂　磷脂是极性分子，其疏水基朝向脂肪球的中心，与甘油三酯结合形成膜的内层；磷脂的亲水基向外朝向乳浆，连着具有强大亲水基的蛋白质，构成了膜的外层，其化学成分接近脂肪。磷脂由甘油、脂肪酸、磷酸和含氮物组成，在牛乳中含量约 0.03%。牛乳中磷脂的 60%都存在于脂肪球膜中。牛乳经分离机分离后，磷脂的大部分(约 70%)进入稀奶油中。将稀奶油搅拌制造奶油时则磷脂与脂肪球分离，磷脂大部分留在酪乳中。

(2)甾醇　乳中含有少量的甾醇类(每 100 mL 乳中含 7～17 mg)，以游离状态存在，其中主要为胆甾醇。有些甾醇(如麦角甾醇)经紫外线照射后具有维生素特性，所以有很大意义，只是乳脂经照射后易氧化变质。

脂肪球膜的结构见图 2-2。

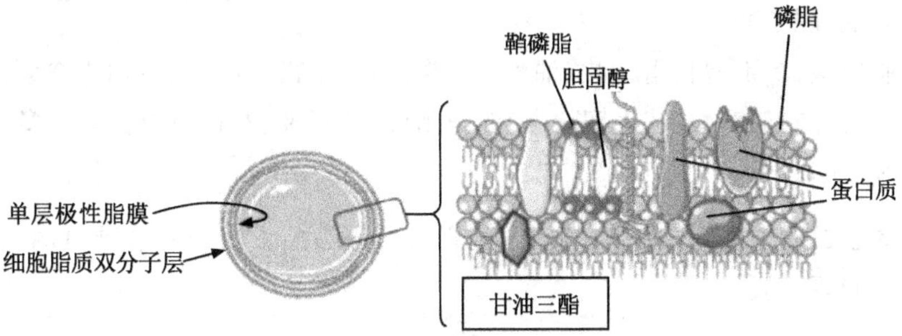

图 2-2　脂肪球膜的结构

脂肪球膜具有保持乳浊液稳定的作用，即使脂肪球上浮分层，仍能保持着脂肪球的分散状态。在机械搅拌或化学物质作用下，脂肪球膜被破坏后，脂肪球才会互相聚结在一起。因此，可以利用这一原理生产奶油和测定乳中的含脂率。

2.脂肪球的大小对乳制品加工的意义

脂肪球的直径越大，上浮的速度就越快，故大脂肪球含量多的牛乳，容易分离出稀奶油。当脂肪球的直径接近 1 μm 时，脂肪球基本不上浮。所以，生产中可将牛乳进行均质处理，得到长时间不分层的稳定产品。

3.乳脂肪的化学组成

乳脂肪主要成分是甘油三酯(98%～99%)，少量的磷脂(0.2%～1.0%)和甾醇(0.25%～0.4%)等。

乳中的脂肪酸可分为三类：第一类是水溶性挥发性脂肪酸，如丁酸、乙酸、辛酸和癸酸；第二类是非水溶性挥发性脂肪酸，如十二碳酸；第三类是非水溶性不挥发性脂肪酸，如十四碳酸、二十碳酸、十八碳烯酸和十八碳二烯酸(亚油酸)。

在牛乳脂肪中已证实含有 C_{21}～C_{23} 的奇数碳原子脂肪酸,也发现有带侧链的脂肪酸。

乳脂肪的不饱和脂肪酸主要是油酸,约占不饱和脂肪酸总量的 70%。

乳脂肪的脂肪酸组成受饲料、营养、环境、季节等因素的影响。一般夏季放牧期间乳脂肪中不饱和脂肪酸含量升高,而冬季舍饲期不饱和脂肪酸含量降低,所以夏季加工的奶油其熔点比较低。

4.脂肪的理化常数

脂肪的组成与结构决定其理化性质。

水溶性挥发性脂肪酸值:中和从 5 g 脂肪中蒸馏出来的水溶性挥发性脂肪酸时所消耗的 0.1 mol/L 碱液的体积(mL)。

非水溶性挥发性脂肪酸值:中和 5 g 脂肪中挥发出的不溶于水的挥发性脂肪酸所需 0.1 mol/L 碱液的体积(mL)。

皂化值:每皂化 1 g 脂肪酸所消耗的氢氧化钠的质量(mg)。

碘值:在 100 g 脂肪中,使其不饱和脂肪酸变成饱和脂肪酸所需的碘的质量(g)。

饱和脂肪酸:硬脂酸。

不饱和脂肪酸:单不饱和脂肪酸(油酸)在橄榄油、芥花籽油、花生油中含量较多;多不饱和脂肪酸(亚油酸、亚麻酸、花生四烯酸)在玉米油、黄豆油、葵花油中含量较多。

(三)乳蛋白

牛乳中的蛋白质含量为 3%～3.5%。乳蛋白可分为酪蛋白和乳清蛋白两大类,另外还有少量脂肪球膜蛋白质。

1.酪蛋白

在温度 20℃时调节脱脂乳的 pH 至 4.6 时沉淀的一类蛋白质称为酪蛋白(casein)。酪蛋白(图 2-3)占乳蛋白总量的 80%～82%。

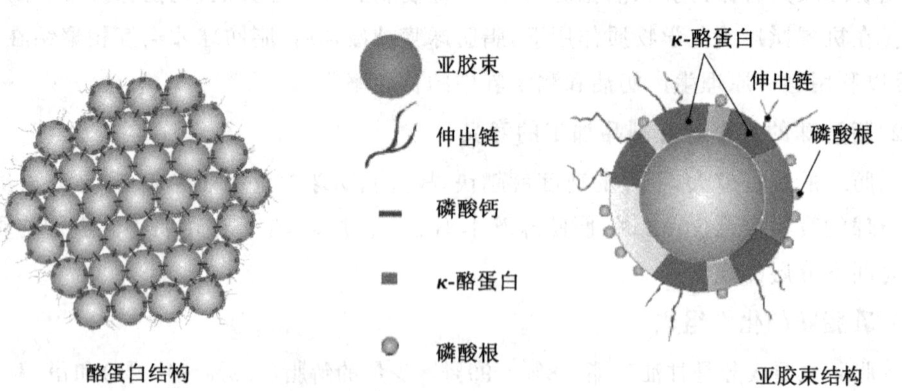

图 2-3 酪蛋白

酪蛋白不是单一的蛋白质，而是由 α-、β-、γ-、κ-酪蛋白组成的，是典型的磷蛋白。4 种酪蛋白的区别就在于它们含磷量的多少。

α-酪蛋白含磷多，故又称磷蛋白。含磷量对皱胃酶的凝乳作用影响很大。κ-酪蛋白在酪蛋白中是唯一含糖，且对钙不敏感的酪蛋白。γ-酪蛋白含磷量极少，因此，γ-酪蛋白几乎不能被皱胃酶凝固。

在制造干酪时，有些乳常发生软凝块或不凝固现象，就是蛋白质中含磷量过少的缘故。

酪蛋白虽是一种两性电解质，但其分子中含有的酸性氨基酸远多于碱性氨基酸，因此具有明显的酸性。

(1)存在形式　酪蛋白与钙结合生成酪蛋白酸钙，再与胶体状的磷酸钙结合形成酪蛋白酸钙-磷酸钙复合体，以胶体悬浮液的状态存在于牛乳中，其胶体微粒直径在 20～300 nm 之间变化，一般 40～160 nm 的占大多数。

酪蛋白酸钙-磷酸钙复合体的胶粒大体上呈球形，据佩恩斯(Payens，1966)设想，胶粒内部由 β-酪蛋白的丝构成网状结构，在其上附着 α_s-酪蛋白，外面覆盖有 κ-酪蛋白，并结合有胶体状的磷酸钙。κ-酪蛋白还具有抑制 α_s-酪蛋白和 β-酪蛋白在钙离子作用下的沉淀作用。因此，κ-酪蛋白覆盖层对胶体起保护作用，使牛乳中的酪蛋白酸钙-磷酸钙复合体胶粒能保持相对稳定的胶体悬浮状态。

(2)酪蛋白的性质

①酪蛋白的酸沉淀。酪蛋白胶粒对 pH 的变化很敏感。当脱脂乳的 pH 降低时，酪蛋白胶粒中的钙与磷酸盐就逐渐游离出来。当 pH 达到酪蛋白的等电点 4.6 时，乳中就会形成酪蛋白沉淀。酪蛋白的酸凝固过程以酪蛋白磷酸钙和盐酸为例表示如下：

酪蛋白磷酸钙[$Ca_3(PO_4)_2$]$+2HCl\rightarrow$酪蛋白↓$+2CaHPO_4+CaCl_2$

由于加酸程度不同，酪蛋白酸钙复合体中钙被酸取代的情况也有差异。实际上乳中酪蛋白在 pH 5.2～5.3 时，$Ca_3(PO_4)_2$ 先行分离就发生沉淀，这种酪蛋白沉淀中含有钙；继续加酸使 pH 达到 4.6 时，Ca^{2+} 又从酪蛋白酸钙中分离，游离的酪蛋白完全沉淀。

为使酪蛋白沉淀，工业上一般使用盐酸。同理，由于乳中的微生物作用，乳中的乳糖分解为乳酸，使 pH 降至酪蛋白的等电点时，也会发生酪蛋白的酸沉淀。

②酪蛋白的凝乳酶凝固。牛乳中的酪蛋白在皱胃酶(幼畜体内)等凝乳酶的作用下会发生凝固，工业上生产干酪就是利用此原理。

牛乳是一种胶体乳状液，它的蛋白质是以胶束形式存在的。最里层是疏水的 α_s-酪蛋白和 β-酪蛋白，最外层是亲水性的 κ-酪蛋白。因此，保证了牛乳蛋白在牛乳中形成乳状液。蛋白酶会分解牛乳酪蛋白胶束表面的 κ-酪蛋白。当 κ-酪蛋白被分解后，露出里面不溶于水的 α_s-酪蛋白和 β-酪蛋白，酪蛋白之间通过牛乳中存在的钙离子结合使得牛乳发生沉淀而凝固。

凝乳酶使原乳凝固分为两个阶段：首先将 κ-酪蛋白分解为副 κ-酪蛋白；其次副 κ-酪蛋白及 α_s-酪蛋白和 β-酪蛋白在 Ca^{2+} 作用下凝固，形成牛乳网络结构。

酪蛋白酸钙＋皱胃酶——→副酪蛋白钙↓＋糖肽＋皱胃酶

凝乳酶是一种最早在未断乳的小牛胃中发现的天冬氨酸蛋白酶，可专一地切割乳中 κ-酪蛋白的 Phe105-Met106 之间的肽键，破坏酪蛋白胶束使牛乳凝结。凝乳酶的凝乳能力及蛋白水解能力使其成为干酪生产中形成质构和特殊风味的关键性酶，被广泛地应用在奶酪和酸奶的制作中。

③盐类及离子对酪蛋白稳定性的影响。乳中的酪蛋白酸钙-磷酸钙胶粒容易在氯化钠或硫酸铵等盐类饱和溶液或半饱和溶液中形成沉淀，这种沉淀是由于电荷的抵消与胶粒脱水而产生的。

酪蛋白酸钙-磷酸钙胶粒对于其体系内二价的阳离子含量的变化很敏感。钙或镁离子能与酪蛋白结合，而使粒子形成凝集作用，故钙离子与镁离子的浓度影响着胶粒的稳定性。钙和磷的含量直接影响乳汁中的酪蛋白微粒的大小，也就是大的微粒要比小的微粒含有较多量的钙和磷。

由于乳汁中的钙和磷呈平衡状态存在，所以鲜乳中酪蛋白微粒具有一定的稳定性。当向乳中加入氯化钙时，能破坏平衡状态，因此在加热时酪蛋白会发生凝固现象。试验证明，在 90℃时加入 0.12%～0.15%的 $CaCl_2$ 即可使乳凝固。

利用氯化钙凝固乳，当加热到 95℃时，乳汁中蛋白质总含量的 97%可以被利用，而此时氯化钙的加入量以每升乳 1.00～1.25 g 为适宜。采用钙凝固法，乳蛋白质的利用程度一般要比酸凝固法高 5%，比皱胃酶凝固法高 10%以上。

④酪蛋白与糖的反应。具有还原性羰基的糖可与酪蛋白作用变成氨基糖而产生芳香味及其色素。

蛋白质和乳糖的反应在乳品工业中的特殊意义在于：乳品（如乳粉、乳蛋白粉和其他乳制品）在长期储存中，由于乳糖与酪蛋白发生反应产生颜色、风味及营养价值的改变。

工业用干酪素由于洗涤不干净，储存条件不佳，同样也能发生这种变化。炼乳罐头也同样有这种反应过程，特别是含转化糖多时变化更明显。由于酪蛋白与乳糖的反应，发现产品变暗并失去有价值的氨基酸（如赖氨酸失去 17%，组氨酸失去 17%，精氨酸失去 10%）。由于这 3 种氨基酸是无法补偿的，当发生这种情况时，产品颜色、气味变劣，营养价值也有很大损失。

⑤醇凝固。当牛乳酸度较高时，加入酒精，可使酪蛋白发生凝固——酒精阳性乳。

2.乳清蛋白

乳清：是指向牛乳中加入酸（HCl）达到酪蛋白等电点时，酪蛋白沉淀后的上清液。

乳清蛋白：是指溶解分散在乳清中的蛋白质，占乳蛋白质的 18%～20%，可分为热不稳定的和热稳定的乳清蛋白两部分。

（1）热不稳定的乳清蛋白　是指乳清在 pH 为 4.6～4.7 时，煮沸 20 min，发生沉淀的一类蛋白质，包括乳白蛋白和乳球蛋白两类。

①乳白蛋白。乳白蛋白是指在中性乳清中，加饱和硫酸铵或饱和硫酸镁盐析时，呈溶解状态而不析出的蛋白质，含量约占乳清蛋白的 68%。

β-乳球蛋白过去一直被认为是白蛋白，而实际上是一种球蛋白。因此，乳白蛋白中最主要的是α-白蛋白。乳白蛋白以直径1.5～5.0 nm的微粒分散在乳中，对酪蛋白起保护胶体作用。这类蛋白常温下不能用酸凝固，但在弱酸性时加温即能凝固。这类蛋白不含磷，但含丰富的硫。

②乳球蛋白。乳球蛋白是指在中性乳清中加饱和硫酸铵或饱和硫酸镁盐析时，能析出而不呈溶解状态的乳清蛋白。其含量约占乳清蛋白的13%。乳球蛋白具有抗原作用，故又称为免疫球蛋白。初乳中的免疫球蛋白含量比常乳高。

(2)热稳定的乳清蛋白　这类蛋白包括蛋白际和蛋白胨，其含量约占乳清蛋白的19%。此外还有一些脂肪球膜蛋白质，是吸附于脂肪球表面的蛋白质与酶的混合物，其中含有脂蛋白、碱性磷酸酶和黄嘌呤氧化酶等。这些蛋白质可以用洗涤方法被分离出来。

脂肪球膜蛋白受细菌性酶的作用而产生的分解现象，是奶油在储藏时风味变劣的原因之一。

3.非蛋白含氮物

在牛乳的含氮物中，除蛋白质外，还有非蛋白态的氮化物，约占总氮的5%。其中包括氨基酸、尿素、尿酸、肌酸及叶绿素等。这些含氮物是活体蛋白质代谢的产物，从乳腺细胞进入乳中。

(四)乳糖

乳糖(lactose)是哺乳动物乳汁中特有的糖类。乳糖在牛乳中的含量为4.6%～4.7%，全部呈溶解状态。乳糖为*D*-葡萄糖与*D*-半乳糖以β-1,4键结合的二糖，又称为1,4-半乳糖苷葡萄糖。因其分子中有羰基，乳糖属还原糖。

乳糖有α-乳糖和β-乳糖两种异构体。α-乳糖很易与一分子结晶水结合，变为α-乳糖水合物，所以乳糖实际上共有3种构型。甜炼乳中的乳糖大部分呈结晶状态，结晶的大小直接影响炼乳的口感，而结晶的大小可根据乳糖的溶解度与温度的关系加以控制。

α-乳糖及β-乳糖在水中的溶解度也随温度而异。α-乳糖溶解于水中时逐渐变成β-型。因为β-乳糖较α-乳糖易溶于水，所以乳糖最初溶解度并不稳定，是逐渐增加的，直至α-乳糖与β-乳糖平衡为止。

乳中除了乳糖外还含有少量其他的碳水化合物。例如，在常乳中含有极少量的葡萄糖、半乳糖，另外，还含有微量的果糖、低聚糖、己糖胺。

乳糖在人体中不能被直接吸收，需要在乳糖酶的作用下水解成葡萄糖和半乳糖后才能被吸收。缺少乳糖酶的人群在摄入牛乳后，未被水解的乳糖直接进入大肠，会被大肠微生物发酵而产酸、产气，刺激大肠蠕动加快，造成腹鸣、腹泻等症状。这些现象称乳糖不耐症或乳糖不耐受。

很多中国人具有乳糖不耐症。乳糖不耐症影响了这类人群对乳制品的消费，不利于这类消费者通过乳制品获取营养。在乳品加工中利用乳糖酶，将乳中的乳糖分解为葡萄糖和半乳糖，或利用乳酸菌将乳糖转化成乳酸，可预防乳糖不耐症。

(五)乳中的无机物

牛乳中的无机物亦称为矿物质，是指除碳、氢、氧、氮以外的各种无机元素，主要有钾、钠、钙、镁、磷、硫、氯等(表 2-2)。此外还有一些微量元素。通常牛乳中无机物的含量为 0.35%～1.21%,平均为 0.7%。牛乳中无机物的含量随泌乳期及个体健康状态等因素的不同而异。

表 2-2　牛乳中的主要无机成分的含量(每 100 mL 牛乳)　　mg

无机元素	钾	钠	钙	镁	磷	硫	氯
牛乳中含量	158	54	109	14	91	5	99

乳中的矿物质大部分以无机盐或有机盐形式存在。其中以磷酸盐、酪酸盐和柠檬酸盐存在的数量最多。钠的大部分是以氯化物、磷酸盐和柠檬酸盐的离子状态存在。而钙、镁与酪蛋白、磷酸和柠檬酸结合,一部分呈胶体状态,另一部分呈溶解状态。磷是乳中磷蛋白和磷脂的成分。

盐类在牛乳中的含量虽然很少,但对乳品加工,特别是对热稳定性起着重要作用。牛乳中的盐类平衡,特别是钙、镁等阳离子与磷酸、柠檬酸等阴离子之间的平衡,对于牛乳的稳定性具有非常重要的意义。当受季节、饲料、生理或病理等影响时,牛乳发生不正常的凝固,往往是钙、镁离子过剩,盐类的平衡被打破的缘故。此时,可向乳中添加磷酸及柠檬酸的钠盐,以维持盐类平衡,保持蛋白质的热稳定性。生产炼乳时常常利用这种特性。

乳与乳制品的营养价值,在一定程度上受矿物质的影响。以钙而言,牛乳中钙的含量较人乳的多 3～4 倍,因此牛乳在婴儿胃内所形成的蛋白凝块相对人乳比较坚硬,不易消化。为了消除可溶性钙盐的不良影响,可采用离子交换的方法,将牛乳中的钙除去 50%,从而使凝块变得很柔软,便于消化。但缺乏钙对乳的加工特性就会产生不良影响,尤其不利于干酪的制造。

牛乳中铁的含量为 10～90 μg/100 mL,较人乳中的少,故用牛乳人工哺育幼儿时应补充铁。

(六)乳中的维生素

牛乳含有几乎所有已知的维生素。牛乳中的维生素包括脂溶性的维生素 A、维生素 D、维生素 E、维生素 K 和水溶性的维生素 B_1、维生素 B_2、维生素 B_6、维生素 B_{12}、维生素 C 等两大类。牛乳中的维生素,部分来自饲料中的维生素,如维生素 E;有的要靠乳牛自身合成,如 B 族维生素。

(七)乳中的酶类

牛乳中酶类的来源有 3 个:①乳腺分泌;②挤乳后由于微生物代谢生成;③白细胞崩坏而生成。牛乳中的酶种类很多,但与乳品生产有密切关系的酶主要为水解酶类和氧化还原酶类。

1.水解酶类

(1)脂酶　牛乳中的脂酶(lipase)至少有两种。一种是只附在脂肪球膜间的膜脂酶

(membrane lipase)，它在常乳中不常见，而在末乳、乳腺炎乳及其他一些生理异常乳中常出现。另一种是存在于脱脂乳中与酪蛋白相结合的乳浆脂酶(plasma lipase)。

脂酶的分子量一般为 7 000～8 000，最适作用温度为 37℃，最适 pH 为 9.0～9.2。酯酶的钝化温度一般为 80～85℃，钝化温度与脂酶的来源有关。来源于微生物的脂酶耐热性高，已经钝化的酶有恢复活力的可能。乳脂肪在脂酶的作用下水解产生游离脂肪酸，从而使牛乳带上脂肪分解的酸败气味(acid flavor)，这是乳制品，特别是奶油生产上常见的缺陷。为了抑制脂酶的活性，在奶油生产中，一般采用不低于 80～85℃的高温或超高温处理。

加工过程也能增加脂酶的作用机会。例如，均质处理，由于破坏脂肪球膜而增加了脂酶与乳脂肪的接触面，乳脂肪更易水解，均质后应及时进行杀菌处理。牛乳多次通过乳泵或在牛乳中通入空气剧烈搅拌，会使脂酶的作用增强，导致牛乳风味变劣。

(2)磷酸酶　牛乳中的磷酸酶(phosphatase)有两种：一种是酸性磷酸酶，存在于乳清中；另一种为碱性磷酸酶，吸附于脂肪球膜处。其中碱性磷酸酶的最适 pH 为 7.6～7.8，经 63℃ 30 min 或 71～75℃ 15～30 s 加热后可钝化，故可以利用这种性质来检验低温巴氏杀菌法处理的消毒牛乳的杀菌程度是否达标。

(3)蛋白酶　牛乳中的蛋白酶分别来自乳本身和污染的微生物。乳中蛋白酶多为细菌性酶，细菌性的蛋白酶使蛋白质水解后形成蛋白胨、多肽及氨基酸。其中由乳酸菌形成的蛋白酶在乳中，特别是在干酪中具有非常重要的意义。蛋白酶在 75～80℃及以上的温度中即被破坏；在 70℃以下时，可以稳定地耐受长时间的加热；在 37～42℃ 时，这种酶在弱碱性环境中作用最大，在中性及酸性环境中作用减弱。

2.氧化还原酶类

(1)过氧化氢酶　牛乳中的过氧化氢酶(catalase)主要来自白细胞的细胞成分，特别在初乳和乳腺炎乳中含量较多。它能促使过氧化氢分解产生活泼的新生态氧。所以，利用对过氧化氢酶的测定可判定牛乳是否为乳腺炎乳或其他异常乳。在 65℃经 30 min 加热，过氧化氢酶的 95%会钝化；在 75℃经 20 min 加热，则 100%钝化。

(2)过氧化物酶　过氧化物酶(peroxidase)是最早从乳中发现的酶，是存在于乳中的血红素蛋白。它催化过氧化氢卤化物，或与 SCN^- 反应生成具有毒性的氧化剂，保护机体黏膜免受微生物侵害，因此，乳中的过氧化物酶是机体防御体系的一部分。

过氧化物酶作用的最适温度为 25℃，最适 pH 是 6.8，钝化温度和时间大约为 76℃ 20 min；77～78℃ 5 min；85℃ 10 s。通过测定过氧化物酶的活性可以判断牛乳是否经过热处理或判断热处理的程度。但经过 85℃ 10 s 处理后的牛乳，若在 20℃储藏 24 h 或 37℃储藏 4 h，会发现已钝化的过氧化物酶重新复活的现象。

(3)还原酶　上述几种酶是乳中固有的酶，还原酶则是挤乳后进入乳中的微生物的代谢产物。还原酶(reductase)能使亚甲蓝还原为无色。乳中的还原酶的量与微生物的污染程度呈正相关，因此可通过测定还原酶的活力来判断乳的新鲜程度。

(八)乳中的其他成分

除上述成分外,乳中尚有少量的有机酸、气体、细胞成分、色素、风味成分及激素等。

1.有机酸

乳中的有机酸主要是柠檬酸等。在酸败乳及发酵乳中,通过乳酸菌的作用,马尿酸可转化为苯甲酸。

乳中柠檬酸的含量为0.07%～0.40%,平均为0.18%,以盐类状态存在。除了酪蛋白胶粒成分中的柠檬酸盐外,还存在分子、离子状态的柠檬酸盐,主要为柠檬酸钙。柠檬酸对乳的盐类平衡及乳在加热、冷冻过程中的稳定性均起重要作用。同时,柠檬酸还是乳制品芳香成分丁二酮的前体。

2.气体

气体主要为二氧化碳、氧气和氮气等,含量占鲜牛乳的5%～7%(体积分数),其中二氧化碳最多,氧气最少。在挤乳及储存过程中,二氧化碳由于逸出而减少,氧气、氮气则因与大气接触而增多。牛乳中氧气的存在会导致维生素的氧化和脂肪的变质,所以牛乳的输送、储存等处理过程应尽量在密闭的容器内进行。

3.细胞成分

乳中所含的细胞成分主要是白细胞和一些乳房分泌组织的上皮细胞,也有少量红细胞。牛乳中细胞含量的多少是衡量乳房健康状况及牛乳卫生质量的标志之一,一般正常乳中细胞数不超过50万个/mL。

(九)牛乳的分散状态

鲜牛乳中含有大约87%的水分,在水分中溶解着各种可溶性盐类、碳水化合物、维生素和一小部分蛋白质,同时在水中还分别分散着两个分散系统:脂肪球乳状液、酪蛋白胶束。

乳中含有多种化学成分,其中水是分散剂,其他各种成分如脂肪、蛋白质、乳糖、无机盐等呈分散质分散在水中,形成一种复杂的具有胶体特性的生物学液体分散体系。

1.呈乳浊液与悬浊液状态分散在乳中的物质

分散质粒子的直径在0.1 μm以上的液体可分乳浊液和悬浊液两种。

分散质是液体的属于乳浊液。牛乳的脂肪在常温下呈液态的微小球状分散在乳中,球的直径平径3 μm左右,可以在显微镜下明显地看到,所以牛乳中的脂肪球即为乳浊液的分散质。

如将牛乳或稀奶油进行低温冷藏,最初液态的脂肪球凝固成固体,因而形成悬浊液。在用稀奶油制造奶油时,需将稀奶油在5～10℃下进行成熟,使稀奶油中的脂肪球从乳浊态变成悬浊态。这是制造奶油的一个重要操作过程。

2.呈乳胶态与胶体悬浮态分散在乳中的物质

粒子的直径为1～100 nm的分散系称为胶态(colloid)。胶态的分散体系也称为胶体溶液(colloidal solution)。胶体溶液中的分散质叫作胶体粒子,乳中属于胶态的有乳胶态和胶体悬浮态。

分散质是液体或者即使分散质是固体，但粒子周围包有液体皮膜的都称为乳胶体。分散在牛乳中的酪蛋白颗粒，其粒径大部分为 5～15 nm，乳白蛋白的粒径为 1.5～5 nm，乳球蛋白的粒径为 2～3 nm，这些蛋白质以乳胶体状态分散。此外，脂肪球中粒径在 0.1 μm 以下的也称为胶体，牛乳中二磷酸盐、三磷酸盐等磷酸盐的一部分，以胶体悬浮态分散于乳中。

3. 呈分子或离子状态（溶质）分散在乳中的物质

凡粒子直径在 1 nm 以下，形成分子或离子状态存在的分散系称为真溶液。牛乳中以分子或离子状态存在的溶质有磷酸盐的一部分和柠檬酸盐、乳糖及钾、钠、氯等。

任务二　乳的物理性质

【任务描述】

乳的物理性质包括乳的色泽、滋味和气味、酸度、密度、热学性质、黏度和表面张力、电学性质等方面，它对选择正确的工艺条件，鉴定乳的品质具有重要的意义。本任务学习乳的主要物理性质的检验。

【任务实施】

1. 乳的感官检查。正常牛乳应为乳白色或稍带黄色，有特殊的乳香味，无异味，组织状态均匀一致，无凝块和沉淀，不黏滑。

评定方法如下：

（1）色泽和组织状态的检查　将少许牛乳倒入瓷皿中，观察颜色。静置 30 min 后将牛乳小心倒掉，观察有无沉淀和絮状物。用手指蘸乳汁，检查有无黏稠感。

（2）气味的检查　将少许牛乳倒入试管中加热后，嗅其气味。

（3）滋味的检查　口尝加热后牛乳的滋味。

根据各项感官鉴定，判断乳样是正常乳或异常乳。

2. 煮沸试验。吸取 10 mL 牛乳，移入试管中，置于（锅）沸水浴中加热 5 min，取出，观察试管壁上有无絮片或牛乳是否发生凝固，如产生絮片或发生凝固，表示牛乳不新鲜，其酸度大于 26°T。

3. 酒精检验。取试管 3 支，编号（1、2、3 号），分别加入同一乳样 1～2 mL，1 号管加入等量的 68％酒精；2 号管加入等量的 70％酒精；3 号管加入等量的 72％酒精。摇匀，然后观察有无出现絮片，确定乳的酸度。

正常牛乳的滴定酸度不高于 18°T，不会出现凝乳块。若混合液中不出现凝乳块，牛乳为正常乳；若出现凝乳块，牛乳为酒精阳性乳。

在试验过程中，两种液体必须等量混合，混合时化合热会使温度升高 5～8℃，会使检验的误差明显增大，因此两种液体的温度应保持在 10℃以下。

4. 乳的酸度（吉尔涅尔度）测定。用吸管量取 10 mL 混匀的乳样，注入 150 mL 三角瓶中，加入 20 mL 中性蒸馏水稀释，加入 5 滴酚酞指示剂，小心混匀，以 0.1 mol/L NaOH 标准溶液滴定，边滴边摇，直至微红色在 1 min 内不消失为止。将滴定所消耗的 0.1 mol/L NaOH 标准溶液的体积（mL）乘以 10，即为 100 mL 乳样的滴定酸度。

5. 乳的密度测定。准备用具：乳稠计、200～250 mL 量筒、温度计。

均匀试样，将试样温度调节为 10～25℃，将乳样小心地沿量筒壁注入量筒中，防止发生泡沫影响读数，加至量筒容积的 3/4 处。用温度计测量试样温度，再将乳稠计小心放入试样中，不使其贴在量筒壁上，稳定后读取相对密度。

【任务评价】

评价单

学习领域	乳的物理性质				
评价类别	项目	子项目	个人评价	组内互评	教师（师傅）评价
专业能力 80%	资讯（5%）	搜集信息（2%）			
		引导问题回答（3%）			
	计划（5%）	计划可执行度（3%）			
		计划执行参与程度（2%）			
	实施（40%）	操作熟练度（40%）			
	结果（20%）	结果质量（20%）			
	作业（10%）	完成质量（10%）			
社会能力 20%	团结协作（10%）	对小组的贡献（10%）			
	敬业精神（10%）	学习纪律性（10%）			

【师生共研】

对各小组间测定结果的差异进行比较,并对各自测定结果产生的差异进行分析,提出改进措施。

【知识链接】

一、色泽

新鲜正常的牛乳呈不透明的乳白色或淡黄色。乳白色是由于乳中的酪蛋白酸钙-磷酸钙胶粒及脂肪球等微粒对光的不规则反射所产生的。

牛乳中的脂溶性胡萝卜素和叶黄素使乳略带淡黄色。水溶性的核黄素使乳清呈荧光性黄绿色。

牛乳的折射率由于有溶质的存在而比水的折射率大,但在全乳脂肪球的不规则反射影响下,不易正确测定。由脱脂乳测得的较准确,折射率为1.344~1.348。此值与乳固体的含量有比例关系,由此可判定牛乳是否掺水。

二、滋味和气味

(一)正常鲜牛乳风味

牛乳中含有挥发性脂肪酸及其他挥发性物质,这些物质是牛乳滋味和气味的主要构成成分。

香味随温度的高低而异,牛乳经加热后香味强烈,冷却后减弱。牛乳中羰基化合物,如乙醛、丙酮、甲醛等均与牛乳风味有关。

新鲜纯净的牛乳稍带甜味,这是由于牛乳中含有乳糖。除甜味外,因其中含有氯离子,所以稍带咸味。常乳中的咸味因受乳糖、脂肪、蛋白质等所调和而不易感知,但异常乳如乳腺炎乳中氯的含量较高,有浓厚的咸味。

牛乳中的苦味来自 Mg^{2+}、Ca^{2+},酸味由柠檬酸及磷酸产生。

(二)异常风味

生理异常乳:乳中含有饲料味、杂草味及过度乳牛味。

脂肪分解味:乳脂肪分解生成脂肪酸、丁酸所产生的异味。

氧化味:乳脂肪氧化产生的异味。

日光味:牛乳在阳光下照射10 min后,产生日光味,类似焦臭味和羽毛烧焦味。

蒸煮味:β-乳球蛋白加热后巯基产生的异味。

牛乳除了原有的香味之外很容易吸收外界的各种气味。挤出的牛乳如在牛舍中放置时间太久会带有牛粪味或饲料味,储存器不良时则产生金属味,消毒温度过高则产生焦糖味。所以每一个处理过程都必须注意周围环境的清洁以及各种因素的影响。

三、乳的酸度

(一)酸度定义

酸度是反映牛乳新鲜度的一个重要指标,一般酸度越高,新鲜度较差,热稳定性差。

总酸度＝固有酸度＋发酵酸度

固有酸度:主要由乳中的蛋白质、柠檬酸盐、磷酸盐及二氧化碳等酸性物质所造成。

发酵酸度:在微生物的作用下乳酸发酵,导致乳的酸度逐渐升高。由发酵产酸而升高的这部分酸度称为发酵酸度。

滴定酸度:乳品工业中酸度是指以标准碱液用滴定法测定的滴定酸度。

(二)滴定酸度表示方法

滴定酸度有多种测定方法和表示形式。我国滴定酸度用吉尔涅尔度(TepHep,°T)或乳酸度(乳酸的百分比含量,%)表示。除此以外,酸度还可用氢离子浓度指数(pH)表示。

1.吉尔涅尔度(°T)

以酚酞为指示液,用0.100 0 mol/L氢氧化钠标准溶液滴定100 g试样至终点所消耗的氢氧化钠溶液体积,经计算确定试样的酸度。

精密度要求:在重复条件下获得的两次独立测定结果的绝对差值不得超过1.0°T。

正常牛乳酸度(吉尔涅尔度)为16～18°T。

2.乳酸度

若以乳酸含量表示样品的酸度,那么样品的乳酸含量(g/100 g)＝$T\times0.009$。T为样品的滴定酸度,0.009为乳酸的换算系数,即1 mL 0.1 mol/L的氢氧化钠标准溶液相当于0.009 g乳酸。

3.pH

酸度可用氢离子浓度指数(pH)表示,正常新鲜牛乳的pH为6.5～6.7。

一般酸败乳或初乳的pH在6.5以下,乳腺炎乳或低酸度乳的pH在6.7以上。

由于乳中的胶体、磷酸盐、柠檬酸盐的缓冲体系,使乳中有时虽乳酸含量有变化,但pH却无明显变化,所以一般乳的酸度都用滴定酸度表示。

四、密度和相对密度

密度(D)(20℃/4℃):牛乳20℃的质量与4℃时同体积水的质量比称为乳的密度。牛乳的密度约为1.030。

相对密度(15℃/15℃):牛乳15℃时的质量与同体积同温度下水的质量比称为相对密度。牛乳的相对密度约为1.032。

相对密度是物质重要的物理常数之一。液体食品的相对密度可以反映食品的浓度和纯度。在正常情况下各种液体食品都有一定的相对密度范围。当这些液体食品中出现掺杂、脱脂、浓度改变时，均可出现相对密度的变化。因此，测定相对密度可初步判断液体食品质量是否正常及其纯净程度。

生乳的密度应在20℃下测定。如果不是在20℃下进行测定，数值必须加以校正。测定值的校正可用计算法和查表法。

计算法：温度每升高或降低1℃，乳的密度在乳稠计读数上减小或增加0.000 2。在同温度下乳的密度较相对密度小0.001 9，约小0.002。

$$校正值=(实测温度-20)\times 0.000\ 2$$

但此种校正方法只限于实测温度在(20±5)℃。牛乳在20℃下的密度应为实测密度与校正值的代数和。

例：乳温18℃，密度计读数1.034。求乳的密度和相对密度。

密度=1.034+[0.000 2×(18−20)]=1.033 6

相对密度=1.033 6+0.002=1.035 6

查表法：根据乳温和乳稠计读数，查换算表（表2-3），将乳稠计读数换算成20℃时的密度。密度计读数换算度数的计算方法为(密度计读数−1)×1 000。

表2-3　不同乳温对应于20℃时的度数换算表　　(°)

密度计读数换算度数/(°)	乳温/℃															
	10	11	12	13	14	15	16	17	18	19	20	21	22	23	24	25
25	23.3	23.5	23.6	23.7	23.9	24.0	24.2	24.4	24.6	24.8	25.0	25.2	25.4	25.5	25.8	26.0
26	24.2	24.4	24.5	24.7	24.9	25.0	25.2	25.4	25.6	25.8	26.0	26.2	26.4	26.6	26.8	27.0
27	25.1	25.3	25.4	25.6	25.7	25.9	26.1	26.3	26.5	26.8	27.0	27.2	27.5	27.7	27.9	28.1
28	26.0	26.1	26.3	26.5	26.6	26.8	27.0	27.3	27.5	27.8	28.0	28.2	28.5	28.7	29.0	29.2
29	26.9	27.1	27.3	27.5	27.6	27.8	28.0	28.3	28.5	28.8	29.0	29.2	29.5	29.7	30.0	30.2
30	27.9	28.1	28.3	28.5	28.6	28.8	29.0	29.3	29.5	29.8	30.0	30.2	30.5	30.7	31.0	31.2
31	28.8	28.0	29.2	29.4	29.6	29.8	30.0	30.3	30.5	30.8	31.0	31.2	31.5	31.7	32.0	32.2
32	29.3	30.0	30.2	30.4	30.6	30.7	31.0	31.2	31.5	31.8	32.0	32.3	32.5	32.8	33.0	33.3
33	30.7	30.8	31.1	31.2	31.5	31.7	32.0	32.2	32.5	32.8	33.0	33.3	33.5	33.8	34.1	34.3
34	31.7	31.9	32.1	32.3	32.5	32.7	33.0	33.2	33.5	33.8	34.0	34.3	34.4	34.8	35.1	35.3
35	32.6	32.8	33.1	33.3	33.5	33.7	34.0	34.2	34.5	34.7	35.0	35.3	35.5	35.8	36.1	36.3
36	33.5	33.8	34.0	34.3	34.5	34.7	34.9	35.2	35.6	35.7	36.0	36.2	36.5	36.7	37.0	37.3

例：乳温16℃，密度计读数为1.030 0，换算为度数即为30.0°[(1.030 0－1)×1 000]。求乳的密度和相对密度。

查表2-3：16℃、30.0°对应于20℃时的度数为29.0°，即20℃该乳

密度＝1＋29.0/1 000＝1.029 0

相对密度＝1.029 0＋0.002＝1.031 0

一般无脂干物质含量越高，相对密度越大；脂肪含量越高，相对密度越小。如初乳密度(D)(20℃/4℃)在1.038～1.040之间。

每增加10%的水，D(20℃/4℃)约降低0.003。

刚挤出的乳，D(20℃/4℃)比放置2～3 h的乳低0.000 8～0.001 5，这是由于乳中气体散发，液体脂肪凝固，容积变化及蛋白质水合造成的。所以刚挤出的乳不宜马上测定密度。

五、热学性质

(一)冰点

牛乳的冰点一般为－0.525～－0.565℃，平均为－0.540℃。

可根据冰点变动用下列公式来推算掺水量：

$$X=[(T-T_1)\div T]\times 100\%$$

式中：X——掺水量，%；

T——正常乳的冰点，℃；

T_1——被检乳的冰点，℃。

酸败牛乳的冰点会降低，所以测定冰点必须要求牛乳的酸度在20°T以内。

(二)沸点

牛乳的沸点在101.33 kPa(1个大气压)下为100.55℃。乳的沸点受其固形物的含量影响。当浓缩到原体积1/2时，牛乳的沸点上升到101.05℃。

(三)比热容

牛乳的比热容由其所含各成分的含量百分比和比热容所决定。牛乳中主要成分的比热容为：乳蛋白2.09 kJ/(kg·K)，乳脂肪2.09 kJ/(kg·K)，乳糖1.25 kJ/(kg·K)，盐类2.93 kJ/(kg·K)，由此和乳成分的含量百分比计算得出的牛乳比热容约为2.50 kJ/(kg·K)。

六、黏度和表面张力

牛乳大致可被认为属于牛顿流体。正常牛乳的黏度为0.001 5～0.002 Pa·s，牛乳的黏度随温度升高而降低。在牛乳的成分中，脂肪及蛋白质对黏度的影响最显著，随着含脂率、乳固体含量的增加，黏度也增高。初乳、末乳的黏度都比正常乳高。在加工中，黏度受脱脂、杀菌、均质等操作的影响。

黏度在乳品加工上有重要意义。

例如，在浓缩乳制品方面，黏度过高或过低都不是正常的情况。以甜炼乳而论，黏度过低则可能发生分离或糖沉淀，黏度过高则可能发生浓厚化。储藏中的淡炼乳，如黏度过高则可能产生矿物质的沉积或形成胶体（即形成网状结构）。

此外，在生产乳粉时，如黏度过高可能妨碍喷雾，产生雾化不完全及水分蒸发不良等现象，因此掌握适当的黏度是保证雾化充分的必要条件。

牛乳的表面张力与牛乳的起泡性、乳浊状态、微生物的生长发育、热处理、均质作用及风味等有密切关系。测定表面张力的目的之一是为了鉴别乳中是否混有其他添加物。

在 20℃时，牛乳表面张力为 0.04～0.06 N/cm^2。牛乳的表面张力随温度上升而降低，随含脂率的减少而增大。牛乳经均质处理，则脂肪球表面积增大，表面活性物质吸附于脂肪球界面处，从而增加了表面张力。如果不将脂肪酶先经加热处理而使其钝化，均质处理会使脂肪酶活性增加，使乳脂水解生成游离脂肪酸，使表面张力降低。牛乳的表面张力与乳的泡沫性有关。在加工冰淇淋或搅打发泡稀奶油时希望有浓厚而稳定的泡沫形成，在运送乳、净化乳、稀奶油分离、杀菌时则不希望形成泡沫。

七、电学性质

（一）电导率

乳中含有电解质而能传导电流。牛乳的电导率与其成分，特别是氯离子和乳糖的含量有关。正常牛乳在 25℃时，电导率为 0.004～0.005 西门子(S)。乳腺炎乳中 Na^+、Cl^- 等含量增加，电导率上升。一般电导率超过 0.06 S 即可认为是患病牛乳，故可应用电导率的测定进行乳腺炎乳的快速鉴定。

脱脂乳中由于妨碍离子运动的脂肪已被除去，电导率比全乳大。当将牛乳煮沸时，由于 CO_2 消失，且磷酸钙沉淀，电导率减小。在蒸发过程中，乳干物质含量在 36%～40%以内时电导率随含量增加而加大，此后又逐渐减小。因此，在生产中可以利用电导率来检查乳的蒸发程度及调节真空蒸发器的运行。

（二）氧化还原势

乳中含有很多具有氧化还原作用的物质，如维生素 B_2、维生素 C、维生素 E、酶类、溶解态氧、微生物代谢产物。在乳中进行氧化还原反应的方向和强度取决于这类物质的含量。氧化还原电势可反映在乳中进行的氧化还原反应的趋势。一般牛乳的氧化还原电势（E_h）为 +0.23～+0.25 V。乳经过加热产生还原性的产物使 E_h 降低，Cu^{2+} 存在则可使 E_h 增高。

牛乳如果受到微生物污染，随着氧的消耗和还原性代谢产物的产生，可使其氧化还原电势降低，当与亚甲蓝（又称美蓝、甲基蓝、亚甲基蓝）、刃天青等氧化还原指示剂共存时可显示其褪色，此原理可应用于微生物污染程度的检验。

任务三 加工处理对牛乳质量的影响

【任务描述】

牛乳加工方式主要有热加工、冷加工和发酵加工等类型。每种处理对产品质量都有非常重要的影响，且各不相同。

【任务实施】

查找相关资料，理解各种加工处理对牛乳质量的影响。回答下列问题。

1. 热加工对牛乳的影响包括哪些方面？生产上如何调控？

2. 冷加工对牛乳特性有哪些影响？

3. 发酵对牛乳有哪些影响？如何利用？

【任务评价】

评价单

学习领域	加工处理对牛乳质量的影响				
评价类别	项目	子项目	个人评价	组内互评	教师（师傅）评价
专业能力 80%	资讯（5%）	搜集信息（2%）			
		引导问题回答（3%）			
	计划（5%）	计划可执行度（3%）			
		计划执行参与程度（2%）			
	实施（40%）	操作熟练度（40%）			
	结果（20%）	结果质量（20%）			
	作业（10%）	完成质量（10%）			
社会能力 20%	团结协作（10%）	对小组的贡献（10%）			
	敬业精神（10%）	学习纪律性（10%）			

【师生共研】

1. 在加热后牛乳表面会形成一层薄膜，它的主要成分是什么？如何防止？

2. 加热牛乳会引起美拉德反应，对牛乳的营养成分有破坏作用吗？

3. 在牛乳的主要化学成分中，哪些对热敏感？哪些比较稳定？

4. 哪些乳制品利用了乳的发酵作用？举例说明。

【知识链接】

一、热加工

所有液体乳和乳制品的生产都需要热处理。这种处理主要目的在于杀死微生物和使酶失活，或获得一些变化，主要为化学变化。这些变化依赖热处理的强度，即加热温度和受热时间。热处理也会带来不好的变化，如褐变、风味变化、营养物质损失、菌抑制剂失活和对凝乳力的损害，因此必须谨慎使用热处理。

(一)热处理目的

(1)保证消费者的安全　主要杀死如结核杆菌、金黄色葡萄球菌、沙门氏菌、李斯特菌等病原菌，以及进入乳中的潜在病原菌、腐败菌。

(2)延长保质期　主要杀死腐败菌和它们的芽孢及灭活乳中天然存在的或由微生物分泌的酶。热处理抑制了脂肪自身氧化带来的化学变质，“凝乳素”失活可避免迅速形成稀奶油。

(3)形成产品的特性　蒸发前加热可提高炼乳杀菌期间的凝固稳定性；加热使细菌抑制剂如免疫球蛋白和乳过氧化氢酶系统失活来促进发酵菌的生长，获得酸奶的理想黏度，促进乳在酸化过程中乳清蛋白和酪蛋白凝集等。

(二)热加工对乳的影响

1.一般变化

(1)形成薄膜　牛乳在40℃以上加热时，表面生成薄膜。原因是蛋白质在空气与液体的界面形成不可逆的凝固物。随着加热时间的延长和温度的提高，从液面不断蒸发出来水分，促进凝固物的形成而且厚度逐渐增加。在这种凝固物中，包含占干物质量70%以上的脂肪和20%～25%的蛋白质，且蛋白质中以乳白蛋白占多数。为防止薄膜的形成，可在加热时搅拌或减少从液面蒸发水分。

(2)褐变　在加热过程中，牛乳的颜色起初变得稍微白一些，随着加热强度的增加和时间的延长，牛乳颜色变为棕色(褐变，特别是高温处理时)。褐变的原因，一般认为是由于具有氨基($—NH_2$)的化合物(主要为酪蛋白)和具有羰基($—C═O$)的糖(乳糖)之间产生反应形成褐色物质。这种反应称之为美拉德(Mailard)反应。另外，乳糖经高温加热产生焦糖化也形成褐色物质。除此之外，牛乳中含微量的尿素，也认为是反应的重要原因。褐变反应的程度随温度、酸度及糖的种类不同而异，温度和酸度越高，褐变越严重。糖的还原力越强(葡萄糖、转化糖)，褐变也越严重，这一点在生产加糖炼乳和乳粉时关系很大。例如，在生产炼乳时使用含转化糖高的砂糖或混合用葡萄糖会产生严重褐变。

为了抑制褐变，添加0.01%左右的L-半胱氨酸，具有一定的效果。

(3)蒸煮味　牛乳加热后会发生风味改变，或轻或重地产生蒸煮味，蒸煮味的程度因加工处理的程度而异。

牛乳经 74℃、15 min 加热后，开始产生明显的蒸煮味，这主要是 β-乳球蛋白和脂肪球膜蛋白的热变性产生巯基(—SH)导致的。加热甚至产生挥发性的硫化物和硫化氢(H_2S)。蒸煮味的程度随加热温度的不同而异，如表 2-4 所示。

表 2-4　加热对牛乳风味的影响

加热方式	风味	加热方式	风味
未加热	正常	76.7℃，瞬间	蒸煮味＋
62.8℃，30 min	正常	82.2℃，瞬间	蒸煮味＋＋
68.3℃，瞬间	正常	89.9℃，瞬间	蒸煮味＋＋＋

(4)营养价值降低　如维生素损失、赖氨酸效价降低。但适当的热处理可以提高乳蛋白的消化率。

(5)微生物学方面　在较低的热处理强度或加热最初时，乳中一些微生物的生长较快，这是因为细菌抑制剂如乳过氧化物酶、—H_2O_2、—CNS 和免疫球蛋白钝化失活；此外，在一定条件下热处理可以产生某些物质促进一些菌生长，相反，抑制另一些菌生长。这一现象在微生物污染严重的乳中尤为突出，所有这些变化在很大程度上都取决于加热的强度。

加热浓缩乳的热凝固性和稠化趋势会降低。凝乳能力降低，这一点对干酪和酸乳加工影响特别大，而适当热处理会提高凝乳的保水性。

2.乳的热凝固

乳的热凝固是一个非常复杂的现象，这是因为一些互相作用和条件起了作用。最重要的因素就是 pH，乳的初始 pH 对热凝固时间有相当大的影响，且 pH 越低，发生凝固的温度越低。在温度保持不变的条件下，凝结速率随 pH 的降低而增加。凝聚往往不可逆，即 pH 增加不能使形成的凝聚再分散。在加热过程中，乳 pH 的最初降低主要是磷酸钙沉淀引起的，进一步的降低是乳糖产生甲酸导致的。

实际上，乳很少产生热凝固问题，但浓缩乳如炼乳在杀菌过程中会凝固。尽管乳与炼乳在热处理过程中大部分的反应机制相同，但二者之间的结果有很大区别。在没经预热的原料浓缩乳中乳清蛋白处于自然状态，若经过 120℃加热，乳清蛋白开始变性并且在酸性范围内强烈聚合。因为在浓缩乳中乳清蛋白含量高，酪蛋白胶束与乳清蛋白结合成胶体。若原料乳先经预热，尽管乳清蛋白发生变性并与酪蛋白胶束结合，但因乳清蛋白含量太低不会形成胶体，而在进一步浓缩和灭菌过程中，乳清蛋白已经变性了，不会再与酪蛋白结合发生胶化。酪蛋白不像球蛋白那样容易加热变性。但在非常强烈的热处理条件下，它能形成聚合，尤其在胶束内部。在生产条件下，酪蛋白在消毒过程中凝聚，当凝聚大量出现时形成可见的凝胶体，出现这种现象所需时间被称作热凝固时间（HCT）。

3.各种成分的变化

（1）乳清蛋白质的变化　占乳清蛋白质大部分的白蛋白和球蛋白对热都不稳定。牛乳以 62～63℃ 30 min 杀菌时产生蛋白变性现象。例如，以 61.7℃ 30 min 杀菌处理后，约有 9%的白蛋白和 5%的球蛋白发生变性。牛乳加热使白蛋白和球蛋白完全变性的条件为 80℃，60 min；90℃，30 min；95℃，10～15 min；100℃，10 min。

前面已经提到，牛乳用 80℃左右加热后则产生蒸煮味，且与牛乳中产生的巯基有关，这种巯基几乎全部来自乳清蛋白，并且主要由 β-乳球蛋白所产生。

（2）酪蛋白的变化　正常牛乳的酪蛋白，在低于 100℃的温度加热时化学性质不会受影响，140℃时开始变性。100℃长时间加热或在 120℃加热时产生褐变。在 100℃以下的温度加热，化学性质虽然没有变化，但对物理性质却有明显影响。例如，以高于 63℃的温度将牛乳加热后，再用酸或皱胃酶凝固时，凝块的物理性质产生变化。一般来说，牛乳经 63℃加热后，加酸生成的凝块比生乳凝固所产生的凝块小，而且柔软；用皱胃酶凝固时，随加热温度的提高，凝乳时间延长，凝块也比较柔软。用 100℃处理时尤为显著。

（3）乳糖的变化　乳糖在 100℃以上长时间加热则产生乳酸、醋酸、蚁酸等，离子平衡显著变化，此外也产生褐变；在低于 100℃短时间加热时，乳糖的化学性质基本没有变化。

（4）脂肪的变化　牛乳即使以 100℃以上的温度加热，脂肪也不起化学变化，但是一些球蛋白上浮，促使形成脂肪球间的凝聚体。因此高温加热后，牛乳、稀奶油就不容易分离。经 62～63℃保持 30 min 加热并立即冷却时，不致产生这种现象。

（5）无机成分的变化　牛乳加热时受影响的无机成分主要为钙和磷。在 63℃以上的温度加热时，可溶性的钙与磷即行减少。例如，在 60～83℃加热时，减少了 0.4%～9.8%的可溶性钙和 0.8%～9.5%的可溶性磷。这种情况可以解释为，可溶性的钙和磷成为不溶性的磷酸钙[$Ca_3(PO_4)_2$]而沉淀，也就是钙与磷的胶体性质起了变化。

二、冷加工

牛乳的冷冻加工主要指冷冻升华干燥和冷冻保存的加工方法。

（一）冷冻对蛋白质的影响

1.现象

在冻结初期，牛乳融化后出现脆弱的羽毛状沉淀，其成分为酪蛋白酸钙。这种沉淀物用机械搅拌或加热易分散。随着不稳定现象的加剧，在牛乳中形成机械搅拌或加热也不再分散的沉淀物。

2.原因

受牛乳中盐类的浓度（尤其是胶体钙）、乳糖的结晶、冷冻前牛乳的加热和解冻速度等影响，使酪蛋白胶体从原来的状态变成不溶解状态。

在冷冻保存时，牛乳中酪蛋白胶体溶液的稳定性与钙的含量有密切关系，钙的含量越高则稳定性越差；蛋白质的不稳定现象与乳糖的结晶有密切关系，当浓缩乳冻结时，乳糖结晶能促进蛋白质的不稳定现象。

3.防止方法

可以除去牛乳中一部分的钙；可添加六偏磷酸钠（0.2%）或四磷酸钠，或其他和钙有螯合作用的物质；速冻；添加蔗糖可增加酪蛋白复合物的稳定性；当融化冻结乳时，以在82℃水浴锅中融化效果最好。

冷冻升华干燥常用于初乳制品及酪蛋白磷酸肽等的加工，在加工时需要预先冷冻。采用薄层速冻的方法，可以避免酪蛋白的不稳定现象。

（二）冷冻对乳脂肪的影响

1.现象

当牛乳冻结时，脂肪球膜的构造发生变化，脂肪球产生不稳定现象，以致失去乳化力，并使大小不等的脂肪团块浮于表面。

当牛乳在静置状态冻结时，稀奶油上浮，使上层脂肪浓度增高，解冻后可以看出浓淡层。含脂率25%～30%的稀奶油，由于脂肪浓度大，黏度也高，脂肪球分布均匀，所以各层之间没有差别。此外，均质处理后的牛乳，脂肪球的直径在1 μm以下，同时黏度也稍有增加，脂肪不容易上浮。

2.原因

①冻结产生冰，由这些冰碎片汇集成大块时，脂肪球受冰结晶机械作用的压迫和碰撞形成多角形，相互结成蜂窝状团块。

②脂肪球膜随着解冻而失去水分，物理性质发生变化而失去弹性。

③脂肪球内部的脂肪形成结晶而产生挤压作用，将释放的液体从脂肪内部挤出而破坏了球膜，因此乳化状态也被破坏。

3.防止方法

防止乳化状态不稳定的方法很多，最好的方法是在冷冻前进行均质处理。

（三）不良风味的出现和细菌的变化

1.现象

冷冻保存的牛乳，经常出现氧化味、金属味及鱼腥味，细菌数几乎没有增加，融化后细菌数增加的情况与非冻结乳相近似。

2.原因

处理时混入铜离子，促进不饱和脂肪酸的氧化，产生不饱和的羰基化合物所致。

3.防止方法

添加抗氧化剂可以防止这种情况发生。

(四)冷藏温度

牛乳冷藏只能暂时停止牛乳中微生物的生命活动,并不能消灭这类微生物。冷藏只是鲜乳的短期保存方法,保存温度为0～6℃;若要长时间保藏,牛乳必须经过杀菌处理。

三、发酵

(一)乳糖转化成乳酸

酸乳在营养成分上比普通牛乳更丰富,更易被吸收,而且是一种具有自我保护功能的安全食品。

它的自我保护功能主要取决于乳酸菌的存在,牛乳经乳酸菌发酵后,内含的乳糖有20%～30%分解为葡萄糖和半乳糖,进而转化为乳酸及其他产物。

乳酸本身可以作为人体的营养源,可向人体提供热量;能使乳蛋白结成细微的凝乳,还易与乳中的钙结合生成乳酸钙,便于人体吸收利用。半乳糖是最易被人体吸收的单糖类。

(二)稳定性降低

乳酸的形成使乳清蛋白和酪蛋白复合体因磷酸钙和柠檬酸钙的逐渐溶解而变得越来越不稳定。当体系内pH达到酪蛋白的等电点(pH 4.6～4.7)时,酪蛋白胶粒开始聚集沉降,使原料乳变成半固体状态的凝胶体——酸乳。

(三)生化反应

在乳酸菌增殖过程中,在产生酸乳的同时,也伴有一系列的生化反应:①糖代谢;②蛋白质代谢;③脂肪代谢;④维生素变化;⑤矿物质变化;⑥其他变化。

(四)物理性质的变化

乳酸发酵后,pH由6.4降至4.4,形成软质的凝乳。产生了乳酸细菌与酪蛋白微粒相连的黏液,赋予搅拌型酸乳黏浆状的质地。

(五)感官性质的变化

乳酸发酵后使酸乳呈圆润、黏稠、均一的软质凝乳质地,且具有典型的酸味。这主要是以乙醛产生的风味最为突出。

(六)微生物指标的变化

发酵时产生的酸度和某些抗菌剂可防止有害微生物生长。由于保加利亚杆菌和嗜热链球菌的共生作用,酸乳中的活菌数大于10^7 CFU/g,同时还产生乳糖酶(β-半乳糖苷酶)。

任务四 乳中微生物

【任务描述】

牛乳营养丰富,适合各种微生物的生长繁殖。通过学习了解原料乳中微生物污染的来源及控制措施,原料乳微生物的动态变化规律。

【参考标准】

GB 19301—2010《食品安全国家标准 生乳》

【任务实施】

观察鲜乳存放期间微生物的变化。

取 500 g 鲜乳,在室温下观察其变化,填写下表。

时间/h	颜色	气味	组织状态(气泡、分层、凝块、菌落)	pH	酒精检验
5					
6					
7					
8					
⋮					

【任务评价】

评价单

学习领域	乳中微生物				
评价类别	项目	子项目	个人评价	组内互评	教师(师傅)评价
专业能力 80%	资讯(5%)	搜集信息(2%)			
		引导问题回答(3%)			
	计划(5%)	计划可执行度(3%)			
		计划执行参与程度(2%)			
	实施(40%)	操作熟练度(40%)			
	结果(20%)	结果质量(20%)			
	作业(10%)	完成质量(10%)			
社会能力 20%	团结协作(10%)	对小组的贡献(10%)			
	敬业精神(10%)	学习纪律性(10%)			

【师生共研】

1. 如何减少原料乳中的微生物?

2. 指出乳中的5种常见的有益微生物和5种常见的有害微生物。

3. 结合鲜乳存放期间微生物的变化,说明如何保存原料乳。

【知识链接】

一、微生物来源

(一)来源于乳房内的污染

一般情况下,乳中的微生物主要来源于外界环境,而非乳房内部。乳从乳腺中分泌出来本是无菌的。

乳房中微生物多少取决于乳房的清洁程度,许多细菌通过乳头管栖生于乳池下部,这些细菌从乳头端部侵入乳房,由于细菌本身的繁殖和乳房的物理蠕动而进入乳房内部。一般最初挤出的乳含菌数比最后挤出的多几倍,因此,第一股乳流中微生物的数量最多。

正常情况下,随着挤乳的进行乳中细菌含量逐渐减少。所以,在挤乳时最初挤出的乳应单独存放,另行处理。

(二)来源于牛体的污染

挤乳时鲜乳受乳房周围和牛体其他部分污染的机会很多。牛舍空气、垫草、尘土以及本身的排泄物中的细菌大量附着在乳房的周围,当挤乳时易侵入牛乳中。这些污染菌多数属于带芽孢的杆菌和大肠杆菌。

解决办法:在挤乳时,应用温水严格清洗乳房和腹部,并用清洁的毛巾擦干。

(三)来源于空气的污染

在挤乳及收乳过程中,鲜乳经常暴露于空气中,因此受空气中微生物污染的机会很多。牛舍内的空气含有很多细菌,尤其是在含灰尘较大的空气中以带芽孢的杆菌和球菌属居多,此外霉菌的孢子也很多。

解决办法:清扫牛舍宜在挤乳后进行,挤乳前1 h不宜清扫。现代化的挤乳站、机械化挤乳、管道封闭运输,可减少来自空气的污染。

(四)来源于挤乳用具和乳桶等的污染

挤乳时所用的桶、挤乳机、过滤布、洗乳房用布等,如果不事先进行清洗杀菌,通过这些用具也会使鲜乳受到污染。

解决办法:乳桶及其他用具的清洗杀菌,对防止微生物的污染有重要意义。

(五)其他污染来源

水可能受嗜冷菌的污染;操作工人不清洁,或者储藏运输过程中混入苍蝇及其他昆虫等,都是污染的原因。

解决办法:水源需经过清洁处理后方可使用;操作工人必须健康,清洁卫生;在储藏运输过程中保证盛装容器处于密闭状态,并防止其他直接或间接的原因从桶口侵入微生物。

二、微生物种类及性质

牛乳在健康的乳房中,已含有某些细菌,加上在挤乳和处理过程中外界的微生物不断侵入,因此乳中微生物的种类很多,主要有下列几种。

(一)细菌

1.能使鲜乳发酵产生乳酸的细菌

这类细菌包括乳酸杆菌和链球菌两大类,约占鲜乳内微生物总数的80%。它们可进行同型乳酸发酵,产生大量乳酸,使鲜乳均匀凝固。这些菌不产生芽孢,没有鞭毛,革兰氏染色阳性,兼性厌氧。

(1)链球菌类　较为常见和重要的有:乳酸链球菌、乳酪链球菌、粪链球菌、嗜热链球菌、液化链球菌。

乳酸链球菌能分解葡萄糖、果糖、半乳糖、乳糖和麦芽糖而产生乳酸和其他少量有机酸,如醋酸和丙酸等,在乳液中的产酸量可达1%。它普遍存在于乳液中,几乎所有的生鲜乳中均能检出这种细菌。乳酸链球菌的最适生长温度为30～35℃。

乳酪链球菌不仅能分解乳糖而产酸,而且具有较强的蛋白分解能力。

粪链球菌在人类和温血动物的肠道内均有存在,能分解葡萄糖、蔗糖、乳糖、果糖、半乳糖和麦芽糖等,在乳液中繁殖而产酸,产酸力不强,生长最低温度为10℃,最高为45℃。

嗜热链球菌能分解蔗糖、乳糖、果糖而产酸,最适生长温度为40～45℃。

(2)乳酸杆菌类　较常见的和重要的有嗜酸乳杆菌、保加亚利乳杆菌、干酪乳杆菌、短乳杆菌、发酵乳杆菌、乳酸乳杆菌等。

嗜酸乳杆菌为一种细而长的杆菌,单个、成对或呈短链排列,革兰氏阳性;不产生芽孢,不能运动,生长最适温度为35～42℃,高于53℃或低于20℃时则不能生长。它是最早被利用的乳酸菌,常作为乳酸饮料的生产菌种。

干酪乳杆菌为短杆状或长杆状细菌,呈短链或长链排列,能发酵葡萄糖、果糖、麦芽糖、乳糖产生乳酸,10～40℃均可生长,最适生长温度为30℃,能利用酪蛋白,在干酪制作中有重要作用。

2.能使鲜乳发酵产气的细菌

这类微生物能分解碳水化合物,生成乳酸及其他有机酸,并产生气体(二氧化碳和氢气),能使牛乳凝固,产生多孔气泡,并产生异味和臭味。

(1)大肠菌群　主要有大肠杆菌和产气杆菌,这类细菌除产酸产气外,还能分解蛋白质,产生异味,影响乳的质量,是评价乳细菌污染程度的指标之一。

(2)丁酸菌类　主要有丁酸梭菌、魏氏梭菌等,使鲜乳产酸产气。其中的丁酸,气味恶臭，所产气体量很大，可使凝固的鲜乳裂成碎块，形成暴烈发酵现象。

(3)丙酸细菌　可从牛乳和干酪中分离得到费氏丙酸杆菌和谢氏丙酸杆菌。这类细菌能使鲜乳产酸产气，生长温度范围为15～40℃。用丙酸菌生产干酪时，可使产品具有气孔网眼，并产生特殊的芳香风味。丙酸细菌对干酪的品质有良好的作用。

3. 分解鲜乳蛋白而发生胨化的细菌

这类腐败菌能分泌凝乳酶，使乳液中的酪蛋白发生凝固，然后又发生分解，使蛋白质水解胨化，变为可溶性状态。

假单胞菌属分解蛋白质能力极强，可将蛋白质分解成胺和氨，并产生不良气味。

液化粪链球菌、蜡样芽孢杆菌、变形杆菌等，使乳产酸与蛋白质分解同时进行。

产碱杆菌属、黄杆菌属、微球菌属等低温菌，能在低温条件下使蛋白质分解，从而使冷藏乳腐败变质并产生苦味。

4. 产碱菌

使鲜乳呈碱性的细菌，主要有粪产碱菌和黏乳产碱菌。

粪产碱菌不产生芽孢，菌体杆状，革兰氏阴性，好氧，有运动性，常存在于肠道内，由粪便混入鲜乳中。

黏乳产碱菌不运动，其他特征与粪产碱菌相似，常存在于水中，故通常由水混入鲜乳中，使鲜乳变得黏稠。

这两种菌分解柠檬酸盐为碳酸盐，而使鲜乳呈碱性反应。

5. 引起鲜乳变色的细菌

正常鲜乳呈白色或略带黄色，某些细菌的繁殖可使乳呈现不同颜色。

深蓝色假单胞菌产生的色素，在中性或碱性乳中呈灰色，在酸性乳中呈蓝色。

黄假单胞菌在乳中繁殖时，分解乳中的脂肪、蛋白质并产生淡黄色色素，从而使乳呈黄色。此外，黄杆菌属的细菌增殖后也可使乳呈黄色。

黏质沙雷氏菌在乳中纯培养可引起红乳，但在通常情况下，由于其他细菌大量繁殖抑制了该菌生长，所以红乳很少见。

6. 脂肪分解菌

指能使甘油酯分解生成甘油和脂肪酸的菌群，主要有荧光极毛杆菌、蛇蛋果假单胞菌、无色解脂菌、解脂小球菌、干酪乳杆菌、白地霉、黑曲霉、大毛霉等脂肪分解菌。多是使牛乳和乳制品变质的细菌，尤其对稀奶油和奶油危害更大。一部分脂肪分解菌在干酪生产上为有益菌。

7. 低温菌

低温菌是7℃以下能生长繁殖的细菌。

嗜冷菌是在－20℃以下能生长繁殖的细菌。

乳品中常见的低温菌属有假单胞菌属和醋酸杆菌属。这些菌在低温下生长良好，能使乳中蛋白质分解引起牛乳胨化，分解脂肪使牛乳产生哈喇味，引起乳制品腐败变质。

8.高温菌和嗜热性细菌

高温菌或嗜热性细菌是指在40℃以上能正常生长发育的菌群，如乳酸菌中的嗜热链球菌、保加利亚乳杆菌、好气性芽孢菌和放线菌。嗜热脂肪芽孢杆菌的最适发育温度为60～70℃。

9.放线菌

与乳品方面有关的有分枝杆菌属、放线菌属、链霉菌属。

分枝杆菌属是抗酸性的杆菌，无运动性，多数具有病原性。

放线菌属中与乳品有关的主要有牛型放线菌，此菌生长在牛的口腔和乳房，随后转入牛乳中。

链霉菌属中与乳品有关的主要是干酪链霉菌，此菌属胨化菌，能使蛋白质分解，导致腐败变质。

10.鲜乳中可能存在的病原菌

(1)来自乳畜的病原菌　当乳畜本身患传染病或乳腺炎时，病畜的乳汁中常有病原菌存在。常见的病原菌有结核分枝杆菌、副结核分枝杆菌、布氏杆菌、溶血性大肠杆菌、金黄色葡萄球菌等。

(2)来自人为因素的病原菌　主要是工作人员患病或是带菌者，或者是在生产过程中各方的污染，使鲜乳中带有某些病原菌：如伤寒沙门氏菌、副伤寒沙门氏菌、志贺氏杆菌、霍乱弧菌、白喉杆菌、猩红热链球菌、人型结核分枝杆菌等。

(3)来自饲料被霉菌污染所产生的有毒代谢产物　如乳畜长期食用含有黄曲霉毒素(B1)的饲料，这种毒素可转变为存在于乳中的黄曲霉毒素(M1)。研究证明，饲料中黄曲霉毒素含量超过60 μg/kg时，就能造成乳的污染。

(二)酵母菌

乳与乳制品中常见的酵母菌有：

①脆壁酵母菌属；

②毕赤氏酵母菌属；

③汉逊氏酵母菌属；

④圆酵母菌属；

⑤假丝酵母菌属。

(三)霉菌

牛乳及乳制品中存在的霉菌主要有根霉、毛霉、曲霉、青霉、串珠霉等，这些霉菌大多数属于有害菌。

(四)噬菌体

噬菌体：侵入微生物中病毒的总称，故也称细菌病毒。

生产环境:它只能生长于宿主菌内,并在宿主菌内裂殖,导致宿主的破裂。当乳制品发酵剂受噬菌体污染后,就会导致发酵的失败,这是干酪、酸乳生产中必须注意的问题。

三、鲜乳存放期间微生物的变化

(一)牛乳在室温储藏时微生物的变化

鲜乳中微生物变化曲线如图 2-4 所示。

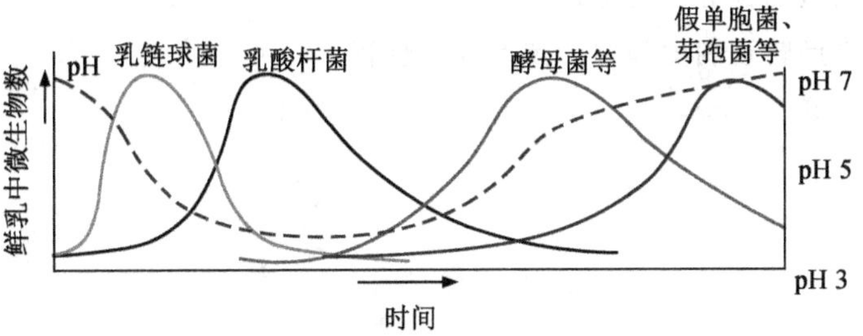

图 2-4　鲜乳中微生物变化曲线

1.抑制期

新鲜乳液中均含有抗菌物质,其杀菌或抑菌作用,在含菌少的鲜乳中可持续 36 h(温度 13～14℃);若在污染严重的乳液中,其作用可持续 18 h 左右。

2.乳链球菌期

鲜乳中的抗菌物质减少或消失后,乳中存在的微生物即迅速繁殖。占优势的细菌是乳酸链球菌、乳酸杆菌、大肠杆菌和一些蛋白分解菌等,其中以乳酸链球菌生长繁殖特别旺盛。

3.乳酸杆菌期

当 pH 下降至 6 左右时,乳酸杆菌的活力逐渐增强。当 pH 继续下降至 4.5 以下时,乳酸杆菌耐酸力较强,尚能继续繁殖并产酸。在此阶段乳液中可出现大量乳凝块,并有大量乳清析出。

4.真菌期

当酸度继续下降至 pH 3.5～3 时,绝大多数微生物被抑制甚至死亡,仅酵母菌和霉菌尚能适应高酸性的环境,并能利用乳酸及其他一些有机酸。由于酸的被利用,乳液的酸度会逐渐降低,使乳液的 pH 不断上升接近中性。

5.胨化菌期

当乳液中的乳糖大量被消耗后,乳糖的残留量已很少,乳液适宜分解蛋白质和脂肪的细菌生长繁殖,这样就产生了乳凝块被消化、乳液的 pH 逐渐提高向碱性方向转化并有腐败臭味的现象。

这时的腐败菌大部分属于芽孢杆菌属、假单胞菌属以及变形杆菌属。

(二)牛乳在冷藏中微生物的变化

在冷藏条件下,鲜乳中适合于室温下繁殖的微生物生长被抑制;嗜冷菌却能生长,但生长速度非常缓慢。冷藏乳的变质主要在于乳液中蛋白质、脂肪的分解。

四、提高鲜乳品质的措施

①加强乳畜的卫生、保健工作和乳品卫生检验。

②加强工作人员的保健和卫生检查。

③严格执行生产管理制度和生产技术操作规程。

项目三
原料乳验收

知识目标

1. 掌握原料乳的验收流程。
2. 熟悉原料乳的检测方法。

技能目标

1. 叙述原料乳的验收流程。
2. 独立完成原料乳的酒精阳性乳、酸度、脂肪等验收指标的检测。
3. 会熟练操作相关的仪器和设备。
4. 规范书写检验报告。

德育目标

培养学生严谨的工作作风，激发学生的责任感、使命感，引导学生遵守食品生产法律法规和执行食品安全国家标准。

任务一 原料乳的验收与储存

【任务描述】

认真学习和查阅有关资料，能制订原料乳验收的计划和实施方案，提出在制作过程中应注意的事项，并现场实践操作。

【参考标准】

NY/T 1172—2006《生鲜牛乳质量管理规范》

GB 19301—2010《食品安全国家标准　生乳》

NY 5045—2008《无公害食品　生鲜牛乳》

【工艺流程】

接收前的准备→收购鲜乳→计量、取样→净乳→冷却、储存。

【任务实施】

1. 接收前的准备。

(1)检查是否有剩乳。早晨上岗后，检查乳仓或乳罐内是否有剩乳。检查乳罐、乳管线工作状况是否正常，检查剩乳酸度、酒精试验状况。

(2)准备计量器具和取样器具。校正计量器具，把取样杯和乳箱准备好。

2. 收购鲜乳。质检员负责收购前取样、检验，鲜乳指标不合格的拒收。

3. 计量、取样。

(1)记账员监督称重，同时填写“原料乳检验单”。取样员负责采综合样品，样品由编号员送化验室检验。

(2)清洗及卫生处理：

①乳车运完后，由收乳人员刷洗乳罐、管线及其他设备。

②乳桶及时冲洗、消毒备用。

③做好收乳完毕的环境卫生打扫工作，清点工具，整理工作记录和上报原料检验单给生产科。

4. 净乳。用纱布或双联过滤器滤杂质。

5. 冷却、储存。根据是否马上投入生产，确定冷却温度。

【任务评价】

评价单

学习领域	原料乳的验收与储存				
评价类别	项目	子项目	个人评价	组内互评	教师(师傅)评价
专业能力 80%	资讯(5%)	搜集信息(2%)			
		引导问题回答(3%)			
	计划(5%)	计划可执行度(3%)			
		计划执行参与程度(2%)			
	实施(40%)	操作熟练度(40%)			
	结果(20%)	结果质量(20%)			
	作业(10%)	完成质量(10%)			
社会能力 20%	团结协作(10%)	对小组的贡献(10%)			
	敬业精神(10%)	学习纪律性(10%)			

【师生共研】

1. 感官检验的方法和注意事项。

(1)视觉检验　视觉检验不宜在灯光下进行，因为灯光会给食品造成假象，给视觉检验带来错觉。

(2)嗅觉检验　嗅觉器官长时间受气味浓的物质刺激会疲劳，灵敏度降低，因此，检验时应由轻气味到浓气味的顺序进行，检验一段时间后，应休息一会儿。

(3)味觉检验　在味觉检验前不要吸烟或吃刺激性较强的食物，以免降低感觉器官的灵敏度。检验时取少量被检食品放入口中，细心品尝，然后吐出(不要咽下)，用温水漱口。

(4)触觉检验　触觉检验主要是借助手、皮肤等器官的触觉神经来检验某些食品的弹性、韧性、紧密程度、稠度等，以鉴别其质量。

感官检验的顺序是通常先进行视觉检验，再进行嗅觉检验，然后进行味觉检验及触觉检验。

2. 不同制品的酒精检验要求。

为了合理利用原料乳并保证乳制品质量，用于制造淡炼乳的原料乳，需用75%的酒精试验；用于制造甜炼乳的原料乳，用72%的酒精试验；用于制造乳粉的原料乳，用68%的酒精试验(酸度不得超过20°T)。酸度不超过22°T的原料乳尚可用于制造奶油。酸度超过22°T的原料乳只能供制造工业用的干酪素、乳糖等。

思政花园

民以食为天，加强食品安全工作，关系我国13亿多人的身体健康和生命安全，必须抓得紧而又紧。

——新华社北京2017年1月3日电　中共中央总书记、国家主席、中央军委主席习近平日前对食品安全工作作出重要指示

【知识链接】

一、原料乳的接收

牛乳从牧场或收乳站被送至乳品厂进行加工。乳品厂有专门的原料乳接收部门，处理从牧场运来的原料乳。每批进厂的生鲜乳须经检验合格后方可使用，原料乳验收操作规程应符合有关乳品企业良好作业规范的要求。

在收乳时，首先要计量进乳量，计量后的牛乳进入物料平衡系统。乳品厂利用物料平衡系统来比较进乳量与最终产品量。进乳量可按体积或重量计算。到达乳品厂的乳槽车直接驶入收乳间，收乳间通常能同时容纳数辆乳槽车。

(一)容量法计量

这种方法使用流量计，流量计在计量乳的同时也能把乳中的空气计量进去，因此结果不

十分可靠。使用这种方法重要的是要防止空气进入牛乳中。可在流量计前装一台脱气装置(如XT旋流脱气罐),以提高计量的精确度(图3-1)。乳槽车的出口阀与一台脱气装置相连,牛乳经脱气后被泵送至流量计,流量计不断显示牛乳的总流量。当所有牛乳卸车完毕时,把一张卡放入流量计,记录下牛乳的总体积。

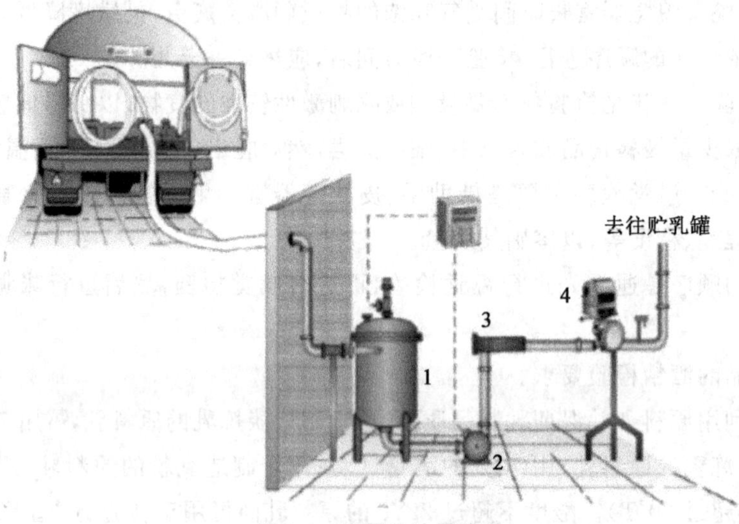

图3-1　容量法计量收乳

1.脱气装置　2.泵　3.过滤器　4.流量计

乳泵的启动由与脱气装置相连的传感控制元件控制。在脱气装置中(图3-2),当牛乳到达能防止空气被吸入管线的预定液位时,乳泵开始启动;当牛乳液位降至某一高度时,乳泵立即停止。经计量后,牛乳进入一个大的贮乳罐。

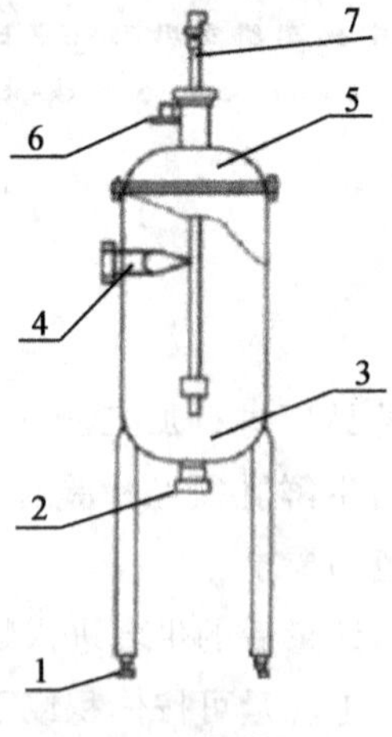

图3-2　脱气装置

1.支架　2.出口　3.罐体　4.进口　5.上盖　6.电磁阀　7.液位控制器

(二)重量法计量

用乳槽车收乳可以用以下两种方法称量:

①称量乳槽车卸乳前后的重量,然后将前者数值减去后者数值。地磅上的乳槽车如图3-3所示。

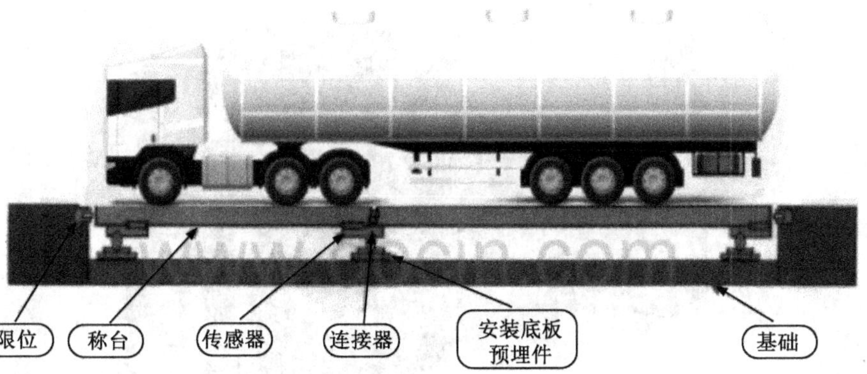

图3-3　地磅上的乳槽车

②用底部带有称量元件的特殊称量罐称量,如图3-4所示。

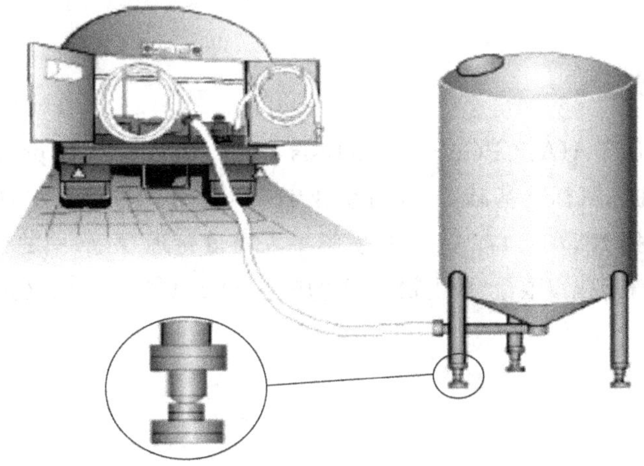

图3-4　称量罐称量

用第一种方法称量时,乳槽车到达乳品厂后,车开到地磅上。数值有用人工记录的,也有自动记录的。如果用人工操作,操作人员根据司机的编号记录牛乳的重量,如果是自动的,当司机把一张卡插入卡扫描器后,称量的数值就会自动被记录下来。通常乳槽车在被称重前先通过车辆清洗间进行清洗。这一步骤在恶劣的天气条件下尤为重要。当记录下乳槽车的毛重后,牛乳通过封闭的管线经脱气装置,而不通过流量计,进入乳品厂。牛乳排空后,乳槽车再次被称重。用前面记录的毛重减去车身自重就得到牛乳的净重。

用称量罐称量时,牛乳从乳槽车被泵入一个罐脚装有称量元件的特殊罐中。该元件发出一个与罐重量成比例的信号。当牛乳进入罐中时，信号的强度随罐重量的增加而增加。因此，所有的乳交付后，该罐内牛乳的重量被记录下来，随后牛乳被泵入大贮乳罐。

(三)收奶桶接收乳

收奶桶接收乳如图 3-5 所示。

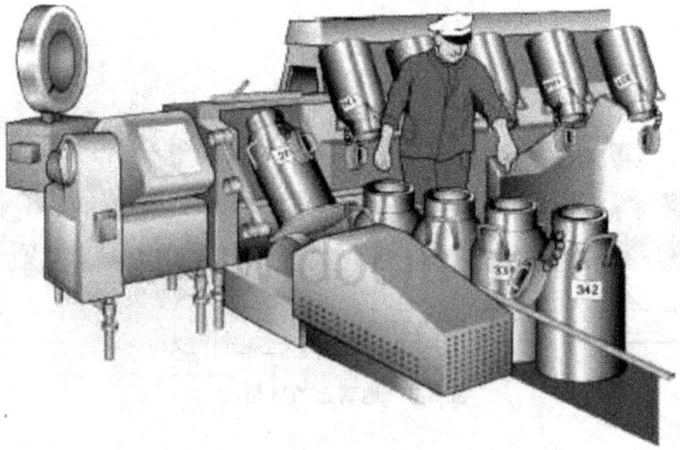

图 3-5　收奶桶接收乳

二、原料乳的检验

原料乳的控制属于 HACCP(hazard analysis and critical control point)体系中重要临界控制点之一，企业在国家标准基础上，针对企业 HACCP 计划中的要求，确定企业更高的生鲜牛乳的标准。根据 NY/T 1172—2006《生鲜牛乳质量管理规范》中的规定，生鲜牛乳的感官指标、理化指标，兽药残留限量、微生物指标等应符合 GB 19301—2010《食品安全国家标准 生乳》。

1.感官指标

生乳的感官指标见表 3-1。

表 3-1　生乳的感官指标

项目	指标	检验方法
色泽	呈乳白色或稍带淡黄色	取适量试样置于 50 mL 烧杯中，在自然光下观察色泽和组织状态。闻其气味，用温开水漱口，品尝滋味
组织状态	呈均匀一致液体，无凝块，无沉淀，无正常视力可见异物	
滋味与气味	具有乳固有的香味，无异味	

2.理化指标

生乳的理化指标见表 3-2 。

表 3-2　生乳的理化指标

项目	指标	项目	指标
冰点/℃[1][2]	−0.500～−0.560	非脂乳固体含量/(g/100 g)	≥8.1
相对密度/(20℃/4℃)	≥1.027	酸度/°T	
蛋白质含量/(g/100 g)	≥2.8	牛乳[2]	12～18
脂肪含量/(g/100 g)	≥3.1	羊乳	6～13
杂质度/(mg/kg)	≤4.0		

注：①挤出 3 h 后检测。②仅适用于荷斯坦奶牛。

3.微生物指标

微生物指标见表 3-3。

表 3-3　微生物指标

项目	限量/[CFU/g(mL)]
菌落总数	$\leq 2\times10^6$

4.污染物限量

符合 GB 2762—2017 的规定。

5.真菌毒素限量

符合 GB 2761—2017 的规定。

6.农药残留限量和兽药残留限量

农药残留限量符合 GB 2763—2019 及国家有关规定和公告；兽药残留限量应符合国家有关规定和公告。

三、原料乳的以质论价

在牧场仅对牛乳的质量作一般性的评价，而到达乳品厂后需通过若干检验对其成分和卫生质量进行测定。某些检验的结果将直接影响付给供奶户的奶款。目前，为了协调供奶户及乳品加工厂之间的矛盾，由乳品监测部门进行营养成分的测定，作为以质论价的根据。

1.以牛乳密度计价

用牛乳密度计测出牛乳密度，确定牛乳的单价，核算牛乳的价格。

2.以全乳固体含量计价

一般采用快速方法测出全乳固体含量，有的利用乳脂测定仪和牛乳密度计。先测出牛乳的乳脂率和牛乳密度，再换算成全乳固体含量，并以此定价。

3.以乳脂率计价

利用乳脂测定仪测出牛乳的乳脂率，以此确定牛乳的单价。

4.综合计价

以牛乳乳脂率为基本核价指标，综合考虑全乳固体含量、酸度、细菌总数、体细胞数、药物残留量等的检测值，以此确定牛乳的质量，划分等级，进行分级计价。也有很多乳品厂根据乳中蛋白质含量来为供奶户付款。

四、原料乳的检验规则及正确取样

(一)检验规则

1.组批规则

以同一天，装载在同一储存或运输器具中的产品为一组批。

2.抽样方法

在储存容器内搅拌均匀后或在运输器具内搅拌均匀后从顶部、中部、底部等量随机抽取，或在运输器具出料时连续等量抽取，混合成 4 L 样品供交收检验，或 8 L 样品供型式检验。

3.交收检验

交收检验的项目包括感官指标、理化指标、微生物指标和掺假的全部项目，并作为交收双方的结算依据。

4.型式检验

型式检验是对产品进行全面考核，即检验技术要求中的全部项目。在下列情况之一时应进行型式检验：

①新建牧场首次投产运行时。

②正式生产后，牛乳发生质量问题时。

③乳牛饲料的组成发生变更或用量调整时。

④牧场长期停产后，恢复生产时。

⑤交收检验与上次例行检验有较大差异时。

⑥国家质量监督机构提出进行例行检验的要求时。

5.判定规则

在型式检验中若卫生要求有一项指标检验不合格，则该牧场应进行整改，经整改复查合格，则判为合格产品，否则判为不合格产品。在交收检验项目中，若有一项掺假项目指标被检出，则该批产品判为不合格产品。

(二)正确取样

由于乳品种类较多，形态差异大，数量上也有很大差别，且不同品种的乳品因其生产条件、加工及储存条件的不同而发生变化，所以采样方法随乳品的形态、品种和检验项目的不同而异。

目前，尚无普遍适用的统一的方法。需说明的是，在采样前应了解物料的来源、批次、数量和运输、储存条件，然后随机从全部批次的各部位按规定数量采取样品。采样的数量也应能够反映该乳品的卫生质量，一般应超过检验需要量的 3 倍，供检验、复验与备查用。

产品应按生产班次分批，连续生产不能分别按班次分批者，则按生产日期或储存罐分批。产品应分批编号，按批号取样检验。取样量为 1 万个(或瓶或盒或桶)以下者至少取两个；1 万～5 万个之间每增加 1 万个增抽一个；5 万个以上者每增加 2 万个增抽一个。所取样品贴上标签，标明下列各项：产品名称、生产日期、采样日期及时间、产品数量及批号。

所取样品应及时检验，不能及时检验者，需根据产品储藏要求贮于温度为 2～10℃的冷库或冰箱内，或置于阴凉干燥处。

1. 液体、半流体食品

液体、半流体食品(如大桶装或大罐装的生鲜牛乳)应先充分混匀后再采样。混匀时，可以旋转摇荡，充分搅拌或反复倾倒等。如在生鲜牛乳采样时，用特制搅拌器在乳桶中自上至下和自下至上螺旋式转动 20 次。取样量一般为 0.5～1 L。

2. 散状均匀固体食品

散状均匀固体食品(如乳粉)应自每批食品的上、中、下三层各部分，分别抽取部分样品混合后按四分法对角取样，再进行几次混合，最后取具有代表性的样品 0.5～1 kg。

四分法对角取样方法：将食品置于一大张方形纸或布上，然后提起一角使样品滚动流向对角，随机提起对角使样品流回，按此法将四角反复提起使食品反复滚动，将样品混匀后，堆成圆锥形，略压平，通过中心平分成相等的四份(用缩分器)，除去任意对角两份，将剩下的两份按上法再进行混合缩分。重复操作直至剩余量达到规定的采样量为止。

3. 小包装食品

小包装食品(如瓶装炼乳、乳粉)应根据批号分批随机取样。同一批号取样件数一般为：250 g 以上的包装不得少于 3 件，250 g 及以下的包装应为 6 件。若需要测净含量，还应增加 10 件。

五、原料乳的检验项目

常规检测指标：感官、酒精度、热稳定、相对密度、酸度、理化性质、杂质度、细菌总数等，同时还必须检测抗生素、硝酸盐、亚硝酸盐、黄曲霉毒素、重金属和农药残留。进厂的牛乳，必须经过多项分析，只有全部合格，才可被用于生产。

通过对本任务的学习，我们必须熟练掌握以下的原料乳的常规验收项目，见表 3-4。

表 3-4　原料乳的常规验收项目

现场检验	感官检验 热稳定性检验 酒精阳性乳检验
理化检验	杂质度检验 相对密度测定 酸度测定 脂肪测定 非脂乳固体测定 蛋白质测定
卫生检验	菌落总数

(一)现场检验

1.感官检验

正常乳应为乳白色或略带黄色;具有特殊的乳香味;稍有甜味;组织状态均匀一致,无凝块和沉淀,不黏滑。

评定方法如下,评定结果填表(表 3-5)。

(1)色泽和组织状态检查　将少许乳倒入瓷皿中,观察颜色。用手指蘸乳汁,检查有无黏稠感。静置 30 min 后将乳小心倒掉,观察有无沉淀和絮状物。

(2)气味鉴定　将少量乳倒入试管中加热后,闻其气味。

(3)滋味鉴定　取少量乳用口尝之。

表 3-5　评定结果

色泽	白色、微黄	白中带青	浅粉	黄绿	灰暗
组织状态	液体均匀	沉淀、凝块	黏稠	脂肪聚集	
气味	乳香味	异味	鱼腥味	金属味	牛粪味
滋味	纯香、稍甜	微酸	酸味	咸味	苦味

根据各项感官鉴定结果，判断乳样是正常乳还是异常乳。

2. 热稳定性检验(煮沸试验)

(1)原理　牛乳的新鲜度越差，酸度越高，热稳定性越差，加热时越易发生凝固。一般不常用此法，仅在生产前乳酸度较高时，作为补充试验用，以确定乳能否使用，以免在杀菌时牛乳凝固。

(2)仪器及试剂　20 mL 试管，5 mL 刻度吸管，酒精灯，共用水浴锅 1 台，不同新鲜度的牛乳样 2～3 个。

(3)操作方法　取 5 mL 乳样于清洁试管中，在酒精灯上加热煮沸 1 min，或在沸水浴中保持 5 min，然后进行观察。如果产生絮片或发生凝固，则表示乳已经不新鲜，酸度在 20°T 以上或混有初乳。牛乳的酸度与凝固温度的关系见表 3-6。

表 3-6　牛乳的酸度与凝固温度的关系

牛乳酸度/°T	凝固的条件	牛乳酸度/°T	凝固的条件
18	煮沸时不凝固	40	加热至 65℃时凝固
22	煮沸时不凝固	50	加热至 40℃时凝固
26	煮沸时能凝固	60	22℃时自行凝固
30	加热至 77℃时凝固	65	6℃时自行凝固

原奶煮沸试验颗粒标准板如图 3-6 所示，1、2、3 为合格；4、5、6 为不合格。

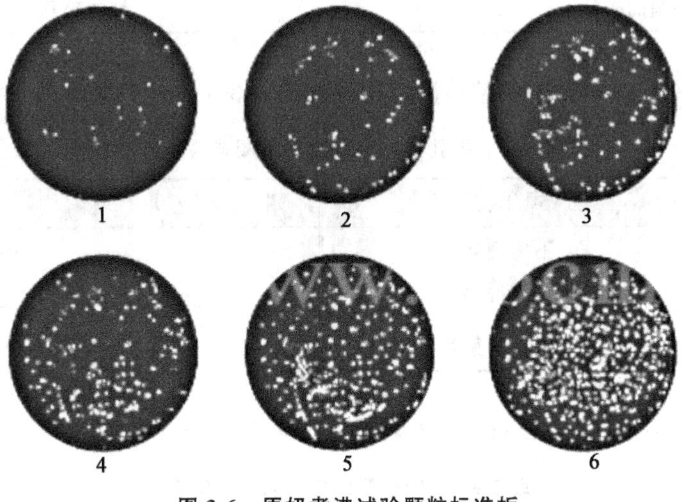

图 3-6　原奶煮沸试验颗粒标准板

3. 酒精阳性乳检验(酒精试验)

(1)原理　新鲜乳中的酪蛋白微粒，其表面带有相同的电荷(为负电荷)并具有水合作用，故以稳定的胶粒悬浮状态分散于乳中，要想使其从乳中沉淀出来，需要有两个条件：一是除去胶粒所带的电荷，二是破坏胶粒周围的结合水层。当乳的新鲜度下降、酸度增高时，酪蛋白所带的电荷就会发生变化；当 pH 达 4.6 时（即酪蛋白的等电点），酪蛋白胶粒便形成数量相等的正负电荷，失去排斥力量，胶粒极易聚合成大胶粒而沉淀出来。此外，加入强亲水物质如酒精、丙酮等，能夺取酪蛋白胶粒表面的结合水层，也易使胶粒沉淀出来。酒精试验就是借助于不同酸度的乳加入酒精（乙醇）后，酪蛋白凝结的情况不同，从而判断乳的新鲜程度。此法可验出鲜乳的酸度，以及盐类平衡不良乳、初乳、末乳及细菌作用产生凝乳酶的乳和乳腺炎乳。乳的酸度越高和酒精含量越高，乳的凝絮现象越易发生。

(2)试验材料　ϕ15 mm×150 mm 试管，2 mL 刻度吸管，200 mL 烧杯，毛刷，68%中性酒精（乙醇）溶液；不同新鲜度的牛乳乳样 2～3 个。

(3)操作方法　取乳样 2 mL 于清洁试管中，加入等量的酒精，混合，摇匀，以是否出现微细颗粒或絮状凝乳块为标准。

正常牛乳的滴定酸度不高于 18°T，不会出现凝乳块。若混合液中不出现凝乳块，则为正常乳；若出现凝乳块，则为酒精阳性乳。

根据产生絮片的特征，可大致判断乳的酸度（表 3-7）。

表 3-7　各种含量的乙醇溶液中，蛋白质凝固的特性

乙醇含量/%	牛乳蛋白质凝固的特性	牛乳酸度/°T	乙醇含量/%	牛乳蛋白质凝固的特性	牛乳酸度/°T
44	细的碎片	27	68	细的碎片	20
52	细的碎片	25	70	细的碎片	19
60	细的碎片	23	72	细的碎片	18

不同酸度的牛乳被 68%酒精溶液凝结的特征见表 3-8。

表 3-8　牛乳被 68%酒精溶液凝结的特征

牛乳酸度/°T	凝结特征	牛乳酸度/°T	凝结特征
18～20	不出现絮片	25～26	中型的絮片
21～22	很细小的絮片	27～28	大型的絮片
23～24	细小的絮片	29～30	很大的絮片

另外，也可用不同含量的酒精溶液来判断乳的酸度，见表 3-9。

表 3-9　酒精含量对应乳的界限酸度

酒精含量/%	界限酸度（不产生絮片的酸度）/°T
68	20 以下
70	19 以下
72	18 以下

(4)注意事项

①试验过程中两种液体必须等量混合,混合时化合热会使温度升高5～8℃,会使检验的误差明显增大,因此两种液体的温度应保持在10℃以下。

②也可以用其他浓度的乙醇溶液代替68%乙醇溶液,但要在不同的酸度下才能开始产生蛋白质的凝固。对于牛乳的标准,应该采用68%、70%或72%中性酒精溶液比较适宜。

③非脂乳固体含量较高的水牛乳、牦牛乳和羊乳,酒精试验呈阳性反应,但热稳定性不一定差,乳不一定不新鲜。因此对这些乳进行酒精试验,应选用低于68%的酒精溶液。由于地区不同,尚无统一标准。

④牛乳冰冻也会形成酒精阳性乳,但这种乳热稳定性较高,可作为乳制品原料。

⑤酒精要纯,pH必须调到中性,使用时间超过5～10 d必须重新调节。

(二)理化检验

1.杂质度检验

利用过滤的方法,使乳中的机械杂质与乳分开,然后与杂质度标准板进行比较。

(1)仪器　500 mL抽滤瓶、真空泵、直径40 mm的瓷质布氏漏斗、棉质过滤垫、杂质度标准板、直径28.6 mm的空心圆柱体、镊子、500 mL烧杯、500 mL量筒、干燥箱。

(2)操作方法　取500 mL抽滤瓶,加热至60℃。将牛乳倒入放有空心圆柱体的棉质过滤垫的布氏漏斗内进行过滤。为了加快过滤速度,可用真空抽滤,用水冲洗黏附在过滤板上的牛乳。用镊子取下过滤垫放于102～105℃的烘箱内烘干,然后取出与杂质度标准板比较,求出乳中杂质度。

(3)计算　因杂质度标准板上杂质量是以500 mL乳为基础计量的(表3-10),则:

$$\begin{aligned}\text{杂质度(mg/kg)}&=\text{相当于某标准板的杂质量}\times 1\,000/500\\&=\text{相当于某标准板的杂质量}\times 2\end{aligned}$$

液体乳样量取500 mL;乳粉样称取62.5 g(精确至0.1 g),用8倍水充分调和溶解,加热至60℃;炼乳样称取125 g(精确至0.1 g),用4倍水溶解。

当过滤板上杂质的含量介于两个级别之间时,判定为杂质含量较多的级别。

表3-10　各杂质度标准板的制备比例

标准板号	杂质度		杂质绝对含量/mg
	牛乳/(mg/L) 500 mL牛乳	乳粉/(mg/kg) 62.5 g乳粉	
1	0.25	2	0.125
2	0.75	6	0.375
3	1.50	12	0.750
4	2.00	16	1.000

2.相对密度测定

(1)材料用具　乳稠计(图 3-7)、200～250 mL 量筒、温度计、待测乳样、200～300 mL 烧杯。

(2)操作方法　将试样温度调节为 10～25℃,取已混合的乳样小心地沿量筒壁注入量筒中,防止发生泡沫影响读数,加至量筒容积的 3/4 处,将乳稠计小心地沉入乳样中,使其沉到 1.030 刻度处,然后使其在乳中自由浮动(注意防止乳稠计与量筒壁接触),静置 2～3 min 后进行读数(读取凹液面的上缘)。用温度计测定乳温。

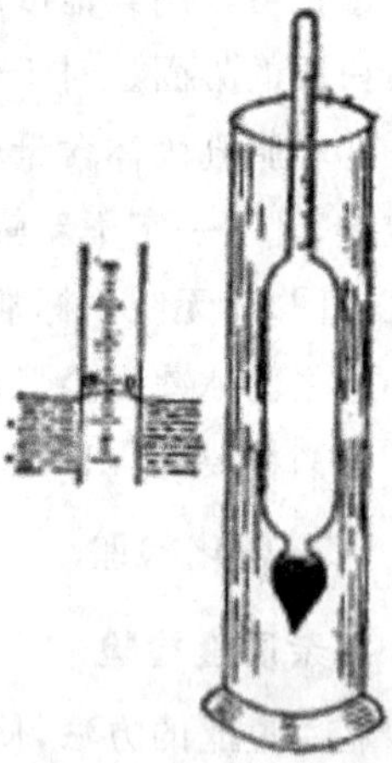

图 3-7　乳稠计

(3)测定值的校正　根据乳温和乳稠计读数,查牛乳温度换算表,将乳稠计读数换算成 20℃时的密度。

在同温度下相对密度和密度的绝对值差异很小。在同温度下乳的密度较相对密度小约 0.002。在乳品工业中可用此数来进行乳相对密度和密度的换算,如乳的密度为 1.030 时,其相对密度即为 1.032(1.030+0.002)。

乳的相对密度和密度也可用度数来表示。

度数=(读数-1)×1 000

例:乳的密度为 1.031 时,其度数为:

密度度数=(1.031-1)×1 000=31°

该乳的相对密度度数=31°+2°=33°

乳品生产中常以 0.000 2 的差数进行换算:密度受温度影响,温度每升高或降低 1℃实测值就减少或增加 0.000 2。

每增加 10%的水,*D*(密度)(20℃/4℃)约降低 0.003。

刚挤出的乳,*D*(20℃/4℃)比放置 2～3 h 的乳低 0.000 8～0.001 5,这是因为乳中气体散发,液体脂肪凝固,容积变化及蛋白质水合造成的。所以刚挤出的乳不宜马上测定密度。

3.酸度测定

(1)原理　新鲜牛乳的酸度一般为 16～18°T。在牛乳存放过程中,由于微生物的活动,分解乳糖产生乳酸,使乳的酸度升高。所以乳的酸度是判定乳新鲜度的重要指标。牛乳的酸度通常以滴定酸度(°T)表示。

(2)实验材料

①仪器:25 mL 或 50 mL 碱式滴定管,1 mL 及 10 mL 吸管,20 mL 量筒,50 mL 三角瓶 3 只。

②试剂:0.1 mol/L NaOH 标准溶液;1%酚酞指示剂;不同新鲜度的乳样 2～3 个。

(3)操作方法　取乳样 10 mL 于 150 mL 三角瓶中,再加入 20 mL 中性蒸馏水和 0.5 mL 0.5%酚酞溶液,摇匀,用 1 mol/L(近似值)氢氧化钠溶液滴定至微红色,并在 1 min 内不消失为止,记录 0.1 mol/L(近似值)氢氧化钠所消耗的体积(A)。

(4)表示方法

①吉尔涅尔度:

$$\text{吉尔涅尔度}(°T)=A\times F\times 10$$

式中:A——滴定时消耗的 0.1 mol/L(近似值)氢氧化钠的体积,mL;

F——0.1 mol/L(近似值)氢氧化钠的校正系数;

10——乳样的倍数。

②乳酸度:

$$\text{乳酸度}=\frac{B\times F\times 0.009}{\text{乳样的毫升数}\times\text{乳的相对密度}}$$

式中:B——中和乳样中的酸消耗的 0.1 mol/L(近似值)氢氧化钠的体积,mL;

F——0.1 mol/L(近似值)氢氧化钠的校正系数;

0.009——0.1 mol/L 1 mL 氢氧化钠能结合 0.009 g 乳酸。

通过测定牛乳的酸度可以确定牛乳的新鲜度,同时可反映乳质的实际情况(表 3-11)。

表 3-11　滴定酸度与牛乳品质的关系

滴定酸度/°T	牛乳品质	滴定酸度/°T	牛乳品质
低于 16	加碱或加水等异常的乳	26～27	酸性乳
16～20	正常新鲜乳	28～60	加热凝固
21～25	微酸的乳	60 以上	酸化乳,能自身凝固

(5)注意事项

①部颁标准规定使用的 0.1 mol/L NaOH,应经精密标定后使用,其中不应含 Na_2CO_3。所用蒸馏水应先经煮沸冷却,以驱除 CO_2。

②温度对乳的 pH 有影响,因乳中具有微酸性物质,离解程度与温度有关。温度低时滴定酸度偏低。在(20±5)℃时滴定为宜。

③当滴定很慢时,则消耗碱液多,误差大,最好在 20～30 s 完成滴定。

4.脂肪测定

哥特里-罗滋法、盖勃氏法都是测定乳脂肪的标准分析方法。根据对比研究表明,哥特里-罗滋法准确度较高,但测定操作较麻烦,出结果的速度较慢;盖勃氏法的准确度相对低一些,但测定速度较快。一般在原料乳验收过程中,多采用盖勃氏法,下面简单介绍该法。

(1)原理　采用容量法,即用酸解的方法使乳中脂肪分出成为一层,然后根据经过严密设计的乳脂瓶刻度可直接读出脂肪的百分率。

(2)仪器　乳脂计、乳脂离心机、乳脂计架、11 mL 硫酸自动吸管、25～50 mL 烧杯、25 mL 漏斗、玻璃棒。

(3)试剂　硫酸(相对密度为 1.820～1.825),异戊醇(沸点 128～132℃,相对密度为 0.809 0～0.811 5)。

(4)操作方法

①用硫酸自动吸管向牛乳乳脂计中加入硫酸 10 mL;

②在 50 mL 烧杯中称取 1.5 g 样品,称量要准确至 10 mg,用 10 mL 70～75℃热水分数次(用玻璃棒搅拌)全部洗入乳脂计中;

③加异戊醇 1 mL,再用少量热水调节液位,使其低于乳脂计颈口 4～6 mm;

④将乳脂计塞好,小心振荡,再重复倒转数次,使内容物完全混合;

⑤将盖勃乳脂离心机预热到规定的温度(约 65℃),将乳脂计放入离心机中,转动开关按钮,调至规定的时间,离心 5 min;

⑥待离心机停止转动后,取出乳脂计,转入或转出橡胶塞,使脂肪柱处于乳脂计刻度部分,然后读数。读数时,要将乳脂计中的脂肪柱下弯月面放在与视线同水平面上,观察时,可移动橡胶塞使下弯月面与某一大格刻度相吻合,读取脂肪柱所占的格数;

⑦计算:

$$\text{脂肪含量}=\frac{A\times 11}{m}\times 100\%$$

式中:A——脂肪柱读数;

m——样品质量,g;

11——换算系数。

两次平行测定误差不应超过 0.1%。

5.牛乳成分分析仪

近年来,随着分析仪器的发展,乳品检测方面出现了很多高效率的检验仪器。如采用光学法来测定乳脂肪、乳蛋白、乳糖及总干物质,并已开发出各种微波仪器,通过 2 450 MHz 的微波干燥牛乳,并自动称量、记录乳总干物质的质量,测定速度快,测定准确,便于指导生产。通过红外线分光光度计,自动测出牛乳中的脂肪、蛋白质、乳糖 3 种成分。红外线通过牛乳后,牛乳中的脂肪、蛋白质、乳糖减弱了红外线的波长,通过红外线波长的减弱率反映出 3 种成分的含量。该法测定速度快,但设备造价较高。

(三)卫生检验

1.平皿计数法

(1)培养基制备　酵母菌浸膏 2.5 g、胰蛋白胨 5.0 g、葡萄糖 1.0 g、脱脂乳粉 1.0 g、琼脂 10～15 g、蒸馏水 1 000 mL,混匀,121℃灭菌 15 min。

(2)样品处理　取 10 mL 牛乳注入 90 mL 无菌生理盐水,制成 1∶10 稀释液;再吸取

1∶10 稀释液 1 mL,注入 9 mL 生理盐水,制成 1∶100 稀释液;再取 1∶100 稀释液 1 mL,加 9 mL 生理盐水,制成 1∶1 000 稀释液。

(3)倒皿　取合适的两个稀释度,每个稀释度做两个平皿,每个平皿中取 1 mL 样液,倒入 15 mL 培养基,混匀。

(4)培养　将平皿置于 30℃恒温培养箱中培养 24～48 h。

(5)计数　取出培养皿,数菌落,根据标准报告菌落数,培养结束后必须在 4 h 内计数。一般只有菌落数在 30～500 的平板可作为菌落总数测定标准,若有两个或两个以上稀释度,其菌落数均在 30～500,则应选择每 1 mL 细菌数值较大的一个。每 1 mL 细菌总数的报告,以平皿的菌数乘以稀释度的倒数表示。

2.亚甲蓝法

(1)原理　乳中含有各种不同的酶,其中还原酶是细菌生命活动的产物。乳的细菌污染越严重,则还原酶的数量越多。还原酶具有还原作用,可使蓝色的亚甲蓝还原褪色。还原酶越多则褪色越快,表明细菌污染度越大。

(2)操作方法

①仪器消毒:试验中所用的吸管、试管必须事先经过干热灭菌。

②无菌操作:吸取 10 mL 乳样于试管中,再加入亚甲蓝 1 mL,塞上棉塞,摇匀,然后放在 35～40℃的水中或恒温箱中。记录开始保温的时间。

③每隔 10～15 min 观察试管中内容物褪色的情况。

④根据试管内容物褪色的速度,确定乳中细菌数及细菌污染度的等级。

判定标准见表 3-12。

表 3-12　原料乳的细菌指标

分级	平皿计数法细菌总数分级指标/(万/mL)	亚甲蓝法褪色时间分级指标
Ⅰ	≤50	≥4 h
Ⅱ	≤100	≥2.5 h
Ⅲ	≤200	≥1.5 h
Ⅳ	≤400	≥40 min

3.国标法

原料乳的微生物检验主要是对其进行菌落总数的测定,测定方法依据 GB 4789.2—2016。该法测定原料乳中的菌落总数,测定时间较长,一般为(48±2)h。

4.直接镜检法(费里德氏法)

直接镜检法是利用显微镜直接观察确定鲜乳中微生物数量的一种方法。取一定量的牛乳样,在载玻片涂抹一定的面积,经过干燥、染色,镜检观察细菌数,根据显微镜视野面积,推断出鲜乳中的细菌总数,而非活菌数。直接镜检法比平板培养法能更迅速地判断出结果,通过观察细菌的形态，推断细菌数增多的原因。

5.刃天青试验

刃天青的分子式是 $C_{12}H_7NO_4$，结构式如下：

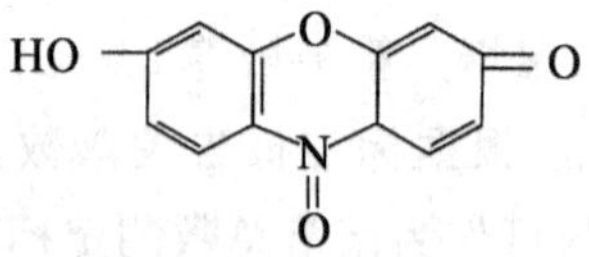

刃天青

(1)仪器药品　刃天青基础液、刃天青使用液、高压灭菌器、水浴箱、10 mL 吸管、20 mL 试管(带胶塞)。

(2)操作方法　吸取 10 mL 牛乳于试管中，再加入刃天青使用液 1 mL，混匀，用胶塞塞好，但不要盖严。将该试管置于 38～40℃的水浴箱中进行水浴加热，当试管内容物加热到 37℃时(用对照组试管测温)，将管口塞紧，慢慢转动试管(不振荡)，使受热均匀。于水浴开始后的 20 min，第一次观察试管内容物的颜色变化，记录结果。

去掉白色乳试管，将其他试管进行转动，继续水浴保温 60 min。然后进行第二次观察，记录结果。

(3)判定标准　参见表 3-13。

表 3-13　刃天青试验判定标准

级别	乳的质量	乳的颜色	
		经过 20 min	经过 60 min
1	良好	青蓝色	青蓝色
2	合格	青蓝色	蓝紫色
3	不好	青蓝或蓝紫色	粉红色
4	很坏	白色	

(四)原料乳的掺假检验

检验目的：掺假有碍牛乳的卫生，会降低牛乳的营养价值，有时还会影响牛乳的加工及乳制品的质量；生产单位和卫生检验部门应对原料乳的质量进行严格把关，在收乳时或进行乳品加工前，对原料乳进行掺假检验。

检验内容与方法：首先对牛乳进行感官检验，观察牛乳的色泽、稀稠，鼻闻有无不正常的气味，如酸味、腥味、蒸煮味等；口尝有无异味，如咸味、苦涩味等；再根据不同情况，采用不同的检验方法。常见的掺假有掺水、掺碱、掺淀粉、掺盐等几种，其检验方法如下。

1.掺水的检验

(1)原理　对于感官检查发现乳汁稀薄、色泽发灰(即色淡)的乳，有必要做掺水检验。

目前常用的是测定其密度。牛乳的密度≥1.027，与乳的非脂固体物的含量百分数成正比。当乳中掺水后，乳中非脂固体物含量百分数降低，密度也随之变小。当被检乳的密度<1.027时，便有掺水的嫌疑，并可用密度的数值计算掺水百分数。

(2)仪器、试样　密度计1个、200～250 mL量筒1只、温度计1只、200 mL烧杯2只、掺水与未渗水乳样1～2个。

(3)测定方法

①取混匀并调节温度为10～25℃的试样，小心倒入玻璃圆筒内，勿使其产生泡沫并测量试样温度。小心将密度计放入试样中到相当刻度30°处，然后使其自然浮动，但不能与筒内壁接触。静置2～3 min，两眼视线与密度计同乳面接触处呈水平位置进行读数，读出弯月面上缘处的数字。

②用温度计测定乳的温度。

③计算乳样的密度：乳的密度是指20℃时乳与同体积4℃水的质量之比，所以如果乳温不是20℃，需要查表进行校正。

④可按以下公式求出掺水百分数。

$$\text{掺水量}=\frac{\text{正常乳密度计读数}-\text{被检乳密度计读数}}{\text{正常乳密度计读数}}\times 100\%$$

例如：某地区规定正常牛乳的密度为1.027，被检乳的密度测定值为1.025，则：

$$\text{掺水量}=(27-25)/27\times 100\%=7.4\%$$

2.掺碱(碳酸钠)的检查

(1)原理　鲜乳保藏不好时酸度往往升高，加热煮沸时会发生凝固。为了避免被检出高酸度乳，有时向乳中加碱。感官色泽发黄，有碱味，口尝有苦涩味的乳应进行掺碱检验。常用玫瑰红酸的pH范围为6.9～8.0，玫瑰红酸遇到掺碱而呈碱性的牛乳，其颜色由肉桂黄色(也称棕黄色)变为玫瑰红色。

(2)仪器及试剂

200 mL试管。

0.05%的玫瑰红酸酒精溶液：溶解0.05 g玫瑰红酸于100 mL 95%酒精溶液中。

(3)操作方法　于5 mL乳样中加入5 mL玫瑰红酸酒精溶液，摇匀，乳呈肉桂黄色为正常，呈玫瑰红色为掺碱。掺碱越多，玫瑰红色越鲜艳，应以正常乳作对照。

3.掺淀粉的检验

(1)原理　掺水的乳，乳汁变得稀薄，相对密度降低。向乳中掺淀粉可使乳变稠，相对密度接近正常乳。对有沉渣物的牛乳，应进行掺淀粉检验。

(2)仪器及试剂

20 mL试管、5 mL吸管。

碘溶液：取碘化钾4 g溶于少量蒸馏水中，然后用此溶液溶解结晶碘2 g，待结晶碘完全溶解后，移入 100 mL 容量瓶中，加水至刻度即可。

掺淀粉乳样和正常乳样各 1～2 个。

(3)操作方法　取乳样 5 mL 注入试管中，加入碘溶液 2～3 滴。乳中有淀粉时，即出现蓝色、紫色或暗红色沉淀物。

4.掺盐的检验

(1)原理　向乳中掺盐可以提高乳的相对密度。品尝有咸味的乳有掺盐的可能，须进行掺盐检验。

(2)仪器及试剂

20 mL 试管、1 mL 吸管、5 mL 吸管。

0.01 mo/L 硝酸银溶液；10%铬酸钾水溶液。

掺盐乳样和正常乳样各 1～2 个。

(3)操作方法　取乳样 1 mL 于试管中，滴入 10%铬酸钾 2～3 滴后，再加入 0.1 m/L 的硝酸银 5 mL(羊乳需 7 mL)摇匀，观察溶液颜色。溶液呈黄色者表明掺有食盐，呈棕红色者表明未掺食盐。

5.掺硝酸盐的检验

当将含有硝酸盐的水及食盐掺入乳中时，有可能引起食物中毒，故必要时须对乳做硝酸盐检验。

(1)原理　在柠檬酸溶液中，NO_3^- 能被 Zn 还原为 NO_2^-，NO_2^- 与对氨基苯磺酸及盐酸萘乙胺作用生成红色偶氮化合物。

(2)仪器及试剂　20 mL 试管、2 mL 吸管、$BaSO_4$ 100 g(100℃烘干 1 h)、柠檬酸 75 g、$MnSO_4 \cdot H_2O$(10 g)、对氨基苯磺酸(4 g)、盐酸萘乙二胺(2 g)。

将少量研细的 Zn 粉与 $BaSO_4$ 混合，再与柠檬酸(75 g)、$MnSO_4 \cdot H_2O$(10 g)、对氨基苯磺(4 g)、盐酸萘乙二胺(2 g)，混合为固体试剂，保存于棕色瓶中备用(密封保持干燥)。

掺硝酸盐乳样及正常乳样各 1～2 个。

(3)操作方法　在 2 mL 乳中加上述固体试剂 0.3 g，在硝酸盐存在时，振荡 1 min 后显红色。

6.掺亚硝酸盐的检验

常会发生将亚硝酸盐误当 NaCl 或 Na_2CO_3 掺入乳中而引起中毒的事故。

(1)仪器　200 mL 试管、2 mL 吸管、乳钵 1 个。

(2)试剂　对氨基苯磺酸 10 g、萘胺 1 g、酒石酸 89 g，3 种试剂分别称好后于乳钵中研碎，在棕色瓶中干燥保存备用。

掺亚硝酸盐乳样及正常乳样各 1～2 个。

(3)操作方法　取乳样 2 mL，加固体试剂 0.2 g 混合，有 NO_2^- 存在时显桃红色。

7.掺碳酸钠的检验

(1)材料　掺碳酸钠乳样及正常乳样各 1～2 个。

(2)设备仪器　电炉。

(3)试剂及药品　吸管、三角瓶、试管架、试管、溴麝香草酚蓝酒精溶液。

(4)操作方法　取适量乳于试管中,加5滴溴麝香草酚蓝酒精溶液,不混合;观察出现的色环,根据标准来判定,以常乳作对照(表3-14)。

表3-14　乳中掺碳酸钠量与色环的颜色变化

乳中碳酸钠的浓度/%	色环的颜色特征	乳中碳酸钠的浓度/%	色环的颜色特征
0	黄色	0.1	青绿色
0.03	黄绿色	0.7	淡青色
0.04	淡绿色	1	青色
0.05	绿色	1.5	深青色
0.04	深绿色		

8.糖的检出

(1)仪器与药品　吸管、量筒、烧杯、试管、三角瓶、漏斗、滤纸、电炉、间苯二酚。

(2)操作方法　取适量乳于烧杯中,加浓盐酸2 mL,混匀,乳凝固后过滤;吸15 mL滤液于试管中,加入0.1 g间苯二酚,混匀,溶解后置沸水中数分钟。出现红色的为疑似掺糖者。

9.豆浆的检出

(1)仪器与药品　5 mL吸管、大试管、28%的氢氧化钠溶液、乙醇乙醚等量混合液。

(2)操作方法　取乳样于试管中,加入等量乙醇乙醚,再加入氢氧化钠溶液2 mL,置于试管架;5~10 min内观察颜色变化,呈黄色则表明有豆浆存在。

(五)原料乳三聚氰胺的检测

1.检测目的

①了解原料乳中三聚氰胺的用途及危害。

②熟悉原料乳中三聚氰胺的测定原理。

③掌握原料乳中三聚氰胺的高效液相色谱检测方法。

2.用具与仪器准备

(1)原料　牛乳。

(2)试剂

乙腈(CH_3CN):色谱纯;

磷酸(H_3PO_4);

磷酸二氢钾(KH_2PO_4);

三聚氰胺标准物质($C_3H_6N_6$)。

(3)材料及仪器设备　容量瓶、烧杯、玻璃棒、水相滤膜(0.5 μm)、针式有机滤膜(0.45 μm)、一次性注射器、具塞刻度试管、溶剂过滤器。

液相色谱仪(配有紫外检测器或二极管阵列检测器)、分析天平(感量0.000 1 g和0.01 g),pH计(测量精度±0.02)。

3.原理

用乙腈作为原料乳中的蛋白质沉淀剂和三聚氰胺提取剂,强阳离子交换色谱柱分离,高效液相色谱-紫外检测器或二极管阵列检测器检测,外标法定量。

4.测定步骤与方法

(1)0.05 mol/L磷酸盐缓冲液的配制　称取6.8 g(准确至0.01 g)磷酸二氢钾,加水800 mL完全溶解后,用磷酸调节pH至3.0,用水稀释至1 L,用水相滤膜过滤后备用。

(2)三聚氰胺标准溶液的配制

①1 mg/ mL三聚氰胺标准贮备液的配制:称取100 mg(准确至0.1 mg)三聚氰胺标准物质,用水完全溶解后,在100 mL容量瓶中定容至刻度,混匀,4℃条件下避光保存,有效期为1个月。

②三聚氰胺系列标准液的配制:分别取三聚氰胺标准贮备液0.05 mL、0.1 mL、0.5 mL、1.0 mL、2.0 mL、3.0 mL、4.0 mL于100 mL容量瓶中,用水稀释至刻度,混匀,得到浓度为0.5 μg/mL、1 μg/mL、5 μg/mL、10 μg/mL、20 μg/ mL、30 μg/mL、40 μg/mL标准溶液,用一次性注射器吸取上清液用针式过滤器过滤后,作为高效液相色谱分析用标准液。

(3)试样的制备　称取混合均匀的原料乳样品15 g(准确至0.01 g),置于50 mL具塞刻度试管中,加入30 mL乙腈,剧烈振荡6 min,加水定容至满刻度,充分混匀后静置3 min,用一次性注射器吸取上清液用针式过滤器过滤后,作为高效液相色谱分析用试样。

(4)高效液相色谱测定

①色谱条件。

色谱柱:强阳离子交换色谱柱,SCX,250 mm×4.6 mm(内径),5 μm,或性能相当者。

流动相:磷酸盐缓冲溶液∶乙腈(70∶30,体积比),混匀。

流速:1.5 mL/min;

柱温:室温;

检测波长:240 nm;

进样量:20 μL。

②液相色谱分析测定。

仪器准备:开机,用流动相平衡色谱柱,待基线稳定后开始进样。

定性分析:依据保留时间一致性进行定性识别的方法。根据三聚氰胺标准物质的保留时间,确定样品中三聚氰胺的色谱峰。

定量分析:校准方法为外标法。

校准曲线制作:取20 mL不同浓度的标准液分别进样,以标准工作溶液浓度为横坐标,以峰面积为纵坐标,绘制标准曲线。

试样测定：取 20 μL 待测试样进样，获得目标峰面积。根据校准曲线计算被测试样中三聚氰胺的含量(mg/kg)(注意：试样中待测三聚氰胺的响应值均应在方法线性范围内)。

(5)结果计算　计算公式：

$$X=\frac{c\times V}{m}$$

式中：X——原料乳中三聚氰胺的含量，mg/kg；

c——从校准曲线得到的三聚氰胺溶液的浓度，μg/mL；

V——试样定容体积，mL；

m——样品称量质量，g。

(6)平行试验　按以上步骤，对同一样品进行平行试验测定。

(7)空白试验　除不称取样品外，均按上述步骤同时完成空白试验。

(8)精密度　在重复条件下获得的两次独立测定结果的绝对差值不得超过算术平均值的 10%。

(六)原料乳中抗生素的检测

1.目的

(1)了解原料乳中抗生素的来源及种类。

(2)熟悉原料乳中抗生素的测定原理。

(3)掌握原料乳中抗生素的测定方法。

2.用具与仪器准备

(1)原料　牛乳。

(2)仪器设备

冰箱：2～5℃，−20～−5℃；

恒温培养箱：36℃±1℃，56℃±1℃；

带盖恒温水浴锅：36℃±1℃，65℃±1℃，80℃±2℃；

天平：感量 0.1 g、0.001 g；

无菌吸管：1 mL(具 0.01 mL 刻度)，10.0 mL (具 0.1 mL 刻度)或微量移液器及吸头无菌试管(18 mm×180 mm、15 mm×100 mm)；

温度计：0～100℃；

离心机：转速 5 000 r/min；

漩涡混匀器，容量瓶，高压灭菌锅。

(3)菌种、培养基和试剂

①菌种：嗜热链球菌、嗜热脂肪芽孢杆菌卡利德变种。

②培养基和试剂：灭菌脱脂乳、4% 2,3,5-氯化三苯基四氮唑(TTC)、磷酸二氢钠、磷酸二氢钾、青霉素 G 钾盐、蛋白胨、葡萄糖、琼脂、溴甲酚紫、乙醇。

3.原理

本试验主要检测鲜乳中能抑制嗜热链球菌的抗生素和能抑制嗜热脂肪芽孢杆菌卡利德变种的抗生素。

(1)嗜热链球菌抑制法　样品经过80℃杀菌后,添加嗜热链球菌菌液。培养一段时间后,嗜热链球菌开始增殖。这时候加入代谢底物2,3,5-氯化三苯基四氮唑(TTC)。若该样品中不含有抗生素或抗生素的浓度低于检测限,嗜热链球菌将继续增殖,还原TTC成为红色物质。相反,如果样品中含有高于检测限的抑菌剂,则嗜热链球菌的增殖受到抑制,因此指示剂TTC不还原,保持原色。

(2)嗜热脂肪芽孢杆菌抑制法　培养基预先混合嗜热脂肪芽孢杆菌芽孢,并含有pH指示剂(溴甲酚紫)。加入样品并孵育后,若该样品中不含有抗生素或抗生素的浓度低于检测限,细菌芽孢将在培养基中生长并利用糖产酸,pH指示剂的紫色变为黄色。相反,如果样品中含有高于检测限的抗生素,则细菌芽孢不会生长,pH指示剂的颜色保持不变,仍为紫色。

4.试验步骤与方法

(1)试剂的配制

①灭菌脱脂乳:无抗生素的脱脂牛乳,经115℃灭菌20 min。也可采用无抗生素的脱脂牛乳粉,以蒸馏水10倍稀释,加热至完全溶解,115℃灭菌20 min。

②4% 2,3,5-氯化三苯基四氮唑(TTC)水溶液:称取1 g TTC溶于5 mL灭菌蒸馏水中,装褐色瓶内于2~5℃保存。如果溶液变为半透明的白色或淡褐色,则不能再用。临用时用灭菌蒸馏水5倍稀释,成为4%水溶液。

③无菌磷酸盐缓冲液:准确称取2.83 g磷酸二氢钠和1.36 g磷酸二氢钾混合定容至1 000 mL,调节pH至7.3±0.1,121℃高压灭菌20 min。

④青霉素G钾盐参照溶液:精密称取青霉素G钾盐标准品30 mg,溶于无菌磷酸盐缓冲液中,使其成为浓度为100~1 000 IU/mL。再将该溶液用灭菌的无抗生素的脱脂乳稀释至0.006 IU/mL,分装于无菌小试管中,密封备用。-20℃保存不超过6个月。

⑤溴甲酚紫葡萄糖蛋白胨培养基:准确称取10.0 g蛋白胨、5.0 g葡萄糖、4.0 g琼脂加入1 000 mL蒸馏水,加热搅拌至完全溶解,调节pH至7.1±0.1,然后再加入溴甲酚紫乙醇溶液0.6 mL,混匀后,115℃高压灭菌30 min。

(2)嗜热链球菌抑制法

①活化菌种。取一接种环嗜热链球菌菌种,接种在9 mL灭菌脱脂乳中,置36℃±1℃恒温培养箱中培养12~15 h后,置2~5℃冰箱保存备用。每15 d转种一次。

②测试菌液。将经过活化的嗜热链球菌菌种接种灭菌脱脂乳,36℃±1℃培养5 h±1 h,加入相同体积的灭菌脱脂乳混匀稀释成为测试菌液。

③培养。取样品9 mL,置18 mm×180 mm试管内,每份样品另外做一份平行样。同时再做阴性和阳性对照各一份,阳性对照管用9 mL青霉素G钾盐参照溶液,阴性对照管用9 mL灭菌脱脂乳。所有试管置80℃±2℃水浴加热5 min,冷却至37℃以下加入测试菌液

1 mL，轻轻旋转试管混匀。36℃±1℃水浴培养 2 h，加 4%TTC 水溶液 0.3 mL，在漩涡混匀器上混合 15 s 或振动试管混匀。36℃±1℃水浴避光培养 30 min，观察颜色变化。如果颜色没有变化，于水浴中继续避光培养 30 min，做最终观察。观察时要迅速，避免光照过久出现干扰。

④判断方法。在白色背景前观察，试管中样品呈乳的原色时，指示乳中抗生素存在，为阳性结果。试管中样品呈红色为阴性结果。如最终观察现象仍为可疑，建以重新检测。

⑤报告。最终观察时，样品变为红色，报告为抗生素残留阴性。样品依然呈乳的原色，报告为抗生素残留阳性。

本方法检测几种常见抗生素的最低检出限为：青霉素 0.004 IU，链霉素 0.5 IU，庆大霉素 0.4 IU，卡那霉素 5 IU。

(3)嗜热脂肪芽孢杆菌抑制法

①芽孢悬液。将嗜热脂肪芽孢杆菌菌种划线移种于营养琼脂平板表面，(56±1)℃培养 24 h 后挑取乳白色半透明圆形特征菌落，在营养琼脂平板上再次划线培养，(56±1)℃培养 24 h 后转入(36±1)℃培养 3～4 d，镜检芽孢产率达到 95%以上时进行芽孢悬液的制备。

每块平板用 1～3 mL 无菌磷酸盐缓冲液洗脱培养基表面的菌苔(如果使用克氏瓶，每瓶使用无菌磷酸盐缓冲液 10～20 mL)。将洗脱液 5 000 r/min 离心 15 min，取沉淀物加 0.03 mol/L 的无菌磷酸盐缓冲液(pH 7.2)，制成 10^9 CFU/mL 芽孢悬液，置(80±2)℃恒温水浴中 10 min 后，密封防止水分蒸发，置 2～5℃保存备用。

②测试培养基。在溴甲酚紫葡萄糖蛋白胨培养基中加入适量芽孢悬液混合均匀，使最终的芽孢浓度为 8×10^3～2×10^6 CFU/mL。混合芽孢悬液的溴甲酚紫葡萄糖蛋白胨培养基分装小试管，每管 200 μL，密封防止水分蒸发。配制好的测试培养基可以在 2～5℃保存 6 个月。

③培养操作。吸取样品 100 μL 加入含有芽孢的测试培养基中，轻轻旋转试管混匀。每份检样做两份，另外再做阴性和阳性对照各一份，阳性对照管为 100 μL 青霉素 G 钾盐参照溶液，阴性对照管为 100 μL 无抗生素的脱脂乳。于(65±2)℃水浴培养 2.5 h，观察培养基颜色的变化。如果颜色没有变化，需再于水浴中培养 30 min 做最终观察。

④判断方法。在白色背景前从侧面和底部观察小试管内培养基颜色。保持培养基原有的紫色为阳性结果；培养基变成黄色或黄绿色为阴性结果；颜色处于二者之间，为可疑结果。对于可疑结果应继续培养 20 min 再进行最终观察。如果培养基颜色仍然处于黄色-紫色之间，表示抗生素浓度接近方法的最低检出限，此时建议重新检测一次

⑤报告。最终观察时，培养基依然保持原有的紫色，可以报告为抗生素残留阳性。培养基变为黄色或黄绿色时，可以报告为抗生素残留阴性。

该方法检测几种常见抗生素的最低检出限为：青霉素 3 μg/L，链霉素 50 μg/L，庆大霉素 30 μg/L，卡那霉素 50 μg/L。

六、异常乳

(一)异常乳的分类

异常乳与常乳之间有时并无明显区别,各种异常乳中,最主要的为低成分乳、细菌污染乳、酒精阳性乳和混入杂质的乳。

异常乳可分为生理异常乳、成分异常乳和病理异常乳。

- 异常乳
  - 生理异常乳:初乳、末乳
  - 成分异常乳
    - 酒精阳性乳:冻结乳、低酸度酒精阳性乳
    - 高酸度乳
    - 低成分乳
    - 混入杂质和风味异常乳
    - 掺杂掺假乳
  - 病理异常乳:乳腺炎乳和其他致病性细菌污染乳

(二)异常乳产生的主要原因和性质

1.低成分乳

由于遗传和饲养管理等因素的影响,使乳的成分发生异常变化而产生干物质含量过低的乳。如由于牛的品种、个体原因而造成的乳成分不同,属于遗传因素的影响,这可以通过加强育种改良解决。

饲养管理等环境因素对乳的成分具有重要的影响。以含脂率来说,一般是冬季高,夏季低。如限制粗饲料,过量给予浓厚饲料,会使含脂率降低。长期营养不良,不仅产乳量下降,而且无脂干物质和蛋白质含量也会减少。甚至连受饲料影响较少的乳糖和无机盐类,如果长期热量供给不足也会下降,并影响盐类平衡。最近试验证明,镁的含量不足,有造成原料乳对酒精试验不稳定的情况发生。如对乳牛施行合理的饲养管理,再在清洁卫生条件下挤乳和合理保存,可以获得成分含量高的优质原料乳。

2.细菌污染乳

细菌污染乳是指原料乳被微生物严重污染产生异常变化,以致不能用作生产原料的乳。

(1)细菌污染乳的性状　原料乳被大量细菌污染后就发生种种异常情况,即为异常乳。鲜乳在20～30℃长时间保存时,首先由乳酸菌产酸凝固,接着由大肠杆菌产生气体,最后由芽孢杆菌产生胨化和碱化,并产生异味。

(2)细菌污染乳的现状及预防措施　我国有些地区原料乳的细菌污染很严重,即使北方地区,在夏季也会有大量的细菌污染乳。主要原因是对原料乳卫生重视不够,牛体卫生管理差,挤乳卫生不严格,不及时冷却以及器具洗涤不彻底。原料乳冷却后忽视了嗜冷菌对其的污染,也是产生细菌污染乳的原因。

牛乳从挤奶到运往工厂加工,要经过许多过程,牛乳又是微生物的天然培养基。因此,

必须注意防止挤乳前后的污染，减少或消除各种污染的机会，防止细菌污染乳的产生。

3.酒精阳性乳

乳品厂检验原料乳时，一般用68%、70%或72%的中性酒精溶液与等体积牛乳相混合后出现凝块的称为酒精阳性乳，高酸度乳、乳腺炎乳、冻结乳，酒精试验都呈阳性，为酒精阳性乳。还有一种低酸度酒精阳性乳，这种乳的酸度并不高（16°T以下），但酒精试验也呈阳性。

（1）低酸度酒精阳性乳产生的原因

①环境的影响。春季发生较多，到采食青草时自然消失。开始舍饲的初冬（此时气温变化剧烈），或者在夏季盛暑期都易发生。年龄在6岁以上的奶牛产低酸度酒精阳性乳者居多数；卫生管理越差发生的情况越多。因此，采用日光浴、放牧、改进换气设施等使环境条件得以改善具有一定的效果。

②饲养管理的影响。由于喂给腐败饲料或者喂量不足，长期喂给单一饲料和过量喂给食盐而发生低酸度酒精阳性乳的情况很多。挤奶过度而热量供给不足时，容易发生耐热性低酸度酒精阳性乳。产乳旺盛时，单靠供给饲料不够维持奶牛所需营养，所以分娩前必须给予充分的营养。因饲料骤变或维生素不足而引起低酸度酒精阳性乳产生时，可喂根菜类加以改善。

③生理机能的影响。乳腺的发育、乳汁的生成受各种内分泌机能所支配。内分泌中特别是发情激素、甲状腺素、副肾皮质激素等与阳性乳的产生有密切关系。而这些情况一般与肝脏机能障碍、乳腺炎、软骨症、酮体过剩等并发。

（2）低酸度酒精阳性乳的性状　正常乳和低酸度酒精阳性乳之间在成分方面的差别为：低酸度酒精阳性乳在酸度、蛋白质（酪蛋白）、乳糖、无机磷酸盐等的含量方面较正常乳低；在乳清蛋白、钠、氮、钙离子、胶体磷酸钙等的含量方面较正常乳高。另外，分泌低酸度酒精阳性乳的牛外观并无异样，但其血液中钙、无机磷和钾的含量降低，有机磷和钠的含量增加，血液和乳汁中，镁的含量都低。总的看来，盐类含量不正常及其与蛋白质之间的平衡不均匀时，容易产生低酸度酒精阳性乳。

项目四
液态乳加工

知识目标

1.了解液态乳概念、分类及营养价值。

2.明确原料乳验收中所要进行的检验项目。

3.了解各种液态乳生产工艺。

技能目标

1.学会原料乳验收各项目的检测过程,并能够做出正确的判断。

2.能熟练完成原料乳的预处理过程,会使用净化、冷却的相应设备。

3.学会液态乳的加工工艺。

德育目标

培养学生严谨的工作作风,激发学生的责任感、使命感,引导学生遵守食品生产法律法规和执行食品安全国家标准。

任务一 巴氏杀菌乳的生产

【任务描述】

1.利用多媒体教学完成理论学习:液态乳基本概念及分类,标准化的计算方法,均质的原理及条件,板式热交换器构造,无菌包装系统的结构。

2. 本任务完成实训项目：巴氏杀菌乳的生产。

【参考标准】

RB/T 168—2018《有机液态乳加工技术规范》

GB 12693—2010《食品安全国家标准　乳制品良好生产规范》

【工艺流程】

原料乳验收→预处理→标准化→均质→巴氏杀菌→冷却→灌装封口→装箱→冷藏。

【任务实施】

1. 仪器与材料。巴氏杀菌乳生产线（包括平衡槽、进料泵、板式热交换器、控制器）、高压均质机；铝锅、电磁炉、带搅拌勺奶桶、纱布、冷却水槽。

2. 操作方法。

(1)原料乳验收。用70%酒精试验，看其酸度多少，以确定能否用作加工原料；检测相对密度及滋味、气味、组织状态等。

(2)过滤净化。检验合格的乳称量计量再进行过滤净化，过滤用多层纱布，再用分离机进行净化，净化前将乳加热至35～40℃，净化的同时可将乳脂肪分离出来。一般杀菌乳的生产，因国内厂家条件所限，进行标准化的较少。

(3)均质。预热至60℃左右为宜。均质压力为15～20 MPa。

(4)杀菌。这是关键工序，一般采用加热的方法来杀菌，可用低温长时杀菌法、高温短时杀菌法。

(5)冷却。将杀菌乳迅速冷却至4～6℃，如果是瓶装杀菌乳则冷却至10℃左右即可。

(6)灌装。巴氏杀菌乳在杀菌冷却后可用玻璃瓶灌装，马上封盖再冷贮于4～5℃的条件下，使其具有暂时防腐性，当天出售。

3. 杀菌效果试验(磷酸酶测定)。

(1)原理。生牛乳中含有磷酸酶，它能分解有机磷酸化合物成为磷酸及原来与磷酸相结合的有机单体。牛乳经杀菌后，磷酸酶失其效用，在同样条件下就不能分解有机磷酸化合物。利用苯基磷酸双钠在碱性缓冲溶液中被磷酸酶分解产生苯酚，苯酚再与2,6-双溴醌氯酰胺起作用显蓝色。蓝色深浅与苯酚含量成正比，即与杀菌的完善与否成反比。

(2)试剂。

①中性丁醇：沸点115～118℃。

②吉勃氏酚试剂：称取0.04 g 2,6-双溴醌氯酰胺溶于10 mL乙醇中，置于棕色瓶中于冰箱内保存，临用时配制。

③硼酸盐缓冲液：称28.472 g硼酸钠($Na_2B_4O_7 \cdot 10H_2O$)，溶于900 mL水中，加3.27 g氢氧化钠或81.75 mL氢氧化钠溶液(40 g/L)，加水稀释至1 000 mL。

④缓冲基质溶液:称取 0.05 g 苯基磷酸双钠结晶,溶于 10 mL 磷酸盐缓冲溶液中,加水稀释至 100 mL,临用时配制。

(3)分析步骤。吸取 0.50 mL 样品,置带塞试管中,加 5 mL 缓冲基质溶液,稍振摇后置 36～44℃水浴或培养箱中 10 min,然后加 6 滴吉勃氏酚试剂,立即摇匀,静置 5 min。有蓝色出现表示杀菌处理不足。为增加灵敏度,可加 2 mL 中性丁醇,反复完全倒转试管,每次倒转后稍停使气泡破裂,分出丁醇,然后观察结果,并同时做空白对照试验。

【任务评价】

评价单

学习领域	巴氏杀菌乳的生产				
评价类别	项目	子项目	个人评价	组内互评	教师(师傅)评价
专业能力 80%	资讯(5%)	搜集信息(2%)			
		引导问题回答(3%)			
	计划(5%)	计划可执行度(3%)			
		计划执行参与程度(2%)			
	实施(40%)	操作熟练度(40%)			
	结果(20%)	结果质量(20%)			
	作业(10%)	完成质量(10%)			
社会能力 20%	团结协作(10%)	对小组的贡献(10%)			
	敬业精神(10%)	学习纪律性(5%)			

【师生共研】

1. 巴氏鲜奶的三个必须,三个只能:必须拥有良好品质的奶源,必须在 24 h 内完成挤出到生产,必须全程冷藏;只能自建牧场,只能规模养牛,只能机械化挤奶。

2. 保持冷链的连续性:转运过程和货架储存是冷链的两个最薄弱环节。在储存中注意温度,避光,避免产品强烈震动,远离具有强烈刺激味的气体。

3. 结合流程图描述巴氏乳的生产过程。

思政花园

贮存、运输对温度、湿度等有特殊要求的食品,应当具备保温、冷藏或冷冻等设施设备,并保持有效运行。

——《中华人民共和国食品安全法实施条例》第二十四条

【知识链接】

一、液态乳的概念、分类

液态乳按杀菌方式主要分为巴氏杀菌乳和灭菌乳两种。按产品成分分为鲜牛乳、复原乳、低脂和脱脂乳、调制乳等。

(一)巴氏杀菌乳

GB 19645—2010 规定,巴氏杀菌乳是指仅以生牛(羊)乳为原料,经巴氏杀菌等工序制得的液体产品。其热处理强度掌握在可杀灭乳中的致病菌及部分微生物,但不足以杀死乳中的耐热芽孢,因而产品保质期短,需冷藏。

1.生产原料与产品标识

按照国标规定,巴氏杀菌乳全部使用生牛(羊)乳作为原料,不添加乳粉等复原乳,其产品品质高,属于"鲜"乳的一种。因此,巴氏杀菌乳的产品在其产品包装主要展示面紧邻产品名称的位置标识有"鲜牛(羊)奶"或"鲜牛(羊)乳"字样,从而与复原乳及灭菌乳区别开来。

2.巴氏杀菌乳加工工艺

(1)低温长时杀菌(LTLT) 低温长时杀菌是牛乳加热到 62～65℃,保持 30 min,因其加热时间较长,而且不能连续生产,故生产效率低,且对产品营养成分和品质影响较大。现在很少有厂家采用这种方法。

(2)高温短时杀菌(HTST) 高温短时杀菌是牛乳在加热到 72～75℃后保持 15～20 s。

(3)超高温瞬时杀菌(ESL) 超高温瞬时杀菌也称超巴氏杀菌,是牛乳在 125～138℃,保持 2～4 s,该方法杀菌时间短,对牛乳品质影响较小,很好地保持了牛乳原有的营养和风味。

3.巴氏杀菌乳的保质期

生乳的质量是决定巴氏杀菌乳保质期最重要的因素,乳生产工艺、卫生条件及仓储物流管理等其他条件也是非常重要的决定因素。

在良好的技术和卫生条件下,由高质量原料乳所生产的巴氏杀菌乳在未打开包装,5～7℃储存的条件下,保质期一般为 8～10 d。

(二)灭菌乳

灭菌的目的是杀死乳中所有能导致产品变质的微生物,不但可杀死细菌营养体,还可杀死芽孢,使产品能在室温下储存较长时间。灭菌乳包括超高温灭菌乳(ultra high-temperature milk)和保持灭菌乳(retort sterilized milk)两种。

超高温灭菌乳指以生牛(羊)乳为原料,添加或不添加复原乳,在连续流动的状态下,加热到至少 132℃并保持很短时间的灭菌,再经无菌灌装等工序制成的液体产品。

保持灭菌乳指以生牛(羊)乳为原料,添加或不添加复原乳,经过或不经过预热处理,在灌装并密封之后经灭菌等工序制成的液体产品。

1.灭菌工艺与保存环境

灭菌乳生产工艺有以下两种：

(1)超高温灭菌(UHT)　产品被加热到135～150℃，保持4～15 s，随后进行无菌灌装，包装可以保护产品不接触光线和空气中的氧。产品在环境温度下储存即可。

(2)保持灭菌乳　产品经灌装后灭菌，产品和包装(罐)一起被加热到约116℃，保持20 min，环境温度下储存。

2.生产原料与产品标识

按照国家标准规定，灭菌乳的生产原料可以是生乳，也可以是复原乳，仅以生牛(羊)乳为原料的超高温灭菌乳应在产品包装主要展示面紧邻产品名称的位置，标注“纯牛(羊)奶”或“纯牛(羊)乳”字样。

全部用乳粉生产的灭菌乳应在紧邻产品名称部位标明“复原乳”或“复原奶”。在生牛(羊)乳中添加部分乳粉生产的灭菌乳应在产品名称紧邻部位标明含“××%复原乳”或“含××%复原奶”。

(三)复原乳

复原乳，也称再制乳，是指以全脂乳粉、浓缩乳、脱脂乳粉和无水奶油等为原料，按一定比例混合溶解后，制成与牛乳成分相近的乳。通俗地讲，还原乳就是用乳粉勾兑还原而成的牛乳。它可分为以下两类：

(1)以全脂乳粉或全脂浓缩乳为原料，加水直接复原而成的乳制品；

(2)以脱脂乳粉和无水奶油等为原料按一定比例混合后加水复原而成的乳制品。

复原乳与纯鲜牛乳主要有两方面不同：一是原料不同，复原乳的原料属于乳制品中的乳粉，纯鲜牛乳的原料为液态生鲜乳；二是营养成分不同，复原乳在经过两次超高温处理后，营养成分损失较大，而纯鲜牛乳中的营养成分基本保存完整。

(四)调制乳

调制乳是指以不低于80%的生牛(羊)乳或复原乳为主要原料，添加其他原料或食品添加剂或营养强化剂，采用适当的杀菌或灭菌等工艺制成的液体产品。

调制乳的脂肪含量应不低于2.5 g/100 g，蛋白质含量应不低于2.3 g/100 g。

产品标识：全部用乳粉生产的调制乳应在紧邻产品名称部位标明“复原乳”或“复原奶”；在生牛(羊)乳中添加部分乳粉生产的调制乳应在紧邻产品名称部位标明“含××%复原乳”或“含××%复原奶”。

此外，因脂肪含量不同，可分为全脂乳(脂肪含量3%以上)、高脂乳(脂肪含量10%以上)、低脂乳(脂肪含量3%以下)、脱脂乳(脂肪含量0.5%以下)；就风味而言，可分为草莓、巧克力、果汁等风味产品。

如要生产高质量消毒乳制品，除了需要优质的原料外，还必须保证合理的工艺流程设计和适当的加工处理，使牛奶中含有的营养物质——蛋白质、脂肪、乳糖、无机盐和维生素不受损坏。如果上述任何物质受到损坏，将会降低产品的营养价值。

二、巴氏消毒奶加工

巴氏消毒奶加工示意图见图 4-1。

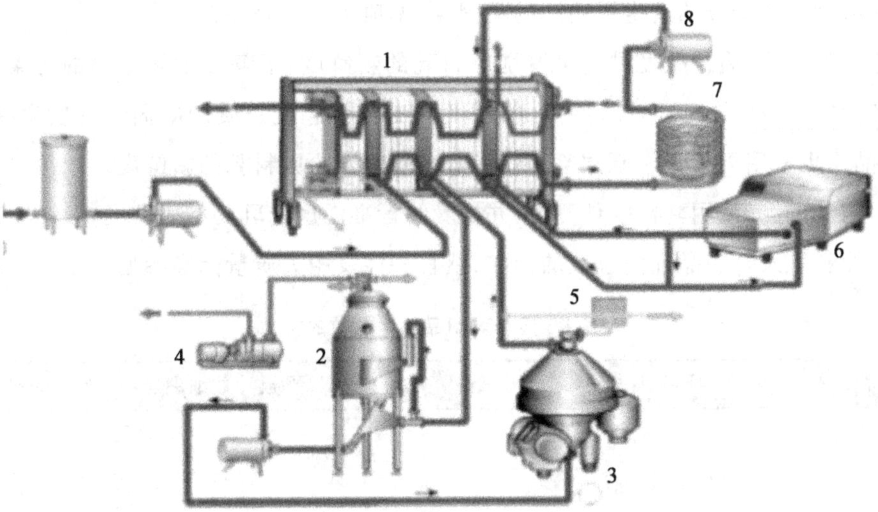

图 4-1 巴氏消毒奶加工示意图

1. 板式热交换器 2. 脱气罐 3. 流量控制器 3. 分离机 4. 真空泵 5. 标准化单元 6. 均质机 7. 保温管 8. 加压泵

(一)工艺流程

巴氏消毒奶工艺流程如下：

原料乳验收→牛乳的脱气、净化和标准化→均质→巴氏杀菌→冷却→灌装→包装→储藏→销售。

二维码 4-1 巴氏奶生产工艺流程动画

(二)操作要点

1. 原料乳验收

只有优质的原料才能生产出高质量的产品，加工液态乳所需的原料乳，必须符合 GB 19301—2010《食品安全国家标准 生乳》中规定的各项指标要求。原料乳进入工厂后应立即进行检验，将符合感官、理化、微生物标准的优质牛乳送入收乳工序。

检验的内容包括：①感官指标：包括牛乳的滋味、气味、清洁度、色泽、组织状态等；②理化指标：包括酸度（酒精试验和滴定酸度）、相对密度、含脂率、冰点、抗生素残留等，其中前三项为必检项，后两项可以定期检验；③微生物指标：主要是细菌总数，其他还包括嗜冷菌数、芽孢数、耐热芽孢数及体细胞数等。

原料乳的验收：品质优良的原料乳具有新鲜牛乳的风味和特有的香气，是乳白色或稍带黄色的均匀胶状流体。

酒精试验：以体积分数 72%的中性酒精（乙醇）溶液与原料乳等量混合摇匀，无凝块出现为标准，对应的滴定酸度不高于18°T(参见项目三中表3-9)。如果验收时出现细小凝块，可进一步测定酸度或进行煮沸试验。

如果牛乳出现絮片，即酒精试验为阳性，表示其酸度较高。牛乳被68%酒精溶液凝结的特征，参见项目三中表3-8。也可以用其他浓度的乙醇溶液代替68%乙醇溶液，牛乳蛋白质在不同的酸度下才能开始产生蛋白质的凝固(参见项目三中表3-7)。

滴定酸度检测：通过酸度测定可鉴别原料乳的新鲜度，了解乳中微生物的污染情况，新鲜牛乳的滴定酸度为16～18°T。牛乳的酸度的变化引起蛋白质的凝固特性发生变化。必要时，乳品厂也采用刃天青还原试验和亚甲蓝试验来检验原料乳的新鲜度。

相对密度的测定：用乳密度计测定，并换算为标准温度的乳的相对密度，参考项目三。

有关原料乳及乳制品细菌总数的标准、感官特性及相关质量标准参见表4-1至表4-4。

表4-1 液态乳制品细菌总数的标准

项目	平板计数细菌总数/(CFU/mL)
原料乳	＜10万
原料乳在乳品厂储存超过36 h	＜20万
巴氏杀菌乳	＜3万
巴氏杀菌乳在8℃下培养5 d后	＜10万
超高温和保温灭菌乳在30℃下培养15 d后	＜10

表4-2 巴氏杀菌乳感官特性

项目	感官特性
色泽	呈现均匀一致的乳白色或微黄色
滋味和气味	具有乳固有的滋味和气味，无异味
组织状态	均匀的液体，无沉淀、无凝块、无黏稠现象

表4-3 巴氏杀菌乳的理化指标

项目	全脂巴氏杀菌乳	部分脱脂巴氏杀菌乳	脱脂巴氏杀菌乳
脂肪含量/%	≥3.1	1.0～2.0	≤0.5
蛋白质含量/%	≥2.9	≥2.9	≥2.9
非脂乳固体含量/%	≥8.1	≥8.1	≥8.1
酸度/°T	≤18.0	≤18.0	≤18.0
杂质度/(mg/kg)	≤2	≤2	≤2

表 4-4 杀菌乳的卫生指标

项目	全脂巴氏杀菌乳/部分脱脂巴氏杀菌乳/脱脂巴氏杀菌乳
硝酸盐(以 $NaNO_3$ 计)/ (mg/kg)	≤11.0
亚硝酸盐(以 $NaNO_2$ 计)/(mg/kg)	≤0.2
黄曲霉毒素 M1/(μg/kg)	≤0.5
菌落总数/(CFU/ mL)	≤3 万
大肠菌群数/(MPN/100 mL)	90
致病菌(指肠道致病菌和致病性球菌)	不得检出

另一个衡量原料乳质量的指标是牛乳中体细胞的含量。一般规定原料乳中体细胞含量不得高于 4×10^5 个/mL。

2. 原料乳的预处理(脱气、净乳、冷却、储存)

(1)脱气　牛乳刚被挤出后含有一些气体(5.5%～7%),经过储存、运输、计量、泵送后,一般气体含量在 10%以上。这些气体绝大多数是以非结合分散存在的,对牛乳加工有不利的影响。

气体对牛乳加工的破坏作用主要有:

①影响牛乳计量的准确度。

②使巴氏杀菌机中结垢增加。

③影响分离和分离效率。

④影响牛乳标准化的准确度。

⑤影响奶油的产量。

⑥促使脂肪球聚合。

⑦促使游离脂肪吸附于奶油包装的内层。

⑧促使发酵乳中的乳清析出。

所以,在牛乳处理的不同阶段进行脱气是非常必要的。脱气工序需要设置多次:第一次,要在乳槽车上安装脱气设备,以避免在泵送牛乳时影响流量计的准确度。第二次,是在乳品厂收乳间流量计之前安装脱气设备。但是上述两种方法对乳中细小的分散气泡是不起作用的,因此在进一步处理牛乳的过程中,还应第三次使用真空脱气罐,以除去细小的分散气泡和溶解氧。

收乳真空脱气罐(旋流脱氧罐)专门用于抽取乳槽车运送的牛乳,脱气的主要目的是有助于流量计的正确计量。真空脱气罐为小型缓冲罐,内有液位控制器。工作过程是:当液位下降到允许液位时,出口泵就自动关闭,此时电磁阀开启开始排气,液位继续上升,达到允许液位时排气结束,电磁阀关闭,出口泵继续工作,如此反复。安装时脱气罐要安装得低一些,要比乳槽车低,因为如果比乳槽车高,就不能靠液位差顶出气体。

在该脱气装置中,当牛乳到达能防止空气被吸入管线的预定液位时,乳泵开始启动。当牛乳液位降至某一高度时，乳泵立即停止。经计量后，牛乳进入一个大的贮乳罐。

生产中的真空脱气罐(图 4-2)的工艺要求：将牛乳预热至 68℃后，泵入真空脱气罐，则牛乳温度立即降到 60℃，这时牛乳中的空气和部分水分蒸发到罐顶部，遇到罐的冷凝器后，蒸发的水分冷凝回到罐底部，而空气及一些非冷凝气体(异味)由真空泵抽吸排除。脱气后的牛乳在 60℃条件下进行分离、标准化、均质，然后进入杀菌工序。

图 4-2　真空脱气罐

1. 冷凝器　2. 牛乳进口　3. 牛乳出口

(2)净乳　原料乳验收后必须进行净化处理，其目的是除去乳中的机械杂质并减少乳中的微生物数量。净乳的方法通常有过滤法和离心法两种。

①过滤法：所谓过滤就是将液体微粒的混合物，通过多孔质的材料(过滤材料)将其分开的操作。在牛乳方面用于除去鲜乳的杂质和液体乳制品生产中的凝固物。过滤方法有常压(自然)过滤、吸滤(减压过滤)和加压过滤等。由于牛乳是一种胶体，因此多用滤孔比较粗的纱布、滤纸或人造纤维等作为过滤材料，并用吸滤或加压过滤等方法，也可采用膜技术(如微滤)除去杂质。过滤用纱布清洁程度与乳中细菌数的关系举例见表 4-5。

表 4-5　过滤用纱布清洁程度与乳中细菌数的关系举例

纱布的处理情况	乳中的细菌/(个/mL)
清洁的纱布	6 000
不清洁的纱布	92 000

常压过滤时，滤液是以低速通过滤渣的微粒层和由滤材形成的毛细管群的层流；滤液流量与过滤压力成正比，与滤液的黏度及过滤阻力成反比。加压或减压过滤时，由于滤液的液

流不自然，滤材的负荷加大，致使滤液组织变形，显示出复杂的过滤特性。膜技术的应用则可使过滤能长时间连续地进行。牛乳过滤时温度和干物质含量尤其是胶体的分散状况会使过滤性能受到影响。

此外，凡是将乳从一个地方送到另一个地方，从一个工序到另一个工序，或从一个容器送到另一个容器，都应当进行过滤。过滤的方法，除用纱布过滤外，也可以用过滤器过滤。例如，采用管式过滤器，设备简单，并备有冷却器，过滤后，可以立即进行冷却。适用于小规模工厂的收乳间，或用于原料进入贮乳罐之前的过滤。双联过滤器见图 4-3。

②离心法：原料乳经过多次过滤后，虽然除去了大部分的杂质，但由于乳中污染了很多极为微小的杂质和细菌、细胞，难以用一般的过滤方法除去。为了达到最高的纯净度，一般采用离心净乳机净化，即采用机械的离心力，将肉眼不可见的杂质除去，使乳达到净化的目的。

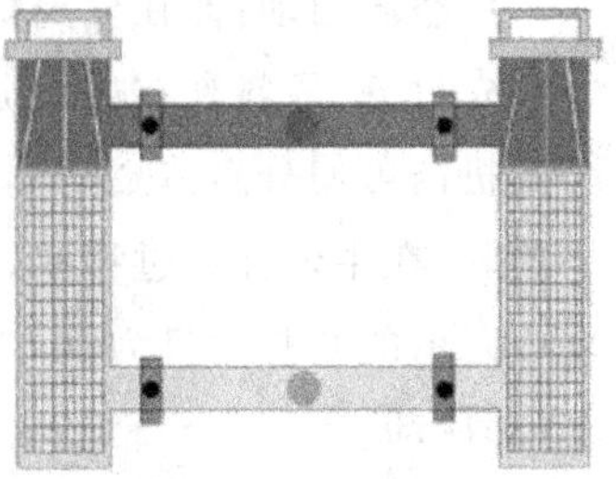
图 4-3　双联过滤器

离心净乳机的结构基本与奶油分离机相似。其不同点为：分离钵具有较大的聚尘空间，杯盘上没有孔，上部没有分配盘。没有专用离心净乳机时也可以用奶油分离机代替，但效果较差。现代乳品企业中多采用离心净乳机。普通的离心净乳机在运行 2～3 h 后要停车排渣，所以目前大型工厂采用自动排渣净乳机或三用（奶油分离、净乳、标准化）分离机，对提高乳的质量和产量起到重要作用。

三用碟片式分离机（图 4-4）：在碟片中部开有小孔，称为“中性孔”。物料从中心管加入，由底部分配到碟片层的“中性孔”位置，分别进入各层碟片之间，形成薄层分离。密度小的轻液在内侧，沿碟片上表面向中心流动，由轻液口排出；重液则在外侧，沿碟片下表面流向四周，经重液口排出。少量的固相颗粒则沉积于转鼓内壁，定期排出。

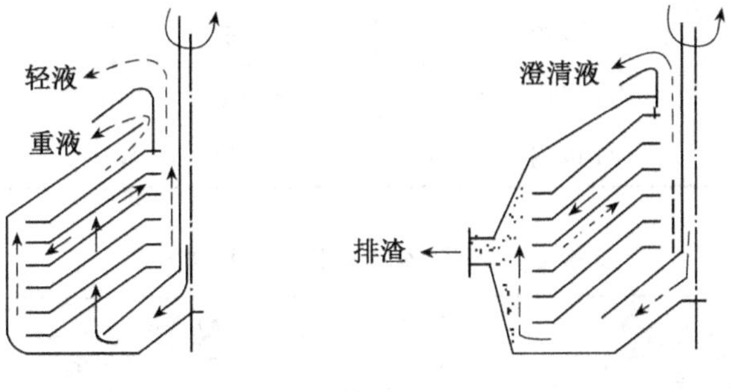

图 4-4　三用碟片式分离机

净化分离机的净化原理为：乳在分离钵内受到较大离心力的作用，将大量的机械杂质留在分离钵内壁上，而乳则被净化。净化后的乳最好直接加工，如需短期储存，必须及时进行冷却，以保持乳的新鲜度。

净化乳工序的要求如下。

原料乳的温度：乳温在脂肪熔点左右为好，即 30～32℃。如果在低温(4～10℃)情况下净化，则会因为乳脂肪的黏度增大而影响流动性和杂质的分离。根据乳品生产工艺的设置，也可以采用 40℃或 60℃的温度净化，净化之后直接进入加工段，而不应该再冷却。

进料量：根据离心净乳机的工作原理，乳进入机内的量越少，在分离钵内的乳层越薄，净化效果则越好。大流量时，分离钵内的乳层加厚，净化不彻底。一般掌握进乳量比额定数量少 10％～15％为宜。

采用空载启动：即在分离机达到规定转数后，再开始进料，减少启动负荷。

预先过滤：原料乳在进入分离机之前要先进行粗过滤，除去大的杂质，一些大的杂质进入分离机内可使分离钵之间的缝隙加大，从而使乳层加厚，使乳净化不完全，影响净化效果。

检验：在牛乳分离过程中，要注意观察脱脂乳和稀奶油的质量，及时取样测定。一般脱脂乳中残留的脂肪含量为 0.01％～0.05％及以下。

(3)冷却

①冷却的意义：净化后的原料乳应立即冷却到 4～10℃，以抑制细菌的繁殖，若降至 2～5℃，细菌几乎不繁殖，这样可以保证加工之前原料乳的质量。

牛乳挤出后微生物的变化过程可分为 4 个阶段，即抗菌期、混合微生物期、乳酸菌繁殖期、酵母菌和霉菌繁殖期。抗菌期的长短与储存温度的关系见表 4-6。新鲜牛乳迅速冷却，其抗菌特性可保持相当长的时间。乳的冷却和未冷却与乳中细菌的污染程度有直接关系，见表 4-7。乳品厂可以根据乳的储存时间长短选择适宜的乳冷却温度，见表 4-8。

表 4-6　乳温与抗菌期的关系

乳温/℃	抗菌期/h	乳温/℃	抗菌期/h
37	2 以内	5	36 以内
30	3 以内	−5	48 以内
25	6 以内	−10	240 以内
10	24 以内	−25	720 以内

表 4-7　乳的冷却与乳中细菌的关系　　CFU/mL

储存时间	乳中细菌污染的程度	
	冷却乳	未冷却的乳
刚挤出的乳	11 500	11 500
3 h 以后	11 500	18 500
6 h 以后	6 000	102 000
12 h 以后	7 800	114 000
24 h 以后	6 200	1 300 000

表 4-8　乳的储存时间与乳冷却温度的关系

乳的储存时间/h	6～12	12～18	18～24	24～36
乳冷却的温度/℃	10～8	8～6	6～5	5～4

②冷却的要求：刚挤出的牛乳马上降温至 10℃以下，就可以抑制微生物的繁殖，降至 2～3℃时，微生物几乎不繁殖；不马上加工的原料乳应降至 5℃以下储藏。

③冷却方法：原料乳的冷却方法主要有水池冷却法、冷排冷却法、浸没式冷却法和片式预冷法。

a. 水池冷却法：最普通而简易的方法是将装乳的奶桶放在水池中用冰水或冷水进行冷却。

用水池冷却牛乳时，可使乳冷却到比冷却用水的温度高 3～4℃。在北方由于地下水温低，即使在夏天也有在 10℃以下的，直接用地下水即可达到冷却的目的。在南方为了使乳冷却到较低的温度，可在池水中加入冰块。

为了加速冷却，须经常进行搅拌，并按照水温进行排水和换水。池中水量应为冷却乳量的 4 倍。每隔 3 d 应将水池彻底洗净后，再用石灰溶液洗涤一次。挤下的乳应随时进行冷却，不要将所有的乳挤完后才将奶桶浸在水池中。

水池冷却的缺点是冷却缓慢和消耗水量较多。

b. 冷排冷却法：这种冷排冷却器是由金属排管组成的。乳从上部分配槽底部的细孔流出，形成波层，流过冷却器（图 4-5）的表面再流入贮乳槽中，冷却介质（冷水或冷盐水）从冷却器的下部自下而上通过冷却器的每根排管，以降低沿冷却器表面流下的乳的温度。

特点：构造简单，价格低廉，冷却效率也比较高，适于小规模加工厂及奶牛场使用。

c. 浸没式冷却法：这是一种小型轻便灵巧的冷却器，可以插入贮乳槽或乳桶中冷却牛乳。

浸没式冷却器（图 4-6）中带有离心式搅拌器，可以调节搅拌速度，并带有自动控制开关，可以定时自动进行搅拌，故可使牛乳均匀冷却，并防止稀奶油上浮。

在较大规模的奶牛场冷却牛乳时，为了提高冷却器效率，节约制冷机的动力消耗，在使用浸没式冷却器以前，最好先用片式预冷器使牛乳温度降低，然后再由浸没式冷却器进一步冷却。

d. 片式预冷法：一般中、大型乳品厂多采用片式预冷器（图 4-7）来冷却鲜牛乳。片式预冷器占地面积小，如果直接采用地下水作冷源（4～8℃的水），可使鲜乳降至 6～10℃，效果极为理想。以 15℃自来水做冷源时，则要配合使用浸没式冷却器进一步降温。

（4）储存

①乳的储存性与冷却温度的关系：为保证连续生产的需要，乳品厂需要有一定的原料乳储存量，储存量按照各工厂的具体条件来确定。一般为实际生产能力的 50%～100%。贮乳容器（大型贮乳罐）为不锈钢卧式、立式圆筒状，其体积有小型（2 000 L）、中型（15 000 L 或

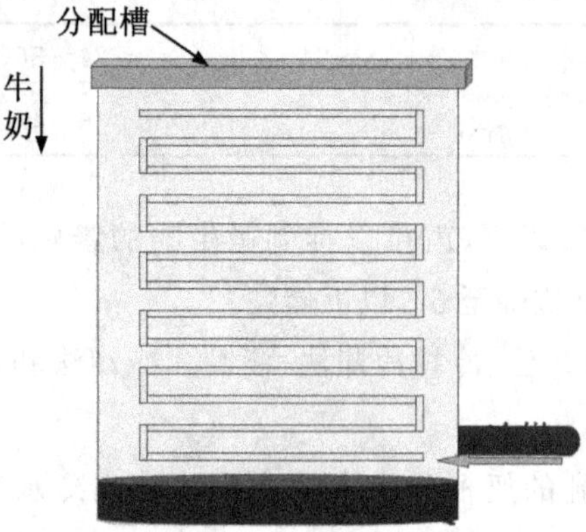

图 4-5　冷却器

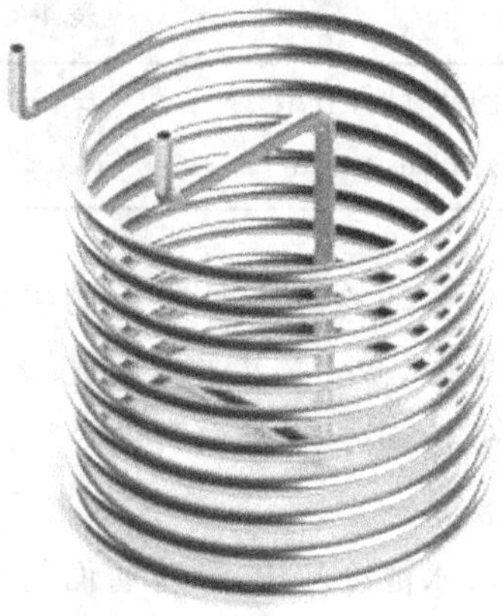

图 4-6　浸没式冷却器

二维码 4-2　板式热交换器结构及工作过程动画

45 000 L)、超大型(100 000～200 000 L)。为防止乳在罐中升温，贮乳容器要有良好的绝热层或冷却夹套，并配有搅拌器、视孔及温度计(现在还有自动清洗装置)等。贮乳罐的个数应由每天处理的乳量和罐的大小来决定，罐要装满，半罐容

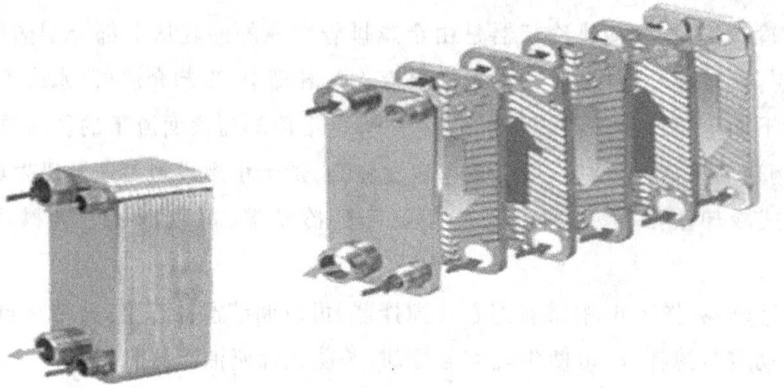

图 4-7　片式预冷器

易升温，影响乳的质量。牛乳温度的上升应以在 24 h 内不超过 1℃为宜，以贮乳 10 h 以上，升温 2～3℃为标准。

瑞典规定原料乳保存时温度不能超过 15.5℃，并要求牧场在挤乳后 1 h 内降温至 10℃，3 h 内降温至 4.4℃。我国规定，验收合格的牛乳应迅速冷却到 4～6℃，储存期间不得超过 10℃。乳的储存时间与冷却温度的关系见表 4-9。

表 4-9　乳的储存时间与冷却温度的关系

乳的储存时间/h	6～12	12～18	18～24	24～36
冷却的温度/℃	10～8	8～6	6～5	5～4

在不同保存温度下，乳中细菌数的增长情况如图 4-8 所示。

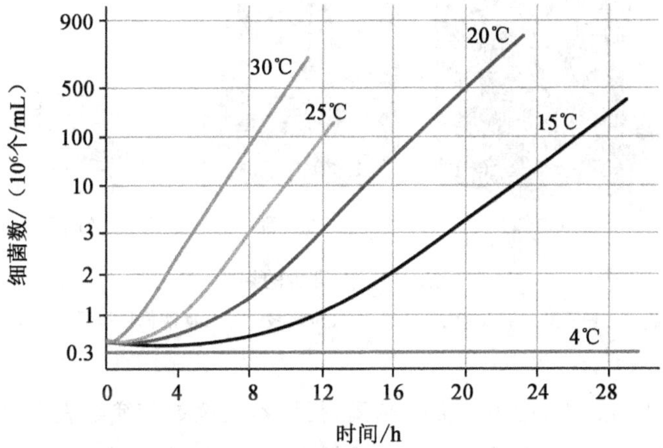

图 4-8　在不同保存温度下，乳中细菌数的增长情况

②贮乳罐的要求及使用：贮乳罐一般为 5 t、10 t 或 30 t，现代化大规模乳品厂的贮乳罐可达 100 t。10 t 以下的贮乳罐多装于室内，为立式或卧式，大罐多装于室外，带保温层和防雨层，均为立式。

鲜乳贮量：为日处理量或日处理量的 2/3。而且每只贮乳罐的容量应与生产品种的班生产能力相适应。每班的处理量一般相当于两只贮乳罐的乳容量，否则将用多只贮乳罐，增加了调罐、清洗的工作量，会增加牛乳的损耗。

罐体设计要求：不锈钢材质，隔热尤为重要。外边有绝缘层（保温层）或冷却夹层，以防止乳罐温度上升。要求恒温性能良好，一般乳经过 24 h 储存后，乳温上升不得超过 2℃。罐中配有搅拌器、液位指示计、温度指示器、各种开口、不锈钢爬梯、视镜和灯孔、探孔等（图 4-9）。

贮乳罐的作用及操作注意事项：

①奶仓内的搅拌。大型奶仓必须带有某种形式的搅拌设施。搅拌可防止稀奶油由于重力的作用从牛乳中分离出来。搅拌必须十分平稳，过于剧烈的搅拌将导致牛乳中混入空气和脂肪球的破裂，从而使游离的脂肪在牛乳的解脂酶的作用下分解。因此，轻度的搅拌是牛乳处理的一条基本原则。

②罐内温度指示。罐内的温度显示在罐的控制盘上，一般可使用一个普遍温度计，但使用电子传感器的越来越多，传感器将信号送至中央控制台，从而显示出温度。

③液位指示。有各种方法来测量罐内牛乳液位，气动液位指示器通过测量静压来显示

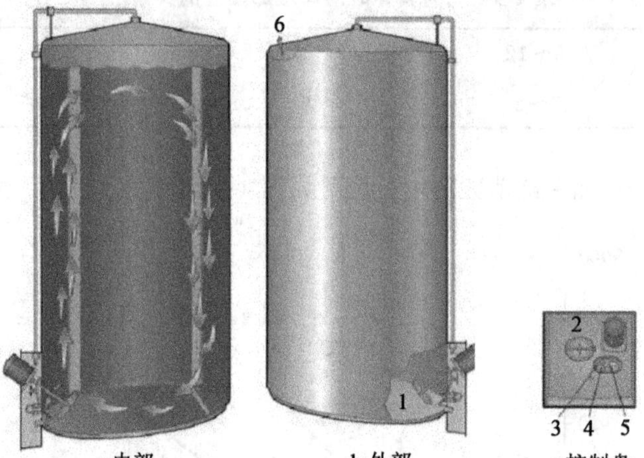

图 4-9　贮乳罐的结构

1.搅拌器　2.探孔　3.温度指示计　4.低液位电极　5.气动液位指示器　6.高液位电极

罐内牛乳的高度,压力越大,罐内的液位越高,指示器把读数传递给表盘显示出来。

④低液位保护。所有牛乳的搅拌必须是轻度的,因此,搅拌器必须被牛乳覆盖以后再启动。为此,常在开始搅拌所需液位的罐壁安装一根电极。罐中的液位低于该电极时,搅拌停止,这种电极就是通常所说的低液位电极(LL)。

⑤溢流保护。为防止溢流,在罐的上部安装一根高液位电极(HL)。当罐装满时,电极关闭进口阀,然后牛乳由管道改流到另一个大罐中。

⑥空罐指示。在排乳操作中,重要的是知道何时罐完全排空。否则当出口阀门关闭以后,在后续的清洗过程中,罐内残留的牛乳就会被冲掉而造成损失。另一个危害是,当罐排空后继续开泵,空气就会被吸入管线,这将影响后续加工。因此在排乳线路中常安装一根电极(LLL),以显示该罐中的牛乳已完全排完。该电极发出的信号可用来启动另一大罐的排乳,或停止该罐空排。

贮乳罐使用前应彻底清洗、杀菌,待冷却后注入牛乳。每罐须放满,并加盖密封。如果装半罐,会加快乳温上升,不利于原料乳的储存。储存期间要开动搅拌机。

3.标准化

标准化的目的是为了确定巴氏杀菌乳中的脂肪含量,以满足不同消费者的需求。一般低脂巴氏杀菌乳的脂肪含量为1.5%,常规巴氏杀菌乳的脂肪含量为3.0%。但是不同的国家和地区有不同的规定,有时脂肪含量可降低至0.1%~0.5%。为了保证达到法定要求的脂肪含量,在半脱脂乳和标准化乳生产中需要进行标准化。脱脂乳是一种稀奶油的分离产品,原则上无须标准化。因此,凡不符合标准的原料乳,都必须进行标准化以后,才能用于加工。如果规定的产品含脂率高于全脂乳的含脂率,就必须除去部分脱脂乳;反之则应分离多余的脂肪。一般情况下,标准乳的含脂率通常比全脂乳的含脂率要低,多余的脂肪可以用于加工奶油等产品。

(1)标准化的原理及计算方法　乳制品中脂肪与无脂干物质间的比值取决于标准化后乳中的脂肪与无脂干物质之间的比值，该比值取决于原料乳中脂肪与无脂干物质之间的比例。若原料乳中脂肪与无脂干物质之间的比值不符合要求，则对其进行调整，使其比值符合要求。

乳脂肪的标准化可通过去除部分稀奶油或脱脂乳进行。当原料乳中脂肪含量不足时，可添加稀奶油或除去一部分脱脂乳；当原料乳中脂肪含量过高时，则可添加脱脂乳或提取部分稀奶油。标准化的计算方法如下：

假设原料乳含脂率为 p，脱脂乳或稀奶油的含脂率为 q，按比例混合后，混合乳的含脂率为 r，拟标准化的原料乳量为 X，需添加的稀奶油或脱脂乳量为 Y 时，对脂肪进行物料平衡计算，则

$$pX+qY=r(X+Y)$$

$$\frac{X}{Y}=\frac{r-q}{p-r}$$

式中：q——稀奶油或脱脂乳脂肪含量，%；

p——原料乳脂肪含量，%；

r——混合乳的脂肪含量，%；

X——原料乳的重量，kg；

Y——需添加的稀奶油或脱脂乳重量，kg。

上式中，若 $q<r$，$p>r$，则表示需添加脱脂乳；反之，则表示需加稀奶油。

例题：1 000 kg 含脂率为 3.5%的原料乳，需将其标准化，标准化后含脂率为 3.2%，需添加含脂率为 0.2%的脱脂乳还是含脂率为 35%的稀奶油，添加多少千克？

解：依题 $p=3.5\%$，$r=3.2\%$，$p>r$，需添加脱脂乳。$X=1\,000$，$q=0.2\%$，用下式：

$$\frac{X}{Y}=\frac{r-q}{p-r}$$

代入数据：

$$\frac{1\,000}{Y}=\frac{3.2-0.2}{3.5-3.2}$$

解得 $Y=100$ kg，即需添加脱脂乳 100 kg。

(2)标准化方法　标准化有 3 种不同的方法：即预标准化、后标准化和直接标准化。

①预标准化：预标准化是指在巴氏杀菌之前把全脂乳分离成稀奶油和脱脂乳。如果标准化乳脂率高于原料乳中的乳脂率，需要将稀奶油按照计算比例与原料乳在罐中混合以达到要求的含脂率；如果标准化乳脂率低于原料乳中的乳脂率，需将脱脂乳按照计算比例与原料乳在罐中混合以达到稀释的目的。

例如:处理 100 kg 脂肪含量为 4%的原料乳,以生产脂肪含量为 3%的标准化乳的过程见图 4-10。

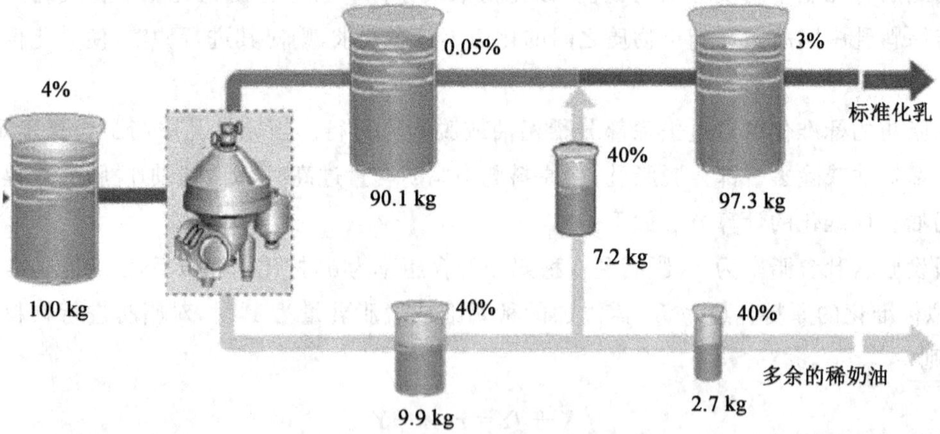

图 4-10　生产标准化乳过程举例

②后标准化:后标准化在巴氏杀菌之后进行,方法同上,它与预标准化不同的是二次污染的可能性更大。

以上两种方法都需要使用大型的、等量的混合罐,分析和调整工作比较耗时。

③直接标准化:直接标准化是与现代化的乳制品大生产相组合的方法,其主要特点是快速、稳定、精确、与分离机联合运作、单位时间内处理量大。

将牛乳加热至 55～65℃,按照预先设定好的脂肪含量,分离出脱脂乳和稀奶油,并根据最终产品的脂肪含量,由设备自动控制回流到脱脂乳中稀奶油的流量,多余的稀奶油会流向稀奶油巴氏杀菌机。

为了达到工艺中要求的精确度,必须控制进乳含脂率的波动、流量的波动和预热温度的波动。图 4-11 是直接标准化的完全流程,它由 3 个调节线路控制。

第一条线路调节分离机脱脂乳出口的外压。在流量改变或下游设备压力降低的情况下,外压保持不变。

第二条线路调节分离机稀奶油出口的流量。无论原料乳流量或含脂率发生任何变化,稀奶油的含脂率都保持恒定值。

第三条线路调节进入脱脂乳的稀奶油数量,使稀奶油和脱脂乳重新混合,合成含脂率符合标准的乳。

为了达到工艺要求的精确度,必须控制流量的波动、进乳含脂率的波动和预热温度的波动。

4.均质

(1)均质的意义　在强力的机械作用下(16.7～20.6 MPa),将乳中大的脂肪球破碎成小的脂肪球,均匀一致地分散在乳中,这一过程称之为均质。均质可防止脂肪球上浮。

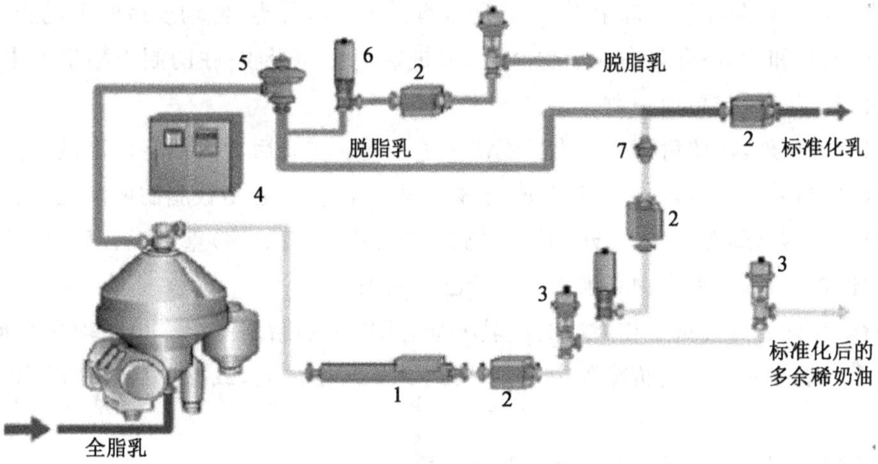

图 4-11 直接标准化的完全流程

1. 稀奶油浓度传感器 2. 流量传感器 3. 调节阀 4. 控制盘 5. 恒压阀 6. 逆止阀 7. 检测阀

牛乳在放置一段时间后，有时上部分会出现一层淡黄色的脂肪层称之为“脂肪上浮”。其原因主要是乳脂肪的相对密度小(0.945)、脂肪球直径大，容易聚结成团块。脂肪上浮影响乳的感官质量，所以原料乳在经过验收、净化、冷却、标准化等预处理之后，必须进行均质处理。均质是指对脂肪球进行机械处理，使它们成为数量更多的较小的脂肪球颗粒而均一地分散在乳中。脂肪球数目的增多，增加了光线在牛乳中折射和反射的机会，使得均质乳的颜色更白。

在自然状态下的牛乳，其脂肪球大小不均匀，直径范围为 1～10 μm，一般为 2～5 μm。如经均质，一方面，脂肪球直径可控制在 1 μm 左右，这时乳脂肪表面积增大，浮力下降，乳可长时间保持不分层，且脂肪不易形成稀奶油层，也就不易附着在贮乳罐的内壁和盖上。另一方面，均质之后的牛乳脂肪球直径减小，脂肪均匀分布在牛乳中，维生素如维生素 A 和维生素 E 也呈均匀分布，促进了乳脂在人体内的吸收和同化作用。

更重要的是经过均质化处理的牛乳具有新鲜牛乳的芳香气味。同非均质化牛乳相比较，均质化后的牛乳防止了由于铜的催化作用而产生的臭味，这是均质作用增大了脂肪表面积的缘故。脂肪球膜上的类脂物，尤其是磷脂上的卵磷脂部分含有很大比例的不饱和脂肪酸残基，它很容易氧化生成游离基，并转化为过氧化物，游离出新的基团，这种反应组分具有强烈的刺激性气味。天然牛乳含有微量铜元素，即使很少(10 μg/kg)也会造成氧化，从而使牛乳带有一种臭味。均质后的牛乳脂肪球表面积增大了，但磷脂和铜的含量几乎不变，故膜中铜与磷脂之比近乎恒定，其浓度大致与脂肪球表面积成反比，铜与磷脂间的接触将减少，从而降低了脂肪的氧化作用。

在巴氏杀菌乳的生产中，均质机的位置一般处于杀菌的第一热回收段；在间接加热的超高温灭菌乳生产中，均质机位于杀菌之前；在直接加热的超高温灭菌乳生产中，均质机位于杀菌之后，因此应使用无菌均质机。

均质不仅可以防止脂肪球上浮，而且还具有其他一些优点：经均质后的牛乳脂肪球直径减小，易被消化和吸收；乳蛋白质凝块软化，促进被消化和吸收；在酶制干酪生产中，可使乳凝固加快，乳产品风味更加一致。

除以上优点外，均质后的牛乳也呈现出一些不足：均质后乳热稳定性降低；有时会产生金属腥味；均质后不能有效分离脂肪；脂肪球结构改变，使其容易被脂肪酶氧化；均质破坏了脂肪球膜并暴露出脂肪，与未加热的脱脂奶（含有活性的脂肪酶）重新混合后缺少防止脂肪酶侵袭的保护膜，因此混合物必须立即进行巴氏杀菌。

解脂酶在几分钟内可使均质后的原乳变质，原因是解脂酶能渗入由于均质而形成的脂肪球膜，但不能渗入天然脂肪球膜中，所以要避免均质生牛乳，或均质后马上巴氏杀菌使酶失活。

（2）均质原理　均质是由三个因素共同作用的结果（图 4-12）：

①当牛乳以高速通过均质机头中的狭缝时，脂肪球受到巨大的剪切力，使脂肪球变形而破碎。

二维码 4-3　均质机的均质过程

②牛乳液体在间隙中加速的同时，静压能下降，可能降至脂肪的蒸气压以下而产生气穴现象，使脂肪球受到非常强的爆破力而破碎。

③当脂肪球以高速冲击均质环时，脂肪球会在进一步产生的剪切力作用下破碎。

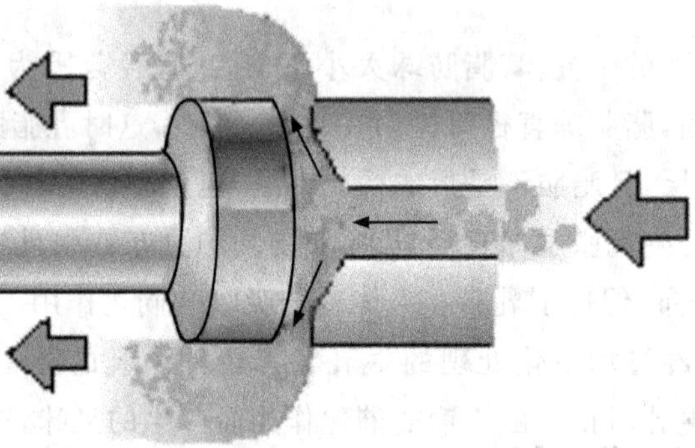

图 4-12　均质机均质原理（箭头表示乳的作用方向）

在物料的入口处，柱塞泵使物料的压力从 0.3 MPa 提升至 10～25 MPa。液压泵的油压与阀芯的均质压力保持平衡。

均质前后乳中脂肪球的变化如图 4-13 所示。

（3）均质条件

①温度。较高的温度下均质效果较好，但温度过高会引起乳脂肪、乳蛋白质变性。在均质时，脂肪相的物理状态和含量影响到脂肪球的大小及其随后的分散，对冷牛乳均质是无效的。冷牛乳中脂肪是固化的。在乳脂肪凝固点（30～35℃）的分界温度下加工会使脂肪不能

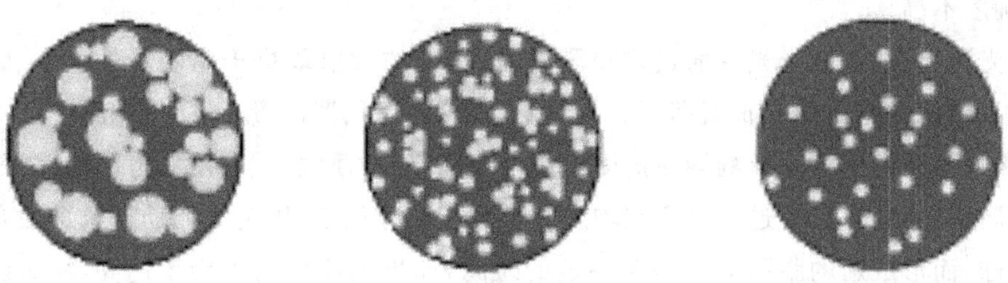
a.均质前脂肪球的分布　　b.一级均质后脂肪球的分布　　c.二级均质后脂肪球的分布

图 4-13　均质前后乳中脂肪球的变化

完全分散。只有当脂肪相呈液体状态且含量与正常牛乳相当时，均质才是最有效的。牛乳的均质温度一般控制在 50～70℃。

②脂肪含量。脂肪含量高的产品很有可能有脂肪结团的倾向，特别是当浆液蛋白的含量相对于脂肪含量低的时候，更易产生这一现象。脂肪含量超过 12％的稀奶油不能在正常压力下进行正常的均质，膜物质（酪蛋白）的缺乏会导致脂肪再度聚结。为取得良好的均质效果，每克脂肪大约对应要求 0.2 g 的酪蛋白。

③均质压力。高压均质可以形成小的脂肪球，脂相的分散随着均质温度的升高而增加，也随着牛乳在高温下黏度的减小而增加。均质压力介于 10～25 MPa 之间，其大小决定于产品种类。

均质包括一级均质和二级均质。一级均质适用于低脂产品和要求高黏度的产品（要求一定程度结团），二级均质适用于高脂产品、高干物质产品和要求低黏度产品的生产。一般采用二级均质，二级均质是指让乳连续通过两个均质阀，将黏在一起的小脂肪球打开，从而提高均质效果。

(4)均质效果检验　均质效果可以用显微镜、静置或离心等方法来检验。

①显微镜检验：一般采用 100 倍的显微镜镜检，可直接观察均质后乳脂肪球的大小和均质程度。在显微镜下直接用油镜镜检脂肪球的大小是方便、直接和快速的方法，但缺点是只能定性而不能定量，且检验人员要有较丰富的实践经验。

②均质指数法（静置）：用分液漏斗或量筒取 250 mL 均质乳样，放在 4～6℃下保持 48 h，然后检测上层 1/10 和下层 9/10 处的含脂率，最后根据公式算出均质指数。

例如，如果上层含脂率为 3.15％，下层含脂率为 2.9％，均质指数为

$$\frac{3.15-2.9}{3.15}\times 100=7.9$$

牛乳均质指数应在 1～10 的范围内，上层含脂率越小越好。

③尼罗（Nizo）法（离心）：取 25 mL 乳样放在半径 2 500 mm、转速为 1 000 r/min 的离心机内，于 40℃条件下离心 30 min，然后取下层 20 mL 样品和离心前样品分别测含脂率，两者相除，乘以 100％即得尼罗值。一般巴氏杀菌乳的尼罗值在 50％～80％范围内。此法较迅

速，但精确度不高。

④激光测定法：当激光光束通过均质乳样时，其光的散射取决于脂肪球的大小和数量，然后将结果转化成脂肪球分布图即可。此法快速准确，但仪器昂贵，不适用乳品厂使用。

(5)影响均质的因素　影响均质的因素包括含脂率、均质温度、均质压力和均质方式。

①含脂率：牛乳含脂率过高时会在均质时形成脂肪球粘连，因为大脂肪球破碎后形成许多小脂肪球，而形成新的脂肪球膜需要一定的时间，如果均质乳的含脂率过高，那么新的小脂肪球之间的距离就近，这样会在保护膜形成之前因脂肪球的碰撞而发生粘连现象。当含脂率大于12%时，此现象容易发生，所以稀奶油的均质要特别注意。

可采用全部均质或部分均质，全部均质一般应用于含脂率不大于12%的牛乳或稀奶油，这样不易产生黏化现象。部分均质是一种只对原料的1/2或1/3进行均质的方法，这主要是对含脂率高的稀奶油而言的，以防产生黏化现象。许多乳品厂仅使用部分均质，主要是因为部分均质只需一台小型均质机，这从经济和操作方面来看都有利。牛乳全部均质后，通常不发生脂肪球絮凝现象，脂肪球相互之间完全分离。相反地，将稀奶油部分均质时，如果含脂率过高，就有可能发生黏化。因此，在部分均质时稀奶油的含脂率不应超过12%。

部分均质更适合巴氏杀菌乳。部分均质意味着脱脂乳的主体部分不均质，而只是对含有乳脂肪的稀奶油进行均质。因为只有一小部分的流体流过均质机，所以总能量消耗降低65%，可降低生产成本。当产品中每克脂肪含有至少0.2 g的酪蛋白，稀奶油的含脂率最高不超过12%时，可以获得充分良好的均质效果。

②均质温度：均质温度高，均质后形成的黏化现象就少，一般在温度60～70℃为佳，低温下均质产生黏化现象增多。

③均质压力：均质压力一般为15～20 MPa。使用二段均质机时，第一段均质压力为15～20 MPa，第二段均质压力为3～5 MPa。均质压力低，达不到均质效果；压力过高，又会使酪蛋白受影响，对以后的灭菌十分不利，杀菌时往往会产生絮凝沉淀。

④均质方式：一段均质、二段均质。

(6)均质设备　均质机按结构不同，可分为高压均质机、离心均质机、超声波均质机等。目前乳制品生产常用的均质机为高压均质机。

高压均质机的原理是使物料在高压作用下通过非常狭小（一般不超过0.1 mm）的间隙，使物料受到缝隙强大的剪切作用，液流中的脂肪球或大粒子受到高速的撞击作用，高速液流在通过缝隙时产生的空穴作用，在这三者的共同作用下，大粒子迅速破碎为1 μm左右的微粒，使物料均质化。

高压均质机的使用方法如下。

①准备工作：均质机在使用前，应彻底进行清洗与消毒，在生产中每周至少消毒1～2次，以防止微生物繁殖，其方法可按下列程序进行。

a.将均质阀及相关管路全部拆下，用温水将污垢刷洗干净。

b.将各零件用热碱水（65℃左右）刷洗一遍，再用温水冲洗除去碱渍。

c. 将洗净的零件及机身有关部分用蒸汽直接喷射一遍，然后将零件装妥。

d. 开动电动机，将沸水吸入均质阀，进行 10 min 左右的循环灭菌，最后排除积液。

②操作：

a. 启动。启动前，检查运动部件是否有卡阻及松动现象，各紧固件是否紧固，油箱内油位是否正常，并接通冷却水管。检查电气装置，无误后，可点动一下，核对大带轮的转动方向。打开进出料管上的阀门，启动电动机，经进水放气后，调整各处压力至正常值，运转一段时间，确认一切正常后，即可正式运行。

b. 停车。停车前，放松压力调节阀，降低压力，然后关闭电动机，待泵停止工作后，再关闭进、出料阀门。停车后，应立即进行清洗，可用温水、碱水依次循环清洗，再用 90℃左右热水消毒 10 min，长期不用时，应彻底清洗消毒。

③维护与保养：均质机的维护与保养应做到以下几点。

a. 每日检查油位、油压，若油压在 0.3 MPa 以下，须检查零件是否过烫。随时注意冷却是否正常、是否有泄漏及异常响动。

b. 在每日检查的基础上，每月检查所有的螺母是否拧紧，油液是否失效。皮带有松动须调紧，更换已经损坏的零部件。油液每月更换一次。

c. 在每月检查维修的基础上，每半年度更换润滑油，清洗曲轴箱及滤油器，将液力端所有紧固件重新紧固及重新调试均质机。

d. 泵体拆装前一定要仔细查看泵体拆装示意图，泵体经拆装后，应以净水为介质运转一会儿，无异常情况方可投料工作。在装配过程中，零件一定要用力压到底，并且在压力表座内加满机油，一般夏天用 19 号压缩机油或 HJ40～50 润滑油，冬季用 13 号压缩机油或 HQ-6 润滑油。

5. 巴氏杀菌

牛乳中含有各种丰富的营养物质，是微生物的良好培养基，再加之牛乳收购时间延长，尽管有现代化的制冷技术，但牛乳中的微生物还是有足够的时间繁殖并产生酶类，而且微生物代谢产生的副产物有时是有毒的；此外，微生物还会引起牛乳中某些成分分解，引起 pH 下降等不良反应。因此，进行巴氏杀菌是很有必要的。

(1)巴氏杀菌的目的

①杀死引起人类疾病的所有微生物，经巴氏杀菌的产品必须完全没有致病菌。如果在巴氏杀菌后的牛乳中仍有病原菌存在，那么其原因是热处理没有达到要求，或者是该产品被二次污染了。

②尽可能多地破坏牛乳中含有的能影响产品味道和保存期的微生物和酶类系统，以保证产品质量，这需要采用比杀死致病菌效果更强的热处理方式。

(2)巴氏杀菌的方法　从杀死微生物的观点来看，牛乳的热处理强度越大越好。但是，较强的热处理对牛乳外观、味道和营养价值会产生不良影响。如牛乳中的蛋白质在高温下会发生变性；高温会使牛乳味道改变，首先出现蒸煮味，然后出现焦味。因此，时间和温度组合的选择必须考虑到微生物和产品质量两方面，以达到最佳效果。

为了保证杀死所有的致病微生物，牛乳加热必须达到某一温度，并在此温度下持续一定时间，然后冷却。温度和时间组合决定了热处理的强度。巴氏杀菌的方法有以下几种(表4-10)。

表 4-10 生产巴氏杀菌乳的主要热处理分类

工艺名称	温度/℃	时间	方式
预热杀菌	63～65	15 s	
低温长时巴氏杀菌(LTLT)	62.8～65.6	30 min	间歇式
高温短时巴氏杀菌(HTST)	72～75	15～20 s	连续式
超巴氏杀菌(ESL)	125～138	2～4 s	

间歇式热处理足以杀灭结核杆菌，对牛乳的感官特性的影响很小。连续式热处理，它要求热处理温度至少在71.1℃，保持15 s(或相当条件)，此时乳的磷酸酶试验应呈现阴性，而过氧化物酶试验呈现阳性。这是因为碱性磷酸酶与过氧化物酶是牛乳中的内源酶，前者的热变性所需的温度比杀死结核杆菌要高，后者则需要80℃的温度来抑制，如果在巴氏杀菌乳中不存在过氧化物酶，表明热处理过度。热处理温度超过80℃，也会对牛乳的风味和色泽产生负面影响。磷酸酶与过氧化物酶活性的检测被用来验证牛乳是否已经进行过巴氏杀菌，是否采用了适当的热处理，产品是否可以安全饮用。经过HTST杀菌的牛乳(和稀奶油)加工后在4℃的储存期间，磷酸酶试验会立即显示阴性，而稍高的贮温会使牛乳表现出碱性磷酸酶阳性。经巴氏杀菌后残留的微生物芽孢还会生长，会产生耐热性微生物磷酸酶，这极易导致错误的结论，IDF(国际乳品联合会)(1995)已经意识到用磷酸酶试验来确定巴氏杀菌是有困难的，因此一定要谨慎。

①预热杀菌：通常为60～69℃、15～20 s。其目的在于杀死细菌，尤其是嗜冷菌。预热处理除了能杀死许多活菌外，几乎不引起乳性质的不可逆变化。

②低温长时巴氏杀菌(LTLT)：这是一种间歇式的巴氏杀菌方法，即牛乳在63℃下保持30 min，达到巴氏杀菌的目的。在这种温度下，乳中的病原菌，尤其是耐热性较强的结核菌都被杀死。这种方法对牛乳营养成分及品质影响较大，因而已很少使用。

③高温短时巴氏杀菌(HTST)：具体时间和温度的组合可根据所处理的产品的类型而变化。通常采用72～75℃、15 s杀菌，或采用80～85℃、10～15 s的加热杀菌。由于受热时间短，热变性现象很少，风味有浓厚感，无蒸煮味。

④超巴氏杀菌：超巴氏杀菌的目的是延长产品的保质期，其采取的主要措施是尽最大可能避免产品在加工和包装过程中再次污染。这需要极高的生产卫生条件和优良的冷链分销系统。一般冷链温度越低，产品保质期越长，一般最高不得超过7℃。

超巴氏杀菌的温度为125～138℃，时间2～4 s，然后将产品冷却到7℃以下储存和分销，如结合无菌灌装可使保质期延长至40 d甚至更长。但超巴氏杀菌温度再高，时间再长，它仍然与超高温灭菌有根本的不同。

6.杀菌后的冷却

杀菌后的牛乳应尽快冷却至4℃,冷却速度越快越好。牛乳中的磷酸酶对热敏感,不耐热,易钝化(63℃ 20 min即可钝化),但同时牛乳中含有不耐高温的抑制因子和耐热的活化因子,抑制因子在63℃ 30 min或72℃ 15 s的杀菌条件下不被破坏,能抑制磷酸酶恢复活力,而在82～130℃加热时抑制因子被破坏;活化因子在82～130℃加热时能存活,能激活已钝化的磷酸酶。因此,巴氏杀菌乳在杀菌灌装后应立即置于4℃条件下冷藏。

7.灌装

灌装的目的是便于保存、分送和销售。

(1)包装材料要求　包装材料应能保证产品的质量和营养价值;能保证产品的卫生和清洁,对内容物无任何污染;避光、密封,有一定的抗压强度;便于运输,便于携带和开启;降低食品腐败速度;有一定的装饰作用。

(2)液态乳包装容器

①玻璃瓶。传统的液态乳包装容器是玻璃瓶,玻璃瓶是一种可回收的包装容器,可重复使用,但每次回收使用前必须注意检查,保证瓶子仍然完好无损,并须进行清洗和消毒。

洗瓶机洗瓶的操作过程如下:

a.预浸泡:将奶瓶浸泡在30℃的水中,目的是溶解瓶中残留的乳和其他杂质。

b.预清洗:用46℃的水喷淋奶瓶,以去除粗的杂质。

c.洗涤剂浸泡:将奶瓶浸泡在62℃的洗涤液中。

d.洗涤剂洗涤:用62℃的洗涤剂喷淋,以去除残留杂质。

e.热水冲洗:用49℃的水喷淋,以去除残留的洗涤剂。

f.灭菌:用次氯酸盐喷雾,以达到商业无菌。

g.最终冲洗:用30℃的水喷淋,以去除残留的化学试剂且降低玻璃瓶的温度。

②利乐砖。利乐砖是目前普遍采用的一种乳品包装形式。该类包装是将鲜乳经过135℃超高温瞬间灭菌后在密封无菌的条件下用6层纸铝塑复合无菌包装材料灌装后封合而成的。其成本较高,以250 mL左右的液态乳包装为例,约为0.4元/个,“利乐枕”的成本相对较低,约为0.3元/个。

③屋顶盒。屋顶盒的设计风格独特,并采用特殊的材质与结构,可以防止氧气、水分的进入,对外来光线也有良好的阻隔作用,常用于灌装营养价值高、口味新鲜的鲜乳、调味乳、酸乳等高档产品。屋顶盒的成本也不低,250 mL的屋顶盒成本约为0.38元/个。目前,在屋顶盒包装材料市场上,国际纸业、利乐公司和日本产的包装材料占主导地位,国产的也零星可见。

④康美包。康美包是瑞士SG集团开发设计的纸盒类乳品包装,使用6层结构的复合软包装材料。最外层是聚乙烯,然后由外向内依次是白纸板、聚乙烯、铝箔、黏结层及聚乙烯层。采用白纸板代替牛皮纸作为基衬,使得康美包的刚性大大增强。

⑤万容包。湖南万容包装公司推出的“万容包”,适用于超高温瞬时灭菌及专用无菌灌装设备,可使牛乳在常温下的保质期达到 30 d、60 d、90 d。250 mL 的万容包的成本约为 0.07 元/个,500 mL 的万容包的成本约为 0.11 元/个。

⑥百利包。百利包是一种较新的低成本无菌复合膜包装形式,成本为 0.12~0.13 元/个,自应用以来,一直受到市场的追捧。

⑦塑杯。塑杯使用的材料多为多层共挤无菌包装片材,其结构为 PP/PE/ADH/PVDC 或 EVOH/ADH/PS。其中,PP 为可剥离无菌包装保护膜,PVDC、EVOH 为高阻隔性材料,PS 为结构材料,塑杯的盖材为 PE/PET 多层复合膜。该类包装的成本约为 0.12 元/个。

⑧普通塑料袋。普通塑料袋包装是部分乳品生产企业降低成本、满足市场多元化需求的选择之一,其成本只有 0.04 元/个,但档次相对较低,将逐渐被市场淘汰。

近年来,许多新型包装材料和技术不断进入乳品工业,使乳品包装成为一个很有吸引力的研究领域。

(3)危害关键控制　在巴氏杀菌乳的包装过程中,要注意避免二次污染,包括包装环境、包装材料及包装设备的污染;避免灌装时产品的升温;对包装设备和包装材料有较高的要求。

8.清洗

(1)相关概念

①清洁程度。生产之后要进行清洗。清洗与产品直接接触的设备是食品生产过程中必不可少的工序。在讨论清洗结果时,常用下列术语来表示清洁程度:

物理清洁度——除去表面上所有可见污物。

化学清洁度——不仅除去全部可见污物,而且还除去肉眼不可见的,但通过味觉或嗅觉能探测出的残留物。

细菌清洁度——通过消毒获得。

无菌清洁度——杀灭所有的微生物。

设备不需要经过物理或化学清洗就能达到细菌清洁度。然而,需要清洗的表面如果首先经过最起码的物理清洗,就更容易达到细菌清洁度。

乳品厂清洗工作的要求是达到化学和细菌清洁度。因此,设备表面应首先用化学洗涤剂进行彻底清洗,然后再进行消毒。

②污物。出现在乳品设备表面且需要除去的污物是哪种类型的污物呢?

在此,这些污物是黏在设备表面的沉淀物,其成分是乳中的成分,细菌“匿”于其中并利用这些物质进行繁殖。

③受热表面。当牛乳加热到 60℃以上时,“乳石”开始形成。乳石就是磷酸钙(镁)、蛋白质、脂肪等的沉积物。经过较长一段时间的生产运行之后,在加热段和热回收第一部分的板式热交换器的板片上,很容易看到沉淀物紧紧地附着在设备表面上,运行时间超过 8 h,就可以看到沉积物的颜色从稍带白色变成褐色。在受热表面上,能看到的沉积物构成如图 4-14 所示。

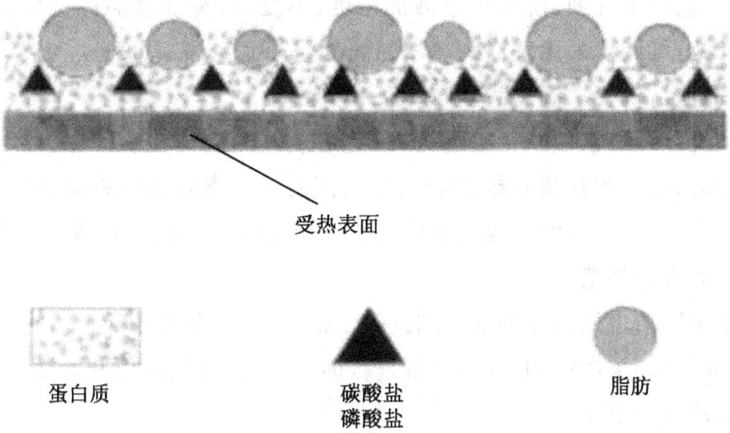

图 4-14　受热表面的沉积物构成

一层牛乳膜会黏附在管、泵、缸等的壁面上（“冷”表面）。当系统排空时，要尽可能快地进行清洗，否则，这层牛乳膜将会干结而难以除去。

（2）清洗程序　为了获得要求的清洁度，清洗操作一定要严格按照制定的清洗程序进行。每一步均需要一定的时间获得可靠的结果，这就意味着此程序在每一次清洗中一定要完全一样。一些化学作用和污物特性见表 4-11。

表 4-11　化学作用和污物特性

表面成分	溶解性	除去的容易程度	
		低温、中温巴氏杀菌	高温巴氏杀菌、超高温灭菌
糖	溶于水	容易	焦糖化，困难
脂肪	不溶于水	用碱困难 用酸稍好些	聚合作用，困难
蛋白质	不溶于水	用碱非常困难	变性作用，更难
无机盐（冷表面）	溶于水，不定	大多数盐溶于酸	不定

乳品厂中的清洗循环包括以下几个步骤：

①通过刮落、排出、用水置换或者用压缩空气排除等方法来回收残留的产品。

②用水预冲掉松散的污物。

如用温水进行预冲洗，乳脂肪残留物很容易被冲走，但其温度不能超过 55℃，以免蛋白质变性。预冲洗阶段排出的水和乳的混合物可收集在贮罐中，进行特殊的加工。有效的预冲洗可以除去至少 90％的非结焦残留物。

③用洗涤剂清洗受热面上的污物。通常用碱和酸性清洗剂进行清洗，按这个顺序或反过来都行，但都要用中间介质水进行漂洗。为了保证使用某种洗涤剂溶液能取得满意的效

果，必须仔细地控制以下几项：洗涤剂溶液的浓度、温度，对清洗表面的机械作用（速度），洗涤持续的时间。根据经验，采用洗涤剂清洗的温度与产品在加工过程中的温度一样，至少为70℃，用酸性洗涤液清洗要求温度为68～70℃。

④用清水漂洗。漂洗常用软化水进行，以免形成钙垢沉积在表面上。经强碱或强酸溶液在高温下处理后，设备和管道系统实际上是无菌的。还需防止在系统中停留过夜的残留冲洗水中的细菌生长，这可用酸化漂洗水使其 pH<5 来加以防止，如添加磷酸或柠檬酸等。酸性环境能阻止大部分细菌生长。

⑤消毒。细菌清洁度能通过消毒得到进一步提高，使设备实现无菌。在某些产品的（超高温杀菌牛乳、灭菌乳）生产中，必须对设备进行彻底灭菌，也就是使其表面完全无菌。乳品设备可用下列方法进行消毒：

a. 热消毒（沸水、热水、蒸汽）。

b. 化学消毒（氯、酸、界面碘剂、过氧化氢等）。

早晨，在牛乳开始加工前，应立即对设备进行消毒，当设备排出全部消毒溶液后就可以接收牛乳。

如果在一天工作结束时进行消毒后，应用清水把消毒剂溶液冲洗干净，以防止残留物对金属表面的腐蚀。

（3）原位清洗（CIP）　许多乳品企业都采用原位自动清洗，即设备（热交换器、罐体、管道、泵、阀门等）及整个生产线在无须人工拆开或打开的前提下，通过清洗液在闭合回路中的循环，以高速的液流冲洗设备的内部表面而达到清洗目的，此项技术被称为原位清洗（CIP），如图 4-15 所示。

与手工清洗相比，CIP 具有如下优点：

①清洗成本低，水、清洗液、杀菌剂及蒸汽的消耗量少。

②安全可靠，设备无须拆卸，不必进入大型乳罐。

③清洗效果好，按设定程序进行，减少或避免人为失误。

当然，适合进行 CIP 的设备应具备一定的条件。为进行有效的 CIP，设备清洗流程可以设计成多个回路，以便根据需要在不同时间进行清洗。若一套设备或一套生产流程希望采用同一回路的 CIP，则其应具备以下三个条件：

①设备表面的残留物必须是同一种成分，这样就可以使用同一种清洗消毒剂进行清洗消毒。

②被清洗设备表面必须由同一种材料制成，或至少是能与同种清洗消毒剂相适的材料。

③整个回路的所有部件，要能同时进行清洗消毒。

（4）CIP 程序

①非受热管路及其设备的清洗程序。乳品加工中的非受热设备包括收奶管路、原料乳贮奶罐、巴氏杀菌乳贮奶罐等，由于这些设备没有受到热处理，结垢相对较少，其清洗程序如下：

a. 温水（38～60℃）预冲洗 3～5 min。

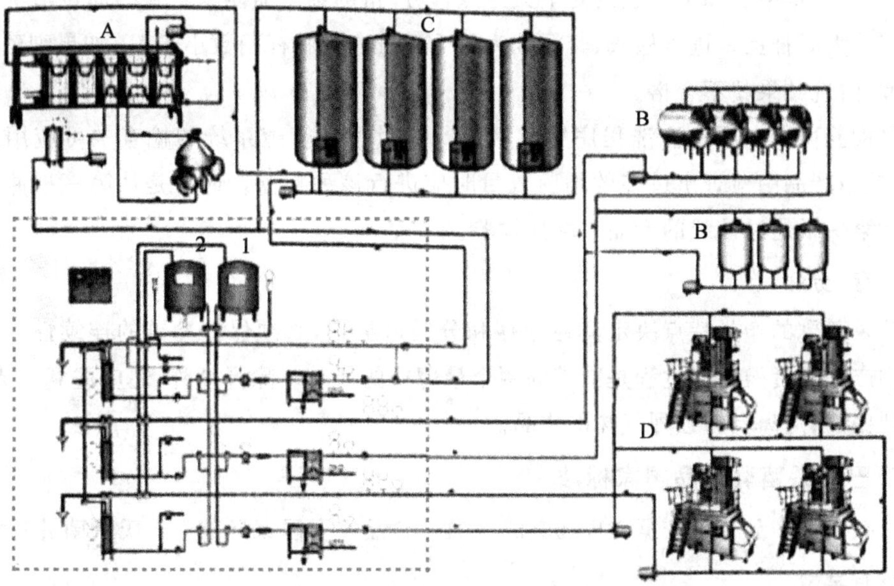

图 4-15 集中式原位清洗的原理[清洗单元(虚线之内)]

1. 碱性洗涤剂罐 2. 酸性洗涤剂罐

清洗对象:A. 牛乳处理器 B. 罐组 C. 乳仓 D. 灌装机

b. 用 75～85℃的热碱性清洗液循环 10～15 min(如选择氢氧化钠,其含量应控制在 0.8%～1.2%)。

c. 水冲洗 3～5 min。

d. 每周用 65～75℃的热酸性清洗液循环 10 min(如硝酸,含量应为 0.8%～1.0%)。

e. 用 90～95℃热水消毒 5 min。

f. 逐步冷却 10 min(贮乳罐一般不需要冷却)。

②受热管路及其设备的清洗程序。受热设备主要包括配料罐、发酵罐、杀菌器及其受热管路等,应根据其受热程度的不同,选择有效的清洗方法,通常的清洗程序如下:

a. 用温水(38～60℃)预冲洗 5～8 min。

b. 用 75～85℃的热碱性清洗液循环 15～20 min(如选择氢氧化钠,其含量应控制在 1.2%～1.5%)。

c. 水冲洗 5～8 min。

d. 用 65～75℃的热酸性清洗液循环 15～20 min(如选择硝酸,含量为 0.8%～1.0%或用 2.0%的磷酸)。

e. 水冲洗 5～8 min。

f. 生产前一般用 90℃热水循环 15～20 min,以便对管路进行杀菌。

(5)清洗效果的检验 清洗效果的检验是清洗作业的一个十分重要的部分。它有两种方式:肉眼检查和细菌监测。由于自动化的发展,现代的加工线中使用肉眼检查是很难达到目的的，必须由集中在加工线上的若干关键点，以严格的细菌监测来代替。原位清洗的效果一般用培养大肠杆菌来进行检查，其标准为每 100 cm^2 大肠杆菌数小于 1。如果细菌数多于这个标准，清洗结果就不合格。

这些检验可以在原位清洗程序完成后进行。对罐和管道系统的检查中可应用此种检验，特别是当产品中检查出过多的细菌数目时应进行该种检验。通常是从第一批冲洗水或从清洗后第一批通过该线的产品中取样检验。

9. 储存、分销

巴氏杀菌乳的产品特点决定其在储存和分销过程中，必须保持冷链的连续性。出厂转运过程和产品的货架储存过程是冷链的两个最薄弱的环节。除温度外，还应注意避光；避免产品强烈振荡；远离具有强烈气味的物品。

(三) 巴氏杀菌乳产品国家标准

巴氏杀菌乳产品标准依据 GB 19645—2010《食品安全国家标准　巴氏杀菌乳》执行。

1. 感官要求

巴氏杀菌乳感官要求见表 4-12。

表 4-12　巴氏杀菌乳感官要求

项目	要求	检验方法
色泽	呈乳白色或微黄色	取适量试样置于 50 mL 烧杯中，在自然光下观察色泽和组织状态，闻其气味，用温开水漱口，品尝滋味
滋味、气味	具有乳固有的香味，无异味	
组织状态	呈均匀一致的液体，无凝块、无沉淀，无正常视力可见的异物	

2. 理化指标

巴氏杀菌乳理化指标见表 4-13。

表 4-13　巴氏杀菌乳理化指标

项目		要求	检验方法
脂肪*/(g/100 g)		≥3.1	GB 5413.3—2010
蛋白质/(g/100 g)	牛乳	≥2.9	GB 5009.5—2010
	羊乳	≥2.8	
非脂乳固体		≥8.1	GB 5413.39—2010
酸度/°T	牛乳	≥12～18	GB 5413.34—2010
	羊乳	≥6～13	

注：* 仅适用于全脂巴氏杀菌乳。

3. 微生物限量

巴氏杀菌乳微生物限量见表 4-14。

表 4-14　巴氏杀菌乳微生物限量

项目	采样方案* 及限量(若非指定,均以 CFU/g 或 CFU/mL 表示)				检验方法
	n	c	m	M	
菌落总数	5	2	50 000	100 000	GB 4789.2—2016
大肠菌群	5	2	1	5	GB 4789.3—2016 平板计数法
金黄色葡萄球菌	5	0	0/25 g(mL)	—	GB 4789.10—2016 定性检验
沙门氏菌	5	0	0/25 g(mL)	—	GB 4789.4—2016

注：* 样品的分析及处理按 GB 4789.1—2016 和 GB 4789.18—2010 执行。

n：同一批次产品应采集的样品件数；c：最大可允许超出 m 的样品数；m：微生物指标可接受水平的限量值；M：微生物指标的最高安全限量值。

4. 其他要求

应在产品包装主要展示面紧邻产品名称的位置，使用不小于产品名称字号且字体高度不小于主要展示面高度 1/5 的汉字标注"鲜牛(羊)奶"或"鲜牛(羊)乳"字样。

(四)较长保质期乳

目前国内液态乳产品主要有巴氏杀菌乳和超高温灭菌乳两种。巴氏杀菌乳产品味道较新鲜，但保质期最多为 7 d，这对于我国人口分布广、交通及储存设施不完善的情况来说是一个大问题。超高温灭菌乳的保质期较长，但外观及味道却较为逊色。基于味道与保质期两者的考虑，则出现了较长保质期乳。

较长保质期乳，即国外的 ESL(extended shelf life)乳。它的本质含义是延长(巴氏杀菌)产品的保质期，即把牛乳用介于巴氏杀菌和 UHT 之间的温度杀菌。由于产品并不需要彻底杀菌，故受热程度不高，产品保质期较长，产品营养素保存较好，风味和口感得到更好保持。许多感官测试很难区分巴氏杀菌乳和 ESL 乳，因此，ESL 乳的生产在世界各国家和地区得到普遍的发展。

ESL 乳制品的货架期一般定在巴氏杀菌乳与 UHT 乳之间，其货架寿命在冷藏条件下至少 15 d，最长可达 45 d。这主要取决于产品从原料到分销的整个过程中的加工工艺、技术装备及卫生和质量控制。ESL 乳在满足消费者对产品新鲜与安全的追求的同时，又解决了常规巴氏乳保质期短和 UHT 乳营养破坏大的问题。

目前的主要措施是采用比巴氏杀菌更高的杀菌温度(即超巴氏杀菌)，并且尽最大的可能避免产品在加工、包装和分销过程中发生二次污染。这需要较高的生产卫生条件和优良的冷链分销系统。一般冷链温度越低，产品保质期越长，冷链温度最高不超过 7℃。典型的超巴氏杀菌条件为温度 125～130℃，时间 2～4 s。

但是无论杀菌强度有多高，生产的条件有多好，较长保质期乳本质上仍然是巴氏杀菌乳，与超高温灭菌乳有根本的区别。较长保质期乳并非无菌灌装，不能在常温下储存和分销，也不是商业无菌产品。

生产ESL乳的基本工艺和其他液态乳的生产工艺基本相同。生产过程包括原料乳的预处理、标准化、均质、杀菌、灌装以及储藏、销售等。

1.较长保质期乳的生产方法

（1）板式热交换器法　基于间接加热，这其中包含不同温度与时间的组合，温度一般为115～130℃，如果在120℃左右，产品只需要经受1 s或更短的快速处理。

近年来APV和ELOPAK公司联合成功开发了Pure-Lac系统，该系统不仅有热处理，同时也包括生产中的每一关键步骤——原材料、生产加工、包装和储存。该工艺是一种基于蒸汽注入工艺，它精确控制加热时间与温度之间的关系，可控制在0.2 s之内。这在达到延长保质期目的的同时，减少了热处理对牛乳的破坏。牛乳通过在注入室内自由降落时直接与蒸汽接触完成热处理，避免了与“硬件”接触导致产生不良风味的可能性。

（2）浓缩和杀菌相结合的方法　把牛乳中的微生物浓缩到一小部分，这部分富集微生物的乳再接受较高的热处理，杀死可能形成内生孢子的微生物如蜡状芽孢杆菌，之后再在常规杀菌之前，将其与剩余的乳混匀，一并进行巴氏杀菌，钝化其余部分带入的微生物，该工艺采用重力或离心分离超滤和微滤，目前已有商业应用。利乐公司的Alfa-Laval Bactocatch设备将离心与微滤相结合，其工艺流程如下：

全脂乳→离心分离机 {稀奶油→加热（115～120℃，3 s）；脱脂乳→微滤} →混合→均质→杀菌→冷却→灌装

奶油和截流液杀菌后，与过滤后的脱脂乳重新混合之后，经均质并最后在72℃条件下巴氏杀菌15～20 s，然后冷却到4℃。

离心除菌工艺过程基于对微生物离心分离。二级离心减少细菌芽孢的有效率达到99%，为有效地阻挡细菌和芽孢需要很小的孔径，但同时截流了乳脂肪球，因此微滤机进料要用脱脂乳。此外，微滤单元包括一台为稀奶油和细菌浓缩液（截留液）的混合液进行高温处理的设备，此混合液经过热处理之后，与透过液，即加工后的脱脂乳重新混合使用孔径为1.4 μm或更小的微滤膜可以有效地减少细菌和芽孢达99.5%～99.99%。经微滤后的截流数量约为进料的5%，此液富含细菌。截流液的总固体含量一般为9%～10%，其中3.9%是蛋白质，0.25%是脂肪。

通过这种设备达到同样的微生物处理效果的同时，只有部分乳经受较高温度处理，其余主体乳仍维持巴氏杀菌的水平。这样得到的产品口感、营养都更加完美，保质期又可适当地延长。

2.不同温度的加热方法对产品货架期的影响

由表4-15可知,按美国标准,巴氏杀菌乳有7～14 d的保质期。在英国,乳制品生产商在至少90℃ 5 s的条件下对牛乳加热,并采用超净化灌装过程来达到14～30 d的产品保质期。一些美国牛乳生产商开始在至少130℃ 2 s的条件下加热牛乳,并采用超卫生灌装工艺,产品的保质期达到60 d。超巴氏杀菌条件的制定不仅要考虑可显著减少牛乳中微生物数量来延长产品的货架期,同时又要最大限度地减轻由于热处理造成的产品感官质量的变化。

表4-15 不同加热方法对应牛乳保质期及工艺要求比较*

乳的类别	热处理	最低温度/℃	最少时间	保质期/d	流通模式	工艺要求
原料乳	无	不适用	不适用	1	冷链	无
巴氏杀菌乳(美国)	巴氏杀菌	72	15 s	7～14	冷链	净化灌装机
ESL乳(英国)	巴氏杀菌	90	5 s	14～30	冷链	超净化灌装机
ESL乳(美国)	超巴氏杀菌	138	2 s	45～60	冷链	超卫生灌装机
灭菌乳	加压高温灭菌	120	20 min	90	室温	净化灌装机及杀菌锅系统
超高温无菌乳	瞬时超高温灭菌	140 149	4 s 2 s	90	室温	无菌灌装生产线及无菌室

注:* 李启明、顾瑞霞等,ESL乳的研究开发进展。

3.灌装及清洗

ESL乳是在改善杀菌工艺和提高灌装设备卫生等级基础上,生产出介于普通巴氏杀菌乳和超高温灭菌乳之间、在冷藏条件下(10℃以下)货架期超过15 d以上的超洁净型液态乳制品。围绕ESL乳生产,要求灌装设备必须在特定小环境下完成乳品灌装和封合,设备须在过滤无菌空气保护下形成小环境的正压灌装区内完成灌装。如英国在生产时,产品在90℃下处理5 s后,输送到超净化灌装机中进行包装,同时进行瓶盖处理,以及在有稍高压力下实现原位清洗,对灌装机进行彻底净化。美国在生产ESL乳时,在138℃的高温下处理2 s后,采用位于HEPA-过滤室中的超卫生灌装机灌装,容器及瓶盖也要进行杀菌处理。此外灌装机也要用140℃的超热水进行处理。ESL乳的包装材料需要经双氧水(过氧化氢)喷雾式杀菌、无菌空气干燥、紫外线区域照射等进行处理。包装材料表面双氧水的残留量须达到IDF标准或欧美标准。同时,乳中的许多营养成分如维生素A、维生素B_6,维生素B_{12}、维生素D、维生素K、生育酚、色氨酸、β-胡萝卜素、不饱和脂肪酸等对光敏感,在乳的长时间储存期间易发生光解,所以应选择不透明或散光性强的包装材料。

4.储藏和销售

冷链系统对巴氏杀菌乳的保存和销售尤为重要。低温能够抑制细菌的生长,进而可以延长产品的货架期。据报道,储藏温度提高3℃,牛乳的货架期将缩短50%。在美国和加拿大等发达国家和地区,冷链系统十分健全,多数仓库的温度是4℃,零售的冷柜温度为7℃,因此这些国家和地区巴氏杀菌乳的货架期都很长,长货架期乳已经逐渐成为主流产品。但是在冷链系统不完善的地区，ESL 乳生产须在生乳的质量、特定销售时间和温度的基础上选择适宜的杀菌、灌装系统和包装容器类型等。

总之，ESL 乳的生产技术已经比较完善。随着我国 ESL 乳品工业的发展，奶源分布的逐渐合理，物流的不断改善和人们对液态乳口味、营养的需求，在不久的将来，ESL 乳将是国内重点开发和生产的液态乳品种。但是，ESL 乳生产技术对原料乳质量的较高要求以及产品需要完善的低温冷链系统，在短时期内将会制约 ESL 乳技术的广泛应用。

任务二 灭菌乳的生产

【任务描述】

通过在实验条件下对灭菌乳（UHT 乳）进行加工，熟悉灭菌乳加工操作过程。

【参考标准】

GB 25190—2010《食品安全国家标准　灭菌乳》

【工艺流程】

原料乳验收→过滤→预热→净乳→标准化→均质→超高温灭菌→无菌灌装→灭菌乳。

【任务实施】

1. 原料乳的验收。用来生产超高温灭菌乳的原料乳，必须经过外观、密度、脂肪含量、酸度、热敏性以及微生物总量的检验，要求原料乳外观呈白色或稍带黄色，有乳的特殊香味，密度要大于 1.028 g/cm^3，酸度小于 18 °T，脂肪含量大于 3.2%，热敏性试验良好，酒精试验呈阴性，微生物指标不能超过 1×10^6 CFU/mL，符合以上条件的牛乳才可以用来生产 UHT 乳。

2. 过滤。用 120 目的滤布分 2 次进行过滤，以除去较大的杂质。

3. 预热。用板式热交换器将过滤后乳的温度提高到 70～80℃。预热的目的是消灭一些嗜冷菌和非耐热菌，有利于净乳机和均质机的操作，使净乳和均质的效果提高，并除去乳中异味。

二维码 4-4　超高温灭菌乳生产工艺流程动画

4. 净乳。预热后要在净乳机内进行净乳，净乳机的转速要求在 5 600～6 000 r/min，以除去乳中所含杂质和肉眼看不到的颗粒菌团。这些颗粒菌团在超高温灭菌时，不易在很短的时间内被彻底杀死，因此需要进行热净乳，热净乳能除掉乳中绝大多数微生物和杂质。

5. 标准化。在标准化罐内，用稀奶油使净乳后乳中脂肪和脱脂乳达到合适的配比。标准化是为了使出厂的产品质量稳定。

6. 均质。均质的目的是防止成品脂肪上浮。通常在预热后，乳的温度在 60～70℃时采取二级均质使大的脂肪球破碎变成细小脂滴，悬浮在乳中形成稳定的共同体。

二级均质的压力：第一级为 15～20 MPa，第二级为 3～5 MPa。

7. 杀菌。超高温灭菌机的温度一般控制在 138～140℃，杀菌时间是 3～5 s。由于时间很短，乳的风味、性状和营养价值近无改变，而耐热菌如芽孢菌等，在此温度下都可被杀死，杀菌较彻底。操作超高温灭菌机时要严格控制好流量和蒸汽压力，防止因温度过高产生挂壁结垢现象，灭菌器以后的管路要求严格密封和无菌状态。

8. 冷却。灭菌后乳的温度应迅速从 140℃降至 10℃以下，以防止二次污染和避开微生物的最佳繁殖温度。

9. 无菌灌装。冷却后的乳要进入无菌平衡罐，因此对无菌平衡罐要进行严格灭菌，并且在灭菌后要通无菌气体并保持正压。

无菌包装机在生产前也必须严格灭菌，并且使与包装物接触的部位处在无菌状态下。另外还要用高浓度的双氧水将包装材料进行杀菌处理。

10. 成品入库。包装后的成品要入库保存。

要想生产出保质期长，质量好的超高温灭菌乳就必须保证以上各个工序的正确操作。生产完后要用自动清洗系统彻底清洗设备以保证下一次生产。另外，在生产过程中还必须有化验室人员的跟踪服务，以便及时发现问题，解决问题，从而保证产品质量。

【任务评价】

评价单

学习领域	灭菌乳的生产				
评价类别	项目	子项目	个人评价	组内互评	教师(师傅)评价
专业能力 80%	资讯(5%)	搜集信息(2%)			
		引导问题回答(3%)			
	计划(5%)	计划可执行度(3%)			
		计划执行参与程度(2%)			
	实施(40%)	操作熟练度(40%)			
	结果(20%)	结果质量(20%)			
	作业(10%)	完成质量(10%)			
社会能力 20%	团结协作(10%)	对小组的贡献(10%)			
	敬业精神(10%)	学习纪律性(10%)			

【师生共研】

1. 超高温灭菌乳的无菌灌装必须满足以下要求：

①包装容器和封合方法必须适合无菌灌装，储存和分销期间必须能阻挡微生物透过，能阻止产品发生化学变化。

②容器和产品的表面在灌装前必须经过灭菌。

③灌装过程中必须不能受到污染。

④用盖子封合，封合前必须及时灭菌。

⑤封合必须在无菌区域内进行。

2. 一定时间后，在无菌条件下进行 30 min 的中间清洗，然后继续生产。保证设备无菌、生产过程无菌、水无菌。

3. 根据流程图描述管式换热器超高温灭菌乳的生产过程。

思政花园

食品生产经营者应当依照法律、法规和食品安全标准从事生产经营活动，建立健全食品安全管理制度，采取有效措施预防和控制食品安全风险，保证食品安全。

——《中华人民共和国食品安全法实施条例》第二条

【知识链接】

一、灭菌乳与巴氏杀菌乳的区别

灭菌是对产品进行足够强度的热处理，使产品中所有的微生物和耐热酶类失去活性，达到商业无菌的要求。

商业无菌的含义是在一般的储存条件下，产品中不存在能够生长的微生物。灭菌乳较巴氏杀菌乳保质期长，并可在室温下长时间储存。

用于灭菌乳的牛乳必须是高质量的，即牛乳中的蛋白质能经得起剧烈的热处理而不变性。为了适应超高温处理，牛乳应至少在体积分数为 75%的酒精溶液中保持稳定，高于一般正常的体积分数 72%，否则将不稳定易沉淀。

下列牛乳不适宜用超高温处理：

①酸度偏高的牛乳；②牛乳中盐类平衡不适当；③牛乳中含有过多的乳清蛋白(白蛋白、球蛋白等)，即初乳；④牛乳的细菌含量多，特别含对热有很强抵抗力的芽孢数目多。

二、灭菌乳的灭菌方法

①灌装后灭菌，产品和包装一起被加到约 116℃，保持 20 min，在环境温度下储存，也叫瓶装灭菌乳。

②超高温处理(ultra high temperature,UHT),产品被加热到135～150℃,保持4～15 s,随后进行乳品的无菌灌装,包装保护产品不接触光线和空气中的氧,在环境温度下储存。UHT产品应能在非冷藏条件下分销。超高温处理工艺的应用大大改善了灭菌乳的特性,产品的色泽和风味以及营养价值得到改善。

三、超高温灭菌方法

超高温灭菌加工系统的各种类型见表4-16。这些加工系统所采用的加热介质为蒸汽或热水。从经济角度考虑,蒸汽或热水是通过天然气、油或煤加热获得的,只在极少数情况下使用电加热。因为电加热的热转化率仅为30%,采取其他形式加热,热转化率为70%～80%。

表4-16 各种类型的超高温灭菌加工系统

间接加热系统(蒸汽或热水)	板式加热 管式加热(中心管式或壳管式) 刮板式加热
直接加热系统(蒸气)	直接喷射式(蒸汽喷入牛乳) 直接混注式(牛乳喷入蒸汽)

使用蒸汽或热水为加热介质的灭菌器可进一步被分为两大类,即直接加热系统和间接加热系统。在间接加热系统中,产品与加热介质由导热面所隔开,导热面由不锈钢制成,因此在这一系统中,产品与加热介质没有直接的接触。在直接加热系统中,产品与一定压力的蒸汽直接混合,这样蒸汽快速冷凝,其释放的潜热很快对产品进行加热,同时产品也被冷凝水所稀释。

(一)板式加热系统

超高温板式加热系统具有很多优点。经过优化板片的组合和形状的设计,板式热交换器结构比较紧凑,加热段、冷却段和热回收段有机地组合在一起,可以大大提高传热系数和单位面积的传热量。

最初板式热交换器的优点之一就是易于拆卸,便于人工清洗板片加热面,并且能定期拆开检查CIP效果。然而随着CIP系统的改进,不再进行板式交换器的定期拆洗,也很少拆开检查清洗效果,这样对于UHT板式热交换器来说不利于设备结垢情况和清洗效果的检查。

UHT板式加热系统与板式巴氏杀菌加热系统的主要不同之处在于系统是否能承受高温(135～150℃)。也就是说,UHT板式加热系统应能承受较高的压力。

产品在加工过程中是不能沸腾的,因为产品沸腾后所产生的蒸汽将占据系统的流(通)道,从而减少了物料的灭菌时(空)间,使灭菌效率降低。在间接加热系统中,沸腾往往发生于灭菌段。在乳制品的加工过程中,沸腾所产生的气泡将增加产品在加热表面变性、结垢的概率,从而影响热传递效率。

为防止沸腾，产品在最高温度时必须保持一定的背压以使其达到该温度下的饱和蒸气压。由于产品中水分含量很高，因此这一饱和蒸气压必须等于灭菌温度下水的饱和蒸汽压。135℃下需保持 0.2 MPa 的背压以避免料液沸腾，150℃则需要 0.375 MPa 的背压。为承受高温和高压，超高温系统中的垫圈必须能耐高温和高压，因而其造价远比低温板式换热系统昂贵。垫圈材料的选择要使其与不锈钢板的黏合性越小越好，这样能防止垫圈与板片之间发生黏合，从而便于其拆卸和更换。

热交换器系统内的高压可导致不锈钢板片的变形和弯曲，为此，不同的厂家设计出了不同的板片及波纹形状，以加强物流的湍动性。在实际制造过程中，每片传热面上被加上了多个突起的接触点，以起到板片中间相互的机械支撑作用，同时形成流体的流道，增加流体的湍动性和整个片组的强度。

牛乳在离开简单的板式热交换器时，温度略高于进乳温度，这种系统的热回收率相对较低，一般为 60%～65%，也就是说加热至灭菌温度所用的热量的 60%可以得到回收。

(二)管式热交换器

超高温系统的管式热交换器包括两种类型，即中心套管式热交换器和壳管式热交换器。

1.中心套管式热交换器

中心套管式系统是将两个或三个不锈钢管以同心的形式套在一起，管壁之间留有一定的空隙。在通常情况下，套管以螺旋形式盘绕起来安装于圆柱形的套筒内，这样有利于保持卫生和形成机械保护。双管式系统用于进行加热和冷却。生产时，产品在中心管内流动，而加热或冷却介质在管壁间流动。在进行热量回收时，产品也在管壁间流动。所有的管式灭菌器共同的优点是能承受较高的均质压力，因此，在灭菌段前的均质机上可安装高压往复泵，而且均质阀的位置不受限制。

2.壳管式热交换器

壳管式热交换器一般是多个不锈钢管(内管)装在一外管内，内管的内径一般为 10～15 mm，在外管的末端由集合管将内管连接起来使产品平行流动；加热或冷却的介质在内管之间的空间流动，每个内外管单元的末端通过 180°弯头连接起来以达到所需的传热面积。

四、超高温灭菌乳的生产

(一)工艺流程

原料乳验收→牛乳脱气、净化和标准化→均质→超高温灭菌→无菌灌装→灭菌乳。

(二)灭菌生产操作

1.间接加热(管式热交换器)灭菌操作过程

原料乳首先经过验收、标准化、巴氏杀菌等过程。UHT 乳的加工工艺有时包括巴氏杀菌过程，因为巴氏杀菌可有效提高生产的灵活性，及时杀灭嗜冷菌，避免其繁殖代谢产生的酶类影响产品的保质期。巴氏杀菌后的乳(温度一般为 4℃左右)由平衡槽经离心泵进入管式热交换机的预热段,此处牛乳被热水加热至75℃后进入均质机。通常采用二级均质,第一级使用高压,第二级使用低压,均质后的牛乳进入加热段,在此处牛乳被加热至灭菌温度(通常为137℃),在保温管中保持4 s,然后进入热回收冷却段,牛乳被盐水冷却至灌装温度。冷却后的牛乳直接进入灌装机或先进入无菌储存罐后再进入灌装机。若牛乳的灭菌温度低于设定值,则牛乳就沿着启动冷却段返回平衡槽。典型UHT系统如图4-16所示。

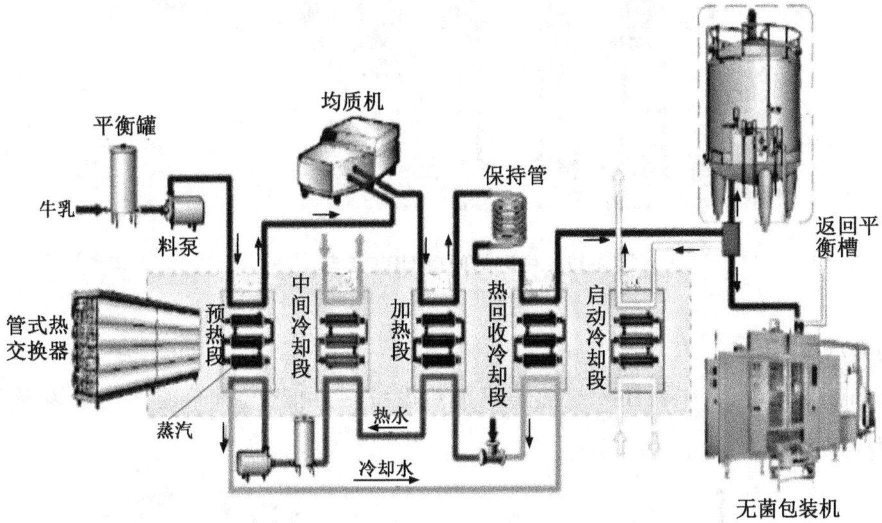

图4-16　典型UHT系统

加热循环热水的流程如下:首先热水经平衡槽、离心泵后进入预热段和热回收段,由蒸汽喷射阀注入蒸汽,调节至灭菌所需要的加热介质温度后进入热回收冷却段,热水温度通常高于产品温度1～3℃,之后热水经中间冷却段冷却返回平衡槽。

牛乳的间接UHT工艺见图4-17。

在此过程中牛乳的温度变化如下:

原料乳经巴氏杀菌后4℃→预热至75℃→均质75℃→加热至137℃→保温137℃→盐水冷却至6℃→无菌储存罐6℃→无菌包装6℃。

可以看出,在此灭菌过程中,牛乳不与加热或冷却介质直接接触,可以保证产品不受外界污染;另外,热回收操作可节省大量能量。

2.直接加热灭菌操作过程

直接蒸汽加热式杀菌设备有两种(图4-18):喷射式加热器(蒸汽喷射到牛乳中)和注入式加热器(牛奶注入蒸汽中)。

直接蒸汽加热,乳同加热蒸汽直接接触,蒸汽被冷凝于乳中,使乳中干物质减少,进入真空室进行闪蒸时,乳中的水分有一部分被蒸发。

在工艺及设备设计时,控制冷凝水量与蒸发量相等,则乳中干物质含量可以保持不变。

喷射式加热器原理:将蒸汽喷射到牛乳中,使牛乳迅速升温到140℃,然后通过真空罐瞬

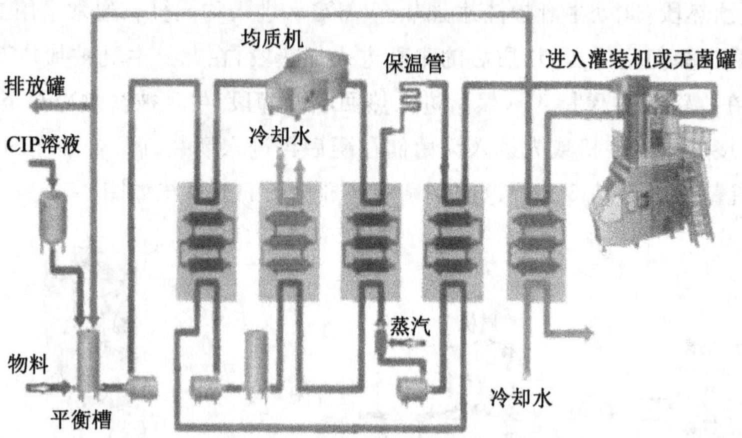

图 4-17 牛乳的间接 UHT 工艺

间冷却到约 80℃。

注入式加热器原理:将牛乳注入过热蒸汽加热设备中,由蒸汽瞬间加热到杀菌温度,真空罐瞬间冷却到约 80℃。

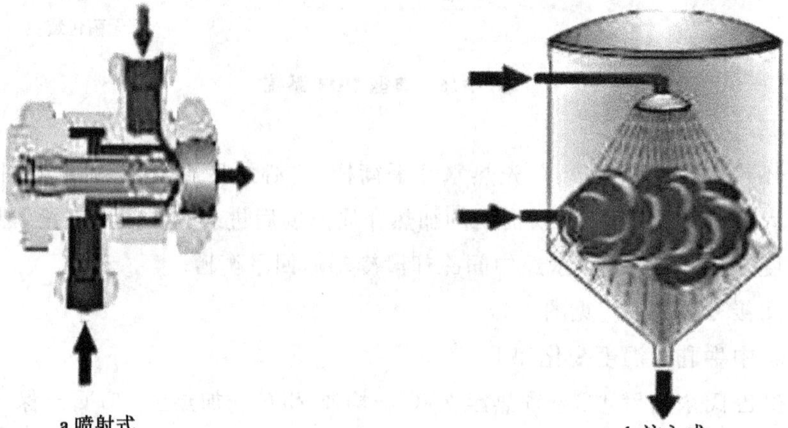

图 4-18 喷射式和注入式加热系统

真空瞬时加热杀菌装置的基本结构和功能如图 4-19 所示。该装置是采用直接加热方式杀菌,蒸汽和食品物料直接混合。工作时,原乳或乳制品从贮槽抽到有一定液位高度的平衡槽 1,再由离心泵 2 输送到两台片式预热器 3 和 5,预热到 75℃左右。在预热器 3 中,牛乳被来自真空罐 10 或 13 的过热蒸汽加热,在预热器 5 中,则被内生蒸汽加热。然后,用高压离心泵 6 继续把牛乳抽送到喷射器 7 中,在不到 1 s 的时间内牛乳即由喷入的蒸汽加热到 140℃,其中一部分蒸汽冷凝,它的潜热传递给牛乳,几乎在瞬间就把牛乳加热到杀菌温度。牛乳通过保温管 8 约 4 s 后,经转向阀 9 进入保持着一定真空度的真空罐 10。在此罐内,牛乳的压力突然降低，体积迅速增大，结果温度瞬间下降到大约77℃。同时相当于喷射器7中的水蒸气也被蒸发放出。该蒸汽先在预热器3中经冷牛乳冷却成冷凝成水而排出；接着经过高温处理的灭菌牛乳用无菌泵11从真空罐10中抽出，进入无菌均质机。均质机中的压力一般约为20 MPa。最后，牛乳在冷却器12中冷却到20℃，必要时可冷却到比20℃更低的温度。至此，处理过程结束，灭菌牛乳可以进行无菌包装，也可以储存在无菌贮槽中。

若由于某种原因，牛乳在转向阀9处没有达到140℃这一杀菌温度。则自动转向进入另一真空罐13，先在真空情况下冷却，而后在冷凝器15中进一步冷却。这些杀菌不充分的冷牛乳，最后返回到平衡槽1重新进行处理。上述自动转向装置，保证杀菌有足够的可靠性。

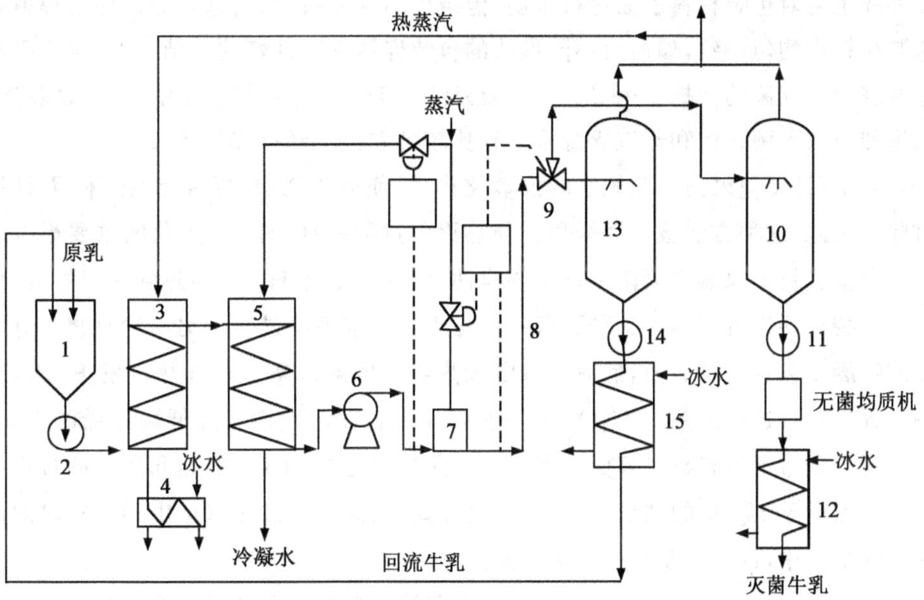

图 4-19　真空瞬时加热杀菌装置的基本结构和功能

1.平衡槽　2.离心泵　3、5.预热器　4、15.冷凝器　6.高压离心泵　7.喷射器
8.保温管　9.转向阀　10、13.真空罐　11、14.无菌泵　12.冷却器

3.无菌包装

经过超高温灭菌及冷却后的灭菌乳，应立即进行无菌包装。

所谓的无菌包装是将杀菌后的牛乳，在无菌条件下装入事先杀过菌的容器内，该过程包括包装材料或包装容器的灭菌。由于产品要求在非冷藏条件下具有长货架期，所以包装也必须提供完全防光和隔氧的保护。这样长期保存鲜乳的包装需要有一个薄铝夹层，夹在聚乙烯塑料层之间。无菌包装的UHT灭菌乳在室温下可储藏6个月以上。

为了平衡灭菌机与包装机生产能力的差异，并保证在灭菌机或包装机中间停车时不致产生相互影响，需要在灭菌机和包装机之间装一个无菌贮罐，起缓冲调节作用。

用于灭菌乳包装的材料较多，在加工中常用的有复合硬质塑料包装纸、复合薄膜和聚乙烯(PE)吹塑瓶。

(1)容器灭菌方法　容器灭菌的方法也有很多种，包括物理法(紫外线辐射、饱和蒸汽)和化学试剂法[双氧水(H_2O_2)]。

①紫外线辐射灭菌。紫外线具有很强的杀菌力。杀菌原理是细菌细胞中的DNA直接吸收紫外线而被杀死。因此，紫外线杀菌灯在乳品工厂被广泛采用。主要用于空气杀菌。其缺点为只对照射的表面有杀菌效果。

紫外线对牛乳的透过力低，照射后与可见光线接触时部分菌体细胞有复活现象，所以，紫外线对牛乳的灭菌一直没有成功。

紫外线也可对包装材料表面进行杀菌，但结果不令人满意，问题是如何保证辐射强度在整个包装材料中均匀一致，如何对不同形状的包装容器进行良好的灭菌，如何排除灭菌过程中灰尘及脏物对细菌的保护作用等。若将紫外线与 H_2O_2 结合起来使用，灭菌效果会更好。

②饱和蒸汽灭菌。饱和蒸汽灭菌是一种比较可靠、安全的灭菌方法。

③双氧水(H_2O_2)灭菌。双氧水的强氧化作用，使微生物(包括芽孢)破坏，而且处理后容易排除。因此，这种方法被广泛采用。与热灭菌过程一样，H_2O_2 灭菌的主要影响因素也是时间和温度。目前双氧水灭菌系统主要有两种：一种是将 H_2O_2 加热到一定温度，然后对包装盒或包装材料进行灭菌。这种灭菌一般在 H_2O_2 水槽中进行。另一种是将 H_2O_2 均匀地涂布或喷洒于包装材料表面，然后通过电加热器或辐射或热空气加热蒸发 H_2O_2，从而完成灭菌过程。用于这种灭菌的 H_2O_2 中一般要加入表面活性剂以降低聚乙烯的表面张力，使 H_2O_2 均匀分布于包装材料表面。真正的灭菌过程是在 H_2O_2 加热和蒸发的过程中进行的。水的沸点低于 H_2O_2 的沸点，因此灭菌是在高温、高含量的 H_2O_2 中和很短时间内完成的。在实际生产中，H_2O_2 的含量一般为30%～35%。

二维码 4-5　无菌灌装过程动画

无菌灌装必须符合以下要求：

a. 包装容器和封合方法必须适合无菌灌装，并且封合后的容器在储存和分销期间必须能阻挡微生物透过，同时包装容器应能阻止产品发生化学变化；

b. 容器和产品接触的表面在灌装前必须经过灭菌，灭菌效果与灭菌前容器表面的污染程度有关；

c. 在灌装过程中，产品不能受到来自任何设备表面或周围环境等的污染；

d. 若采用盖子封合，封合前必须及时灭菌；

e. 封合必须在无菌区域内进行，以防止微生物污染。

(2)灭菌仓的无菌保证　无菌包装条件之一是封合必须在无菌区域内进行，以防止微生物污染。

在生产过程中必须保证无菌仓的正压，以防止外界有害微生物进入。

无菌仓的无菌保证：通过双氧水喷雾及保持；无菌空气将包装膜上的双氧水烘干及保持

正压;灌注管用双氧水浸泡;紫外线灯的辅助杀菌;良好的密封结构。

(3)包装膜的灭菌　是由双氧水浸泡箱,双氧水刮除装置,无菌热风烘干及排放系统,紫外线杀菌等相结合完成的。

双氧水浸泡箱内设有多排导膜辊,使包装膜的浸泡时间足够长。

双氧水刮除装置刮去包装膜两面附着的双氧水。

无菌热风烘干系统用风机吹出经加热和无菌过滤的热风将包装膜烘干,确保包装膜上双氧水的低残留量。

在温度约为 42℃、含量为 30%～35%的双氧水中持续浸泡后,经无菌空气烘干并辅以紫外线辐射,是对包装膜进行灭菌的较好方式。

(三)关键操作

1.设备灭菌

在投料前,先用水代替物料进入热交换器。设备灭菌流程与产品灭菌有所不同,水直接进入均质机、加热段、保温段、冷却段,在此过程中保持全程超高温状态,继续输送至包装机,从包装机返回,流回平衡槽。如此循环回水温度不低于 130℃,时间 30 min 左右。杀菌完毕后,放空灭菌水,进入物料,开启冷却阀,投入正常生产流程。如果在进行设备灭菌过程中,温度达不到灭菌条件,定时器回到零,待达到温度后,再重新开始计时 30 min,以保证投料前设备的无菌状态。

2.生产操作

在生产中,应首先设定准确的均质机流速,以保证所需的牛乳流量;其次,应注意稳定蒸汽压力使其不低于 0.6 MPa,正常的进汽量按加热灭菌乳温度自动控制;另外,注意控制冷却介质的进量,以确保热水箱内不致沸腾。在灭菌器连接至包装机的管道上装有无菌取样器,当一切生产条件正常时可定时取样检测乳中是否无菌。

3.灭菌监测

在生产中,由控制盘严密监测灭菌温度,当温度低于设定温度时,立即启动分流阀,将牛乳返回进料槽,将其放空并用水顶替,重新进行设备灭菌及重新安排生产操作。这样可保证送往包装机的牛乳为经冷却的无菌牛乳。

4.中间清洗及最后清洗

大规模连续生产中,一定时间后,传热面上可能产生薄层沉淀,影响传热的正常进行。这时,可在无菌条件下进行 30 min 的中间清洗,然后继续生产,中间不用停车,生产完毕后用清洗液进行循环流动清洗。中间清洗及最后清洗操作均由控制盘内的程序板控制,按照程序执行 CIP 操作。

5.停车

生产完毕及清洗完毕后即可停车,全部生产设备由控制盘统一停车,同时注意停供蒸汽、冷却水及压缩空气。

(四)关键控制

超高温灭菌为高度自动化操作,均质机配有专用控制柜,并与总控制柜连通,主要操作由控制柜指挥。

1.流程控制

生产中的开车、设备灭菌、牛乳灭菌、水灭菌、中间清洗及最后清洗等都有不同的流程和程序,都由控制盘统一控制,操作人员只需操作控制按钮。

2.流量控制

设备的生产能力由物料流量决定,物料流速由均质机的转速控制。

3.灭菌温度控制

牛乳灭菌的最高温度要先行设定。在生产过程中,实际的灭菌温度会不断变化,会在控制盘上提示和记录,控制系统可根据记录数据发出指令,不断调整进汽阀的开启大小,以保持稳定的灭菌温度。

4.冷却温度控制

冷却温度是由冷却阀的调节来控制的。

(五)UHT系统的正常清洗程序

UHT系统的清洗程序与产品的类型、加工系统的工艺参数、原材料的质量、设备的类型等有很大的关系。

1.清洗定义及作用机理

(1)清洗定义　清洗是通过物理和化学的作用去除被清洗表面上可见和不可见的杂质的过程。清洗所要达到的清洗标准是指被清洗表面所要达到的清洁程度。

CIP(原位清洗)是指设备(罐体、管道、泵等)及整个生产线在无须人工拆开或打开的前提下,在闭合的回路中进行清洗;清洗过程是在达到一定的湍动性和流速的条件下,通过清洗液对设备表面喷淋或在管路中循环进行的。

(2)作用机理

①清洗作用:主要包括溶解作用、热的作用、机械作用、界面活性作用、化学作用。

②水和酸、碱清洗剂的主要作用如下。

水的作用:水是极性化合物,对碳水化合物、蛋白质及一些盐类物质有较强的溶解作用。

NaOH(苛性钠)类碱性清洗剂的作用:分解蛋白、脂肪类结垢。在高温时可将脂肪皂化(将脂肪转化为能溶于水的形式)。

HNO_3(硝酸)类酸性清洗剂的作用:具有较强的渗透能力,溶解无机盐类的结垢,使沉积物不残留在清洗过的表面上。

2.板式UHT系统

板式UHT系统可采取以下的清洗程序:

①用清水冲洗15 min。

②用生产温度下的热碱性洗涤剂(如137℃,含量为2.0%～2.5%的氢氧化钠溶液)循环10～15 min。

③用清水冲洗至中性,即pH 7。

④用80℃的酸性洗涤剂(如含量为1%～1.5%的硝酸溶液)循环10～15 min。

⑤用清水冲洗至中性。

⑥用85℃的碱性洗涤剂(如含量为2.0%～2.5%的氢氧化钠溶液)循环10～15 min。

⑦用清水冲洗至中性,即pH 7。

3.管式UHT系统

管式UHT系统可采用以下的清洗程序:

①用清水冲洗10 min。

②用生产温度下的热碱性洗涤剂(如137℃,含量为2%～2.5%的氢氧化钠溶液)循环45～55 min。

③用清水冲洗至中性,即pH 7。

④用105℃的酸性洗涤剂(如含量1%～1.5%的硝酸溶液)循环30～35 min。

⑤用清水冲洗至中性。

4.UHT系统的中间清洗

在UHT生产过程中除了以上的正常清洗程序外,还经常使用中间清洗(简称AIC)。AIC是指在生产过程中没有失去无菌状态的情况下,对热交换器进行清洗,而后续的灌装可在无菌罐供乳的情况下正常进行的过程。采用这种清洗方式是为了去除加热面上沉积的脂肪、蛋白质等垢层,以降低系统内压力,有效延长运转时间。AIC程序如下:

①用水顶出管道中的产品。

②用碱性清洗液(如2%的氢氧化钠溶液)按"正常清洗"状态在管道内循环,但循环时要保持正常的加工流速和温度,以便维持热交换器及其管道内的无菌状态。循环时间一般为10 min,但标准是热交换器中的压力下降到设备典型的清洁状况,即水循环时的正常压降水平。

③当压降降到正常水平时,即认为热交换器已清洗干净,此时用清洁的水替代清洗液,随后转回产品的正常生产。当加工系统重新建立后,调整至正常的加工温度,热交换器可接回加工的顺流工序而继续正常生产。

(六)灭菌乳产品国家标准

根据 GB 25190—2010《食品安全国家标准　灭菌乳》要求，灭菌乳感官指标、理化指标与巴氏杀菌相同，但灭菌乳的微生物指标要求较巴氏杀菌乳严格。灭菌乳应符合商业无菌的要求，按 GB 4789.26—2013《食品安全国家标准　食品微生物学检验　商业无菌检验》规定的方法检验。

(七)标识要求

巴氏杀菌乳可以标识“鲜牛(羊)奶”或“鲜牛(羊)乳”，而灭菌乳如果仅以生牛(羊)乳为原料生产，在产品包装主要页面上标“纯牛(羊)奶”或“纯牛(羊)乳”字样。如原料包含乳粉，则应在包装上标注“含××%复原乳”字样。

项目五
酸乳加工

知识目标

1. 掌握酸乳(酸奶)定义及分类。
2. 了解酸乳生产所需设备及其工作过程。
3. 掌握酸乳生产工艺流程和工艺操作技术。

技能目标

1. 根据酸乳生产工艺流程,学会各工艺操作要点与操作方法。
2. 根据生产技术规范和设备性能操作设备、控制生产过程。

德育目标

培养学生严谨的工作作风,激发学生的责任感、使命感,引导学生遵守食品生产法律法规和执行食品安全国家标准。

任务一 发酵剂的制备

【任务描述】

发酵剂的制备是乳品厂中最困难也是最主要的工艺之一。因为现代化乳品加工量很大,发酵剂制作的失败会导致重大的经济损失。在酸乳(和所有其他发酵乳制品)生产中,发酵剂的制备要求严格的准确性和卫生条件。

【参考标准】

GB 19302—2010《食品安全国家标准　发酵乳》

【工艺流程】

培养基的选择→发酵剂的活化→发酵剂的扩大培养→工作发酵剂。

【任务实施】

1. 培养基的选择。

(1)母发酵剂、中间发酵剂的培养基制备　母发酵剂、中间发酵剂的培养基一般用高质量无抗生素残留的脱脂乳粉(因游离脂肪酸的存在可抑制发酵剂菌种的增殖)制备,培养基干物质含量为10%～12%。一般用带无菌棉塞或耐热硅胶塞的试管或三角瓶作为盛装培养基的容器,采用蒸汽高压灭菌(121℃,10～15 min)。用于母发酵剂的培养基在使用之前应在30℃下培养2 d,以检查其灭菌程度。

(2)工作发酵剂的培养基制备　工作发酵剂培养基一般用无抗生素优质原料乳(或脱脂乳粉)来制备,灭菌温度和时间是在90℃保持30 min。

2. 发酵剂的活化和扩大培养。

(1)乳酸菌纯培养物　脱脂乳分装于灭菌试管灭菌(115℃,15 min),冷却(40℃),接种粉末状菌种,培养(42℃,3～6 h),凝固,冷却至4℃,冷藏备用。一般重复上述工艺4～5次。

(2)制备母发酵剂　脱脂乳分装于灭菌的三角瓶(300～400 mL),灭菌(115℃,15 min),冷却(40℃),接种(乳酸菌纯培养物,2%～3%),培养(37～45℃,3～6 h),凝固,冷却至4℃,冷藏备用。

(3)制备工作发酵剂　脱脂乳、新鲜全脂乳或复原脱脂乳(总固形物含量10%～12%)→90℃,30～60 min灭菌→冷却至42℃→接种(2%～3%母发酵剂)→培养(37～45℃,3～6 h)→凝固发酵至酸度>0.8%→冷却至4℃→生产发酵剂(1×10^8～1×10^9 CFU/mL)。

【任务评价】

评价单

学习领域	酸奶发酵剂的制备				
评价类别	项目	子项目	个人评价	组内互评	教师(师傅)评价
专业能力 80%	资讯(5%)	搜集信息(2%)			
		引导问题回答(3%)			
	计划(5%)	计划可执行度(3%)			
		计划执行参与程度(2%)			
	实施(40%)	操作熟练度(40%)			
	结果(20%)	结果质量(20%)			
	作业(10%)	完成质量(10%)			
社会能力 20%	团结协作(10%)	对小组的贡献(10%)			
	敬业精神(10%)	学习纪律性(10%)			

【师生共研】

酸奶生产技术的一个重大突破就是在于改变了传统液态发酵剂的生产模式，使用直投式酸奶发酵剂。直投式酸奶发酵剂的产品质量均一，可以预先测定其活性，接种量可精确控制，而且容易混合均匀，因此可以确保发酵剂和酸奶质量的稳定。

直投式酸奶发酵剂的生产过程主要包括以下几个步骤。

1.优良菌种的选育和保藏。生产优质的商品化发酵剂关键在于使用优良菌种。一些国家和地区成立了酸奶发酵剂生产与研究中心，对发酵剂菌种的功能要求基本形成标准。

乳酸菌的筛选方向主要有：

①筛选抗冷冻、抗干燥、抗剪切力等抗逆性强的菌株，因为冻干、深度冻藏、喷雾干燥是当前制备商品化发酵剂的主要方法；

②筛选乳糖和半乳糖利用率高的阳性菌株，以多产乳酸；

③筛选黏性菌种以高产胞外多糖等黏性物质，从而增加产品的黏度，提高产品的浓厚质地，并减少凝胶断裂及乳清析出等质量缺陷的发生；

④在酸奶发酵过程中，经常发生噬菌体的污染导致发酵迟缓甚至发酵失败，目前还缺乏有效的防治措施，因此每个酸奶厂都要求有相应的抗噬菌体菌株以备轮换；

⑤柠檬酸能够被分解成为二乙酰等酸奶特有的风味物质，柠檬酸利用菌能够增强酸奶的特有风味；

⑥当筛选双歧杆菌和嗜酸乳杆菌等益生菌时，菌株最好来自人体，而且能耐受人的胆汁酸盐和酸性环境，以增强其有效性。筛选得到的纯培养物置于超低温冰箱或液氮罐中长期保藏，以保持其活性和稳定性。

2.菌种的移植。在进行发酵剂的工厂化生产以前，先在实验室和菌种车间进行菌种的活化和移植，并进行种子液的扩大培养。

3.培养基的配制和灭菌。制备直投式酸奶发酵剂，首先要对乳酸菌进行高浓度培养。在选择好基础培养基(一般为脱脂奶粉培养基)后，要找到合适的增强因子对培养基进行强化，得到优化培养基，以使乳酸菌的繁殖量达到最大。

4.接种培养。乳酸菌的高浓度培养方法有以下几种：

(1)恒定pH培养法　乳酸菌在发酵过程中，代谢产生的乳酸、醋酸等物质对其生长具有抑制作用。发酵罐中培养液的pH维持在5.8～6.0，以解除乳酸等物质对菌体生长的抑制作用，延长培养时间，制备出含活菌数高的发酵液。

在培养过程中，使用化学中和法或缓冲盐法维持培养液pH的稳定。

(2)膜渗析法　利用膜的选择性将培养液与营养液进行成分交换，使培养液中的乳酸部分渗出，营养液中的成分渗入培养液中，以维持乳酸菌正常的生长繁殖。

5.细胞浓缩。对数期后期至稳定期前期是乳酸菌细胞收获的最佳时期，因为此时收获的菌体细胞的存活率和抗冻、抗干燥能力最强。这时就可以将乳酸菌培养液进行离心分离，收集菌体细胞，使菌液浓度得到浓缩。也可以选择膜分离。浓缩倍数在20～50倍及以上，操作过程应尽量柔和，尽量降低剪切力和空气的影响。

6.冷冻干燥。将乳酸菌冷冻后，在减压环境下利用升华现象除去水分。当菌体中的大部分水分被去除后，细胞的生理活动就会停止，从而达到长期保藏的目的。在冷冻过程中产生的冰晶体会损坏细胞膜，导致细胞大量死亡，所以在冷冻干燥前需加抗冷冻保护剂，以减小细胞的损害程度。

7.包装。一般采用袋装，无菌包装，便于储存、运输。

【知识链接】

一、发酵剂的概念及种类

(一)概念

发酵剂是指生产酸乳制品及乳酸菌制剂时所使用的特定微生物培养物。它的质量的优劣与发酵乳产品质量的高低密切相关。

(二)种类

通常用于乳酸菌发酵的发酵剂可按下列方式进行分类。

1.按制备过程分类

(1)商品发酵剂　商品发酵剂即一级菌种，是乳酸菌纯培养物，实际上指从专业发酵剂公司或有关研究所购买的原始菌种。它一般多接种在脱脂乳、乳清、肉汁或其他培养基中，或者是用冷冻升华法制成的一种冻干菌苗。

(2)母发酵剂　即一级菌种扩大再培养制得的发酵剂，它是生产发酵剂的基础，即在酸乳生产厂用商品发酵剂制得的发酵剂。

(3)生产发酵剂　即母发酵剂扩大培养制得的发酵剂，也称工作发酵剂，是用于发酵乳实际生产的发酵剂。

2.按发酵剂组成分类

(1)混合发酵剂　含有两种或两种以上菌种的发酵剂，如保加利亚乳杆菌和嗜热链球菌按1∶1或1∶2比例混合的酸乳发酵剂。日本有名的发酵乳“Yakult”生产所用发酵剂就是由嗜酸乳杆菌、干酪乳杆菌和双歧杆菌组合而成的。

(2)单一发酵剂　只含有一种菌种的发酵剂。生产时可以将各菌株混合使用。

3.按发酵剂产品形式分类

发酵剂在生产、分发时，有液态、粉状(或颗粒状)及冷冻状3种形式。

(1)液态发酵剂　液态发酵剂中的母发酵剂、中间发酵剂一般由乳品厂化验室制备，而生产用的工作发酵剂由专门的发酵剂室或酸乳车间生产。所用培养基为脱脂乳粉，干物质含量一般控制稍高，必要时也可添加生长促进因子，工作发酵剂的培养基也可使用原料乳。液态发酵剂价格较低，但菌种活力经常发生变化，存放过程易染菌，保藏时间也短，长距离运输菌种活力降低很快。

(2)粉状(或颗粒状)发酵剂 该发酵剂又称冷冻干燥发酵剂,是通过培养达到最大乳酸菌数的液体态发酵剂经冷冻干燥制得的。因冷冻干燥在真空下进行,故能最大限度地减少高温对乳酸菌的破坏。

一般在使用前再将冷冻干燥发酵剂接种制成母发酵剂。但使用浓缩冷冻干燥发酵剂时,可将其直接制备成工作发酵剂,不需要经过中间扩培过程。与液态发酵相比,冷冻干燥发酵剂具有以下优点:保存了良好的质量;稳定性更好和乳酸菌活力更强;因接种次数少,降低了被污染的机会。

未一次用完的发酵剂,应在无菌条件下将开口密封好,以免污染,然后放入冷冻的冰柜中,并尽快用完。

(3)冷冻状发酵剂 冷冻状发酵剂是通过浓缩冷冻乳酸菌生长活力最高点时的液态发酵剂制成的,包装后放入液氮罐中储存。

超浓缩冷冻发酵剂也属于冷冻发酵剂,是在培养基中添加生长促进剂,由氨水来不断中和产生的乳酸,最后用离心机浓缩菌种制得。将浓缩剂单个滴在液氮罐中,由于冷冻作用其形成片状,然后存于−196℃的液氮中。

一般来讲,一次性发酵剂来源稳定,当其价格能接受时,可以选择一次性发酵剂;若发酵剂来源不稳定,考虑到价格因素,同时又不仅仅依赖于一次性发酵剂,可以不使用一次性发酵剂。

二、发酵剂菌种的选择

菌种选择对发酵剂的质量起着重要作用,在实际生产过中,应根据乳的品种、口味及消费者需求来选择合适的发酵剂。以产品的主要技术特性,如产香性、产酸力、产黏性及蛋白水解力作为发酵剂菌种选择的依据。

(一)发酵剂菌种

1.基本菌种

嗜热链球菌和保加利亚杆菌,以及乳酸链球菌等。

2.追加菌种

根据目的不同可以追加不同的其他乳酸菌。

①提高酸奶的保健作用,追加嗜酸乳杆菌和双歧杆菌等功能菌,增加这些菌在肠道的定殖能力。

②为了增加产品的营养价值,可以添加能合成维生素的特殊菌,特别是能合成B族维生素的乳酸菌,如能合成维生素 B_{12} 的谢氏丙酸杆菌,能合成维生素 B_{12} 和维生素 B_2 的明串珠菌,能合成烟酸、维生素C、维生素 B_{12} 的嗜酸乳杆菌等。

③为改善产品的风味,可添加双乙酰乳链球菌或明串珠菌,它们属于产香菌。

④为了改善产品硬度,可添加能产生黏性物质的乳酸链球菌变种。

⑤为增强对生长阻碍物质(特别是青霉素)的抗性,可添加乳酸片球菌。

(二)菌种选择

1.产酸能力

不同发酵剂的产酸能力有很大不同。在同样条件下测得的发酵酸度随时间的变化关系即为产酸曲线,从曲线上就可以判断出这几种发酵剂产酸的强弱。此外,还可通过测定酸度的方法来判断发酵剂菌种的产酸能力。酸度测定实际上也是常用的活力测定方法,活力是指在规定时间内,发酵过程的酸生成率。

产酸能力强的发酵剂在发酵过程中容易导致产酸过度和后酸化过强(在冷却、冷藏时继续产酸)。生产中一般选择产酸能力中等的发酵剂,即 2%接种量、42℃条件下、发酵 3 h 后,滴定酸度为 90～100°T。

后酸化是指当酸乳酸度达到一定值时,终止发酵,进入冷却和冷藏阶段后仍继续缓慢产酸的过程。后酸化过程包括三个阶段:

①冷却过程产酸,即从发酵终点(42℃)冷却到 19℃或 20℃时酸度增加的过程。产酸能力强的菌种,此过程产酸大,尤其在冷却比较缓慢时。

②冷却后期产酸,即从 19℃或 20℃冷却至 10℃或 12℃时酸度的增加。

③冷藏阶段产酸,即在 0～6℃冷库中酸度增加的过程。

应选择后酸化尽可能弱的发酵剂,以便于控制产品质量。后酸化的选择应符合以下要求:

①从发酵结束到冷却的产酸强度应选择产酸弱到产酸中等程度者;

②在冷藏过程中的产酸,应尽可能地选择弱产酸者;

③冷链中断时的产酸(10～15℃),应尽可能地选择弱产酸者。

目前,我国冷链系统尚不完善,从酸乳产品出厂到消费者饮用之前,冷链经常被打断,因此在酸乳生产中选择产酸较温和的发酵剂显得尤为重要。

2.滋味和芳香味的产生

优质酸乳必须具有良好的滋味和芳香味。与酸乳特征风味相关的芳香物质主要有乙醛、双乙酰、丙酮和挥发酸等,因此选择能产生良好滋味和芳香味的发酵剂很重要。评估方法有:

(1)感官评定　感官评定的评估方法首选三角实验,即进行感官评定时应考虑混合样品的温度、酸度和存放时间对品评的影响。品尝时样品温度应为常温,而低温对味觉会有阻碍作用;酸度不能过高,酸度过高会造成样品对口腔黏膜刺激过强;样品要新鲜,以生产后 24～48h 内的酸乳进行品评为佳,因该阶段是滋味和芳香味的形成阶段。

(2)测定挥发酸　通过测定挥发酸的含量来判断芳香物质的生成量。挥发酸含量越高,意味着生成芳香物质的量越大。

(3)测定乙醛　酸乳的典型风味是由乙醛(主要由保加利亚乳杆菌产生)形成的,不同菌株生成乙醛的能力不一样，因此乙醛的产生能力是选择优良菌株的重要指标之一。

3.黏性物质的产生

在酸乳发酵过程中产生的微量黏性物质，有助于改善酸乳的组织状态和黏稠度，这对固形物含量低的酸乳尤为重要。但在一般情况下产黏性菌株通常对酸乳的其他特性如酸度、风味等有不良影响，其发酵产品风味都稍差些。因此在选择这类菌株时，最好和其他菌株混合使用。在生产过程中，正常使用的发酵剂突然产黏，可能是发酵剂发生变异所致，应引起注意。

4.蛋白水解活性

嗜热链球菌的蛋白水解活性很弱，而保加利亚乳杆菌表现出一定的蛋白水解活性，能将蛋白质水解为游离的氨基酸和肽类。影响发酵剂蛋白质水解活性的主要因素有：

(1)温度　低温时(如 3℃冷藏时)发酵剂蛋白质水解弱，常温下发酵剂蛋白质水解强。

(2)pH　不同的蛋白质水解酶具有不同的最适 pH，pH 过高，容易积累蛋白质水解的中间产物，从而使酸乳出现苦味。

(3)菌种与菌株　嗜热链球菌和保加利亚乳杆菌的比例和数量会影响蛋白质水解的程度。不同菌株水解蛋白质的能力也有很大不同。保加利亚乳杆菌的某些菌株由于水解蛋白质能力强而会产生苦味。

(4)时间间隔　储藏时间的长短对蛋白质水解作用有一定影响。乳酸菌的蛋白质水解作用可能对发酵剂和酸乳产生一些影响，如刺激嗜热链球菌的生长，促进酸的形成，增加酸乳的可消化性，但也有使酸乳的黏度下降、出现苦味等不利影响。所以若酸乳保持期短，蛋白质水解问题可不予考虑；若酸乳保持期长，应选择蛋白水解活性弱的菌株。

三、酸乳发酵剂菌种的共生作用

在酸乳加工中常用的发酵剂是保加利亚乳杆菌与嗜热链球菌的混合菌种。这种混合菌种在 40～50℃乳中发酵 2～3 h 即可达到所需的凝乳状态与酸度，而任何一种单一菌株的发酵时间都在 10 h 以上，这是因为保加利亚乳杆菌与嗜热链球菌之间存在共生现象。

保加利亚乳杆菌在发酵的初期分解乳中酪蛋白而形成氨基酸(主要是缬氨酸)和多肽，促进了嗜热链球菌的生长，随着嗜热链球菌的增加，乳酸度也增加。随着乳酸度的增加，又抑制了嗜热链球菌的生长。在嗜热链球菌生长过程中，乳脲活动产生 CO_2，刺激保加利亚乳杆菌生长。伴随着 CO_2 的产生，脲释放出氨作为微弱的缓冲剂。嗜热链球菌产生的甲酸(一部分可能由牛乳的热处理产生)也促进了保加利亚乳杆菌的生长。

在发酵的初期，嗜热链球菌生长快，发酵 1 h 后与保加利亚乳杆菌的比例为(3～4)∶1。在随后的阶段，嗜热链球菌的生长由于乳酸的抑制作用缓慢下来，保加利亚乳杆菌的数量也逐渐与嗜热链球菌数量相近。表 5-1 为在酸乳发酵中两种乳酸菌的数量变化过程。

表 5-1 发酵酸度对酸乳中嗜热链球菌与保加利亚乳杆菌数量的影响

酸度/°T	嗜热链球菌数/($\times10^6$CFU/mL)	保加利亚乳杆菌数/($\times10^6$CFU/mL)	酸度/°T	嗜热链球菌数/($\times10^6$CFU/mL)	保加利亚乳杆菌数/($\times10^6$CFU/mL)
28	200	37	75	580	400
38	440	86	91	600	470
56	480	170	101	570	530
68	560	230	120	560	720

四、发酵剂的主要作用

①发酵乳糖产生乳酸。

②产生风味物质,如丁二酮、乙醛等,使酸乳具有典型风味。

③分解蛋白质和脂肪,使酸乳更容易被消化和吸收。

④酸化过程抑制致病菌生长。

五、发酵剂的制备

(一)培养基的选择

1.母发酵剂、中间发酵剂培养基的制备

母发酵剂、中间发酵剂的培养基一般用高质量无抗生素残留的脱脂乳粉(因游离脂肪酸的存在可抑制发酵剂菌种的增殖)制备,培养基干物质含量为10%~12%。一般用带无菌棉塞或耐热硅胶塞的试管或三角瓶作为盛装培养基的容器,用蒸汽高压灭菌(121℃,10~15 min)。用于母发酵剂的培养基在使用之前应在30℃下培养2 d,以检查其灭菌程度。

2.工作发酵剂培养基的制备

工作发酵剂培养基一般用无抗生素优质原料乳(或脱脂乳粉)来制备,灭菌温度和时间是在90℃保持30 min。

(二)发酵剂的活化和扩大培养

1.乳酸菌纯培养物的活化

商品发酵剂(乳酸菌纯培养物)由于保存温度与保存时间的影响,在刚使用时应反复活化几次才能恢复其活力。活化过程必须照无菌操作程序进行。所用吸管应在160℃烘箱中至少灭菌2 h。

活化工艺流程:复原脱脂乳→灭菌(121℃,10~15 min)→冷却到43℃→接种→42℃培养至凝乳状→冷却至4℃→冰箱保存。

2.母发酵剂的制备

母发酵剂的制备须在严格的卫生条件下,制作间最好有经过过滤(除尘、除菌等)的正压空气,操作前要用400～800 mg/L 的次氯酸钠溶液喷雾杀菌,每次接种时容器口端最好用200 mg/L 次氯酸钠溶液浸湿的干净纱布擦拭杀菌,防止杂菌(特别是噬菌体)的污染。

将充分活化的菌种接种于盛有灭菌脱脂乳的三角瓶中,混匀后,放入恒温箱中进行培养。凝固后再移入灭菌脱脂乳中,如此反复2～3次,使乳酸菌保持稳定活力,然后再制备生产发酵剂。

纯菌种活化或母发酵剂制备工艺流程如下:

复原脱脂乳(总固形物10%～12%)→灭菌(115℃,15 min)→冷却至43℃→接种(接种量1%～3%)→培养至凝乳(42℃)→冷却至4℃→冰箱保存。

母发酵剂一次制备后可于0～6℃冰箱中保存。对于混合菌种,每周活化一次即可。母发酵剂在活化过程中可能会带来杂菌或噬菌体的污染,应定期更换,一般最长不超过1个月。

3.工作发酵剂的制备

工作发酵剂室最好与加工车间隔离,要有良好的卫生条件,最好有换气设备。为防止来自环境中的微生物污染,每天用200 mg/L 的次氯酸钠溶液喷雾,工作人员在操作前也要用100～150 mg/L 的次氯酸钠溶液洗手杀菌。

制备工作发酵剂最常用的培养基是脱脂乳,但也可用特级脱脂乳粉按12%的干物质制成的再制脱脂乳替代。

工作发酵剂制备可在小型发酵罐中进行,整个过程可全部自动化,采用CIP清洗。其工艺流程如下:

原料乳→加热至90℃,保持30～60 min→冷却至42℃(或菌种要求的温度)→接种母发酵剂→发酵到酸度>0.8%→冷却至4℃→工作发酵剂(1×10^8～1×10^9 CFU/mL)。

工作发酵剂的制备工艺与母发酵剂的制备工艺基本相同。它包括以下步骤:

(1)培养基的热处理　即把培养基加热到90～95℃,并在此温度下保持30～45 min。热处理能改善培养基的一些特性:破坏噬菌体;消除抑菌物质;蛋白质发生一些分解;排除溶解氧;杀死原有的微生物。

(2)冷却至接种温度　加热后,培养基冷却至接种温度。接种温度根据使用的发酵剂类型而定。常见的接种温度范围:嗜温型发酵剂为20～30℃;嗜热型发酵剂为42～45℃。

(3)加入发酵剂　要求接种时确保发酵剂的质量稳定,接种量、培养温度和培养时间在所有阶段都必须保持不变。

(4)培养　培养时间一般为3～20 h,最重要的一点是温度必须严格控制,不允许污染源与发酵剂接触。

在酸乳生产中,以2.5%～3%的接种量和2～3 h的培养时间,要达到球菌和杆菌1∶1

的比率,最适接种和培养温度为43℃。在培养期间,制备发酵剂的人员要定时检查酸度发展情况,并随程序要求检查以获得最佳效果。

(5)冷却　当发酵达到预定的酸度时开始冷却,以阻止细菌的生长,保证发酵剂具有较高活力。当发酵剂要在6 h之内使用时,经常把它冷却至10～20℃。如果储存时间超过6 h,建议把它冷却至4℃左右。

(6)储存　储存发酵剂的最好办法是冷冻,温度越低,保存时间越长。用液氮冷却到－160℃来保存发酵剂,效果很好。目前的发酵剂包括浓缩发酵剂、深冻发酵剂、冷冻干燥发酵剂,在推荐的冷冻条件下能保存相当长的时间。

母发酵剂、中间发酵剂和工作发酵剂的制备工艺流程和商品发酵剂活化流程相似,只是培养基、杀菌条件和容器设备不同。

发酵剂用乳酸菌的形态、特性及培养条件等见表5-2。

表5-2　常用乳酸菌的形态、特性及培养条件

细菌名称	细菌形状	菌落形状	最适温度/℃	最适温度下凝乳时间/h	极限酸度/°T	凝块性质	滋味	组织状态	适用的乳制品
乳酸链球菌	双球菌	光滑、微白、有光泽	30～35	12	120	均匀、稠密	微酸	针刺状	酸乳、酸稀奶油、牛乳酒、酸性奶油、干酪
乳油链球菌	链状	光滑、微白、有光泽	30	12～24	110～115	均匀、稠密	微酸	酸稀奶油状	酸乳、酸稀奶油、牛乳酒、酸性奶油、干酪
产芳香物质细菌、柠檬明串珠菌、戊糖明串珠菌、丁二酮乳酸链球菌	单球状、双球状、长短不一的细长链状	光滑、微白、有光泽	30	不凝结48～72、18～48	70～80、100～105	—	—	—	酸乳、酸稀奶油、牛乳酒、酸性奶油、干酪
嗜热链球菌	链状	光滑、微白、有光泽	37～42	12～24	110～115	均匀	微酸	酸稀奶油状	酸乳、干酪
嗜热性乳酸杆菌、保加利亚乳杆菌、干酪杆菌、嗜酸杆菌	长杆状、有时呈颗粒状	无色的小菌落如絮状	42～45	12	300～400	均匀稠密	酸	针刺状	酸牛乳、马乳酒、干酪、乳酸菌制剂
双歧杆菌、两歧双歧杆菌、长双歧杆菌、婴儿双歧杆菌、短双歧杆菌	多形性杆菌,呈Y、V形弯曲状、勺状、棒状等	中心部稍突起,表面灰褐色或乳白色,稍粗糙	37	17～24	—	均匀	微酸,有醋酸味	酸稀奶油状	酸乳、乳酸菌制剂

(三)发酵剂活力的影响因素及质量控制

1.影响发酵剂菌种活力的主要因素

(1)天然抑制物 牛乳中存在不同的抑菌因子,主要功能是增强牛犊的抗感染力与防病的能力。这些物质包括乳抑菌素、凝聚素、溶菌酶和 LPS(脂多糖)系统。但乳中存在的抑菌物质一般对热不稳定,加热后即被破坏。

(2)抗生素残留 患乳腺炎等疾病的奶牛常用青霉素、链霉素等抗生素药物治疗,在一定时间内(一般 3～5 d,个别在 1 周以上),乳中会残留一定量的抗生素。用于加工酸乳的所有乳品原料中都不允许有抗生素残留。

乳品工厂一般用做小样的方法,通过发酵来判断原料乳中是否有抗生素残留,但费时较长,约 2 h。目前有用抗生素检测试剂盒检测的,用时较短,但价格较高。

(3)噬菌体 噬菌体的存在对发酵乳的加工是致命的。为此,在发酵剂制备过程中应严格遵守以下规程:

①在发酵剂继代过程中必须无菌操作。

②工作发酵剂培养基热处理时应确保灭活噬菌体,发酵剂罐被充满到最大容量是很重要的,否则应延长热处理时间以及杀灭罐内空间可能存在的噬菌体。

③每天最好循环使用与噬菌体无关联或抗噬菌体的菌株。

④发酵剂室和加工区域空气的有效过滤有助于控制噬菌体的存在,发酵剂室良好的卫生能减少微生物的污染,车间合理的设计也能限制空气污染。

⑤设备必须经充分杀菌,如加热或用化学杀菌液处理。

⑥发酵剂室应远离加工区域,以降低空气污染的可能性。

⑦除专门人员外,一般厂内员工不得进入发酵剂加工间。

⑧发酵剂准备间用 400～800 mg/L 的次氯酸钠溶液喷雾或紫外线灯照射杀菌,控制空气中的噬菌体数。

⑨使用混合菌株的发酵剂。

(4)清洗剂和杀菌剂的残留 清洗剂和杀菌剂是乳品厂用来清洗和杀菌的化学物品。这些化合物(碱洗剂、碘灭菌剂、季铵类化合物、两性电解质等)的残留会影响发酵剂菌种的活力。清洗剂和杀菌剂在发酵剂加工中的污染来自人为工作的失误或 CIP 系统循环的失控。因此,清洗程序的设定应保证除去发酵剂罐内可能残留的化合物。

2.发酵剂的质量控制

发酵剂在发酵乳加工中的作用取决于发酵剂的纯度和活力,其质量控制有如下方法。

(1)感官检查 对于液态发酵剂,首先检查其组织状态、色泽及有无乳清分离等,其次检查凝乳的硬度,然后品尝酸味与风味,检查其有无苦味和异味等。

(2)理化、微生物学检查

①检查菌的形态与菌种比例。

使用革兰染色或纽曼(Newman's)染色方法染色发酵剂涂片，并用高倍光学显微镜观察乳酸菌形态正常与否以及杆菌与球菌的比例等。

②检查污染程度，主要包括以下几方面。

催化酶试验：乳酸菌催化酶试验应呈阴性，阳性反应是污染所致；

阳性大肠菌群试验：检测被粪便污染的情况；

乳酸菌发酵剂检测：不许出现酵母菌或霉菌；

检测噬菌体的污染情况。

(3)活力检查　使用前在化验室对发酵剂的活力进行检查，从发酵剂的形成状况或色素还原来进行判断。好的酸乳发酵剂活力一般在0.8%以上。

常用的测定活力的方法有以下几种。

①酸度测定。在10 mL灭菌脱脂乳或复原脱脂乳(固形物含量11.0%)中接入3%的待测发酵剂，在37.8℃的恒温箱下培养3.5 h，然后迅速从培养箱中取出试管加入20 mL蒸馏水及2滴1%酚酞指示剂，用0.1 mol/L NaOH标准溶液滴定，按下式进行计算：

$$X=\frac{c\times V\times 100}{m\times 0.1\times 0.009}$$

式中：X——试样乳酸度，%；

c——氢氧化钠标准溶液的浓度，0.1 mol/L；

V——滴定时所用氢氧化钠溶液的体积，mL；

m——称取样品的质量，g；

0.1——酸度理论定义氢氧化钠的浓度，mol/L。

如果滴定乳酸度达0.8%以上，则可以认为发酵剂活力良好。

②刃天青还原试验。在9 mL脱脂乳中加入1 mL发酵剂和1 mL 0.005%刃天青溶液，在36.7℃的恒温箱中培养35 min以上，如完全褪色则表示活力良好。

③定期进行发酵剂设备和容器涂抹检验。定期进行发酵剂加工设备和容器涂抹检验来判定清洗效果和车间的卫生状况。

(四)发酵剂的保存

目前，市场已出现新一代浓缩、深冻和冻干发酵剂，很多大型乳品厂使用冻干或深冻的直投式发酵剂(directed vat set，DVS)。但是发酵剂的卫生要求不能降低。拿到供应商提供的发酵剂后应仔细阅读产品介绍，注意保存和使用条件，以便获得最佳效果(表5-3)。

一般深冻发酵剂比冻干发酵剂需要更低的储存温度。而且要求用装有干冰的绝热塑料盒包装运输，时间不能超过12 h；而冻干发酵剂在20℃温度下运输10 d也不会缩短原有的货架期，货到达购买者手中后，按建议的温度储存即可。

表 5-3　一些浓缩发酵剂的储存条件和货架期

发酵剂类型	储存条件	货架期/月	作用
冻干超浓缩发酵剂	低于－18℃冷冻室	≥12	直接用于生产
深冻发酵剂	低于－45℃冷冻室	≥12	直接用于生产
冻干超浓缩发酵剂	低于－18℃冷冻室	≥12	为制备生产发酵剂
深冻浓缩发酵剂	低于－45℃冷冻室	≥12	为制备生产发酵剂
冻干粉末发酵剂	低于＋5℃冷藏室	≥12	为制备母发酵剂

对发酵剂菌种进行保存是非常重要的，可以保持微生物菌种在保存过程中的活性，使之稳定地用于工作发酵剂的加工；在发生工作发酵剂失活的情况下，一些保存的菌种也可用于发酵罐内接种。连续继代培养可引起突变体，而突变体可能改变菌种的整体性质和一般特性。在使用混合菌种的情况下，连续的继代培养会改变嗜热链球菌和德氏乳杆菌、保加利亚乳杆菌亚种间的平衡或比例，而这种变化还会引起该混合发酵剂中的嗜酸乳杆菌和双歧杆菌的菌数发生变化，因而发酵剂的保存至关重要。

菌种保存方法很多，其原理多为挑选典型菌种的优良纯种，创造适合其长期休眠的环境，如干燥、低温、缺氧、避光、缺乏营养以及添加保护剂或酸度中和剂。良好的菌种保存方法的前提是必须能够保证原菌种具有优良的性状，此外还需考虑方法的通用性和操作的简便性。

通常，酸乳发酵剂可用以下方法进行保存。

1.液态发酵剂

发酵剂菌种可用几种不同的生长培养基以液体形式保存（培养基一般为活化培养基或发酵加工所用的培养基）。

液态发酵剂的优点：使用前可评估和检查；依据实验和已知的方法能指导酸乳加工；价格便宜。

液态发酵剂的缺点：每批与每批之间质量不够稳定；在加工厂需要再扩大培养，费原料，费时，费工；保存期短；乳酸菌含量较低；接种量较大。

2.干燥发酵剂

干燥发酵剂是由通过冷冻干燥培养到最大乳酸菌数的液体发酵剂制得的。冷冻干燥能最大限度地减少对乳酸菌的破坏。

干燥法保存酸乳发酵剂菌种主要有以下方法：①真空干燥；②喷雾干燥；③冷冻干燥或升华干燥（广泛用于实验室）；④浓缩发酵剂的冷冻干燥（广泛用于商品加工）。

3.冷冻发酵剂

这是一种深度冷冻干燥的发酵剂，能通过以下两个方案加工：

①－20℃冷冻（不发生浓缩）和经－80～－40℃深度冷冻（会发生浓缩）；

②－196℃超低温液氮冷冻(会发生浓缩)，－196℃是液态氮中最低冻结点。

冷冻干燥发酵剂一般在使用前再接种制成母发酵剂。但使用浓缩冷冻干燥发酵剂时，可将其直接制备成工作发酵剂，无须中间的扩培过程。冷冻干燥发酵剂与液态发酵剂相比，其优点为：良好的保存质量；更强的稳定性和乳酸菌活力；由于接种次数减少，降低了被污染的机会，保存时间有所增加，产品品质均一。

冷冻干燥法是一种适用范围很广的菌种保存方法，发酵剂利用冷冻干燥技术不仅为了保存菌种，更主要的是为了加工大量直投式或间接加工所需的发酵剂，以满足乳品工业加工需求。目前，冷冻干燥发酵剂已广泛应用于酸乳的加工。冷冻干燥发酵剂具有以下优点：

①冷冻干燥发酵剂经低温处理，保存时间长；

②冷冻干燥发酵剂一般为小型铝箔包装，适合长途运输和储存，使用方便，灵活性大；

③冷冻干燥发酵剂可不经过活化培养，直接投入加工，减少污染，对噬菌体有较好的控制能力，并且可节约劳动力和加工成本；

④冷冻干燥发酵剂性质均一，产量和品质稳定；

⑤日产量高；

⑥菌种保存过程中不易发生变异。

任务二 酸乳的加工

【任务描述】

酸乳(奶)营养价值很高，适用于乳糖不耐症人群，可制成各种口味满足各类人群所需，同时也是市场占有率高的乳品，通过原料选择、处理、灌装、培养、冷藏等工艺制得。

【参考标准】

GB 19302—2010《食品安全国家标准　发酵乳》

二维码 5-1　凝固型酸奶加工流程

【工艺流程】

凝固型酸乳的工艺流程：配方选择→用具准备→原料乳验收→过滤→加蔗糖→加稳定剂(可不加)→杀菌→冷却→添加发酵剂→装瓶→发酵→冷藏。

【任务实施】

1.材料用具。牛奶、发酵剂(乳酸菌粉)、糖、杀菌锅、盆、酸奶瓶、温度计、玻璃棒、不锈钢勺、电子秤、加热器(电磁炉或电炉子)、酸奶机。

2.配方。鲜奶 10 kg、蔗糖 1 kg、乳酸菌发酵剂 10 g。

3.操作方法。

(1)原料奶验收与处理 生产酸奶所需要的原料奶要求酸度在 18°T 以下,脂肪含量大于 3.0%,非脂乳固体含量大于 8.5%,并且奶中不得含有抗生素和防腐剂。

(2)过滤 鲜奶用 4 层纱布过滤,然后脱脂或不脱脂,加热至 60℃(若用乳粉,先用水溶解成复原乳,比例 1∶7,再与 60℃鲜奶混合)。

(3)加蔗糖 蔗糖添加剂量一般为 6%~8%,最多不能超过 10%。具体办法是在少量的原料奶中加入糖加热溶解,过滤后倒入原料奶中混匀即可。

(4)加入稳定剂(可不加) $CaCl_2$ 0.04%(质量分数),淀粉 0.5%(质量分数)。淀粉事先用少量凉水浸湿后加入奶中,同时搅拌几分钟。

(5)杀菌,冷却 将加糖后的奶盛在铝锅中,然后置 90~95℃的水浴中。当奶温上升到 90℃时,开始计时,保持 10 min 之后立即冷却到 40~45℃。

(6)添加发酵剂 当温度降至 37~45℃时加入发酵剂。发酵剂加入之前,用少量杀菌乳搅拌混匀。按要求比例徐徐加入杀菌冷却后的奶中,搅拌均匀。加入时要不断搅拌,搅拌菌种要无菌操作。

(7)装瓶 将酸奶瓶用水煮沸消毒 20 min,然后将添加发酵剂的奶分装于酸奶瓶中,每次不能超过容器的 4/5。装好后用蜡纸封口,再用橡皮筋扎紧即可进行发酵。

(8)发酵 将装瓶的奶置于恒温箱中,在 40~45℃条件下保持 4 h 左右至奶基本凝固为止。发酵好的酸牛乳凝固无流动,无乳清分离,酸度在 pH 4.2~3.8。

(9)冷藏 发酵完全后,置于 0~5℃冷库或冰箱中冷藏 12 h 以上,进一步产香且有利于乳清吸收。

【任务评价】

评价单

学习领域	酸乳的加工				
评价类别	项目	子项目	个人评价	组内互评	教师(师傅)评价
专业能力 80%	资讯(5%)	搜集信息(2%)			
		引导问题回答(3%)			
	计划(5%)	计划可执行度(3%)			
		计划执行参与程度(2%)			
	实施(40%)	操作熟练度(40%)			
	结果(20%)	结果质量(20%)			
	作业(10%)	完成质量(10%)			
社会能力 20%	团结协作(10%)	对小组的贡献(10%)			
	敬业精神(10%)	学习纪律性(5%)			

【师生共研】

在生产中，受各种因素的影响，酸乳常会出现一些质量问题。

1.凝固不良或不凝固。其主要原因如下。

(1)原料乳质量　乳中含有抗生素、防腐剂，会抑制乳酸菌生长，影响正常发酵，导致酸乳凝固性差；原料乳掺水使乳的总干物质含量降低，掺碱中和发酵所产的酸，都会造成酸乳凝固不好。因此，必须把好原料验收关，杜绝使用含有抗生素、农药、防腐剂及掺碱、掺水牛乳生产酸乳。对掺水的牛乳，可适当添加脱脂奶粉，提高其总干物质含量。

(2)发酵温度与时间　发酵温度与时间低于乳酸菌发酵的最适温度与时间，会使乳酸菌凝乳能力降低，导致酸乳凝固性降低。另外，发酵室温度不均匀也会造成酸乳凝固性降低。因此生产中一定要控制好发酵温度与时间，并尽可能地保持发酵室温度恒定。

(3)发酵剂活力　发酵剂活力减弱或接种量太少会造成酸乳凝固性差。

(4)加糖量　加糖量过大，产生高渗透压，抑制乳酸菌的生长繁殖，也会使酸乳不能很好凝固。在实际生产中要选择好最佳的加糖量，既能给产品带来良好的风味，又不影响乳酸菌的生长。

2.乳清析出。其主要原因如下。

(1)原料乳热处理不当　热处理温度低或时间不够，不能使大量乳清蛋白变性。变性乳清蛋白与乳中酪蛋白形成复合物，可容纳更多的水分，就不会出现乳清析出的现象。

(2)发酵时间　发酵时间过长或过短，都会有乳清析出，发酵时间过长，酸度过大破坏了乳蛋白质已经形成的胶体结构，使乳清分离出来；发酵时间过短，胶体结构还未充分形成，也会形成乳清析出。

(3)其他　如原料乳总干物质含量低、接种量过大、机械振动等也会造成乳清析出。在生产中，添加适量的 $CaCl_2$ 可减少乳清析出，也可赋予产品一定的硬度。

3.风味不良。主要是由于菌种选择及操作工艺不当造成的。菌种混合比例应选择适当，任何一方占优势都会导致产香不足，风味变劣。高温短时发酵或发酵过度也会造成酸乳芳香味不足，酸甜不适口等风味缺陷。过度热处理或添加了风味不良的奶粉、炼乳也会造成酸乳风味不良。

4.表面霉菌生长。主要由贮温过高或时间过长引起，因此要严格控制储藏温度和储藏时间。

思政花园

第二十九条　食品生产经营者应当对变质、超过保质期或者回收的食品进行显著标示或单独存放在有明确标志的场所，及时采取无害化处理、销毁等措施并如实记录。(略)

第三十条　县级以上地方人民政府根据需要建设必要的食品无害化处理和销毁设施。食品生产经营者可以按照规定使用政府建设的设施对食品进行无害化处理或者予以销毁。

——《中华人民共和国食品安全法实施条例》

【知识链接】

一、酸乳的营养价值及保健功能

(一)酸乳的营养价值

经过乳酸菌发酵,牛乳中的蛋白质、乳糖、脂肪以及维生素、矿物质等组分发生了变化。

1.蛋白质

酸乳含有易于消化的优质蛋白质,和普通牛乳相比,由于酸乳中乳酸菌的作用,乳蛋白(主要是酪蛋白)变性凝固成为微粒子,并相互联结形成豆腐状的组织结构。这种由乳酸作用产生的酪蛋白粒子小于乳蛋白在胃酸作用下产生的粒子,更易于人体消化吸收。

2.乳糖和维生素

在发酵过程中,乳酸菌将乳糖转化为乳酸,减少食用者罹患乳糖不耐症的风险。和牛乳相比,酸乳中含有更多的维生素 A 和 B 族维生素,直接饮用发酵乳能使人体更加有效地吸收维生素 A。作为理想食品,牛乳欠缺的是植物纤维及维生素 C。果汁发酵乳,特别是在日本、欧洲风行的大粒果肉发酵乳,含有大量水果纤维及维生素 C,能补足普通牛乳在营养上的欠缺,是营养成分更加完善、合理的食物佳品。

3.矿物质元素

牛乳里含有丰富的钙,在发酵乳制造过程中,牛乳中的钙不仅没有受到破坏,还被转化为更易于人体吸收的可溶性乳酸钙。同时在乳酸菌作用下,乳蛋白分解产生的多肽类物质也有帮助钙吸收的功能。

(二)酸乳中的益生菌及其保健功能

酸乳中含有活性乳酸菌,它们大多是益生菌,发挥着特殊的营养保健功能。常用的乳酸菌有:保加利亚乳杆菌、嗜热链球菌、干酪乳杆菌、嗜酸乳杆菌、植物乳杆菌、两歧双歧杆菌、长双歧杆菌、婴儿双歧杆菌、短双歧杆菌等。

益生菌的生理功能如下。

1.改善肠内菌群

肠道内菌群按照对人体的作用可分为:有益菌群、中性菌群和有害菌群。有害菌产生的肠毒素、细菌毒素及肠内菌群腐败等可引起病原性疾病,所以肠内有益菌群占优势分布对保持人体健康、预防疾病具有十分重要的作用。发酵乳中乳酸菌属于人体有益菌群,经常摄入乳酸菌,能增加体内益生菌数量,使乳酸菌占优势,抑制有害微生物生长,维持肠道健康。

2.降低血中胆固醇

过多的胆固醇对机体有害,乳酸菌可吸收部分胆固醇,并将其转变为胆酸盐从体内排出。有研究表明,嗜热链球菌和保加利亚乳杆菌单独或混合发酵均可使乳中胆固醇含量下降 10%左右,嗜热链球菌比保加利亚乳杆菌降胆固醇的能力稍强。

3. 有抗肿瘤效果

有研究表明，乳酸菌能够降低人体罹患癌症的风险。

4. 预防衰老，延长寿命

生物体衰老学说之一是自由基及其诱导的氧化反应可引起生物膜损伤和交链键形成，使细胞受到损害。自由基活性越强，细胞损伤作用越强，而发酵乳中的SOD、维生素E、维生素C可起到协同抗氧化作用，这些物质会与过氧化自由基反应，消除体内的过氧化自由基，从而阻止老化的发生。故在高龄化社会中发酵乳饮品作为老年食品具有更重要的意义。

（三）其他发酵乳的营养价值

1. 双歧杆菌发酵乳

双歧杆菌是人出生几天后肠道中自然存在的细菌，在母乳喂养的婴儿体内，其含量尤其多。许多研究表明，双歧杆菌发酵乳具有下述有益健康的作用：

①改善轻度便秘症状；②提高肠道中双歧杆菌数量；③预防腹泻；④提高免疫功能；⑤促进并改善蛋白质及维生素的代谢；⑥增强对腐败菌的抗菌能力。

2. 干酪乳杆菌发酵乳

干酪乳杆菌也是人体内自然存在的一种菌，其发酵乳生理作用如下：

①治疗腹泻；②调节肠道微生物菌群；③增强免疫功能。

3. 嗜酸乳杆菌发酵乳

嗜酸乳杆菌也是人体肠胃中自然存在的一种菌。这种菌抗胃酸和胆酸，故它可以活着通过胃和小肠，并且其存活率高于保加利亚乳杆菌和嗜热链球菌。嗜酸乳杆菌发酵乳的生理作用如下：

①改善肠道微生物菌群；

②促进营养物质的有效利用，增加体重；

③增强β-乳糖苷酶的活性，克服乳糖不耐受症；

④降低胆固醇；

⑤增强肌体免疫功能；

⑥抑制癌症的发生。

二、酸乳的定义及分类

（一）发酵乳与酸乳的定义

(1)发酵乳(fermented milk)　以生牛(羊)乳或乳粉为原料，经杀菌、发酵后制成的pH降低的产品。

(2)酸乳(yoghurt)　以生牛(羊)乳或乳粉为原料，经杀菌、接种嗜热链球菌和保加利亚乳杆菌(德氏乳杆菌保加利亚亚种)发酵制成的产品。

联合国粮食与农业组织(FAO)、世界卫生组织(WHO)与国际乳品联合会(IDF)于1977

年对酸乳做出如下定义：酸乳即在添加（或不添加）乳粉（或脱脂乳粉）的乳中（杀菌乳或浓缩乳），由于保加利亚乳杆菌和嗜热链球菌的作用进行乳酸发酵制成的凝乳状产品，成品中必须含有大量的、相应的活性微生物。

(3)风味发酵乳（flavored fermented milk）　以80%以上生牛（羊）乳或乳粉为原料，添加其他原料，经杀菌、发酵后pH降低，发酵前或后添加或不添加食品添加剂、营养强化剂、果蔬、谷物等制成的产品。

(4)风味酸乳（flavored yoghurt）　以80%以上生牛（羊）乳或乳粉为原料，添加其他原料，经杀菌、接种嗜热链球菌和保加利亚乳杆菌（德氏乳杆菌保加利亚亚种），发酵前或后添加或不添加食品添加剂、营养强化剂、果蔬、谷物等制成的产品。

(二)酸乳的分类

1.按成品的组织状态分类

(1)凝固型酸乳　其发酵过程在包装容器中进行，从而使成品因发酵而保留其凝乳状态。

(2)搅拌型酸乳　成品先发酵后灌装而得。发酵后的凝乳已在灌装前和灌装过程中搅碎而成黏稠状组织状态（因此得其名）。

2.按加工工艺分类

(1)浓缩酸乳　这是一种将正常酸乳中的部分乳清除去而得到的浓缩产品。

(2)冷冻酸乳　这是一类在酸乳中加入果料、增稠剂或乳化剂，然后进行凝冻处理而得到的产品。

(3)充气酸乳　发酵后，在酸乳中加入部分稳定剂和起泡剂（通常是碳酸盐），经均质处理即得这类产品。这类产品通常以充CO_2的酸乳碳酸饮料形式存在。

(4)酸乳粉　通常使用冷冻干燥法或喷雾干燥法将酸乳中约95%的水分除去而制成酸乳粉。

3.按菌种种类分类

(1)酸乳　通常仅指用保加利亚乳杆菌和嗜热链球菌发酵而得的产品。

(2)双歧杆菌酸乳　酸乳菌种中含有双歧杆菌，如法国的“Bio”，日本的“Mil-Mil”。

(3)嗜酸乳杆菌酸乳　酸乳菌种中含有嗜酸乳杆菌。

(4)干酪乳杆菌酸乳　酸乳菌种中含有干酪乳杆菌。

4.按成品口味分类

(1)天然纯酸乳　产品只由原料乳接种菌种发酵而成，不含任何辅料和添加剂。

(2)加糖酸乳　产品由原料乳和糖接种菌种发酵而成。该类产品在我国市场上常见，糖的添加量较低，一般为6%～7%。

(3)调味酸乳　在天然酸乳或加糖酸乳中加入香料制成。酸乳容器的底部加有果酱的酸乳称为圣代酸乳。

(4)果料酸乳　成品是由天然酸乳与糖、果料混合制成的。

(5)复合型或营养健康型酸乳　通常在酸乳中强化不同的营养素(维生素、食用纤维素等)或在酸乳中混入不同的辅料(谷物、干果、菇类、蔬菜汁等)制成。这种酸乳在西方国家非常流行,人们常在早餐时食用。

(6)疗效酸乳　包括低乳糖酸乳、低热量酸乳、维生素酸乳或蛋白质强化酸乳。

5.按脂肪含量分类

分为全脂酸乳、部分脱脂酸乳和脱脂酸乳。

按FAO/WHO规定,脂肪含量全脂酸乳大于3.0%,部分脱脂酸乳为3.0%~0.5%,脱脂酸乳小于0.5%,酸乳非脂固体含量为8.2%。

各种酸乳的一般成分含量见表5-4。

表5-4　各种酸乳的一般成分含量

项目	乳类型	纯酸乳	调味酸乳	果料酸乳
脂肪含量	全脂	≥3.1	≥2.5	≥2.5
	部分脱脂	1.0~2.0	0.8~1.6	0.8~1.6
	脱脂	≤0.5	≤0.4	≤0.4
蛋白质含量	全脂、部分脱脂及脱脂	≥2.9	≥2.3	≥2.3
非脂乳固体含量	全脂、部分脱脂及脱脂	≥8.1	≥6.5	≥6.5

三、酸乳与牛乳的区别与联系

(一)延长保质期

乳酸菌把牛乳中的乳糖转变成乳酸,降低了原料乳的pH,抑制了腐败细菌和其他有害微生物的生长,从而延长了产品的货架期;但另一方面,酸乳为酵母菌和霉菌提供了良好的生长环境,如果被这些微生物污染,会使产品产生不良风味。

(二)消除乳糖不耐症

有些人的消化系统缺乏乳糖酶,这些人饮用牛乳后,肠道会出现鼓胀、腹鸣、下痢等现象,这与乳糖不耐症有关。因为成年人体内的乳糖酶活性降低,乳糖在消化过程中不能被分解成单糖,从而引起腹泻或肠道不适。有些小儿也会产生乳糖不适症。发酵酸乳中的乳酸菌具很强的β-乳糖酶活性,可将乳糖转化成半乳糖和葡萄糖,消除乳糖不耐症。

(三)酸乳生产需要加入专用的发酵剂

在发酵乳制品生产过程中必须为发酵剂创造最好的生长条件。牛乳的热处理即可达到这一要求,它破坏了原料乳中原有的微生物,为专用的发酵剂微生物的生长提供保障。此外,牛乳温度必须保持在相应发酵剂的最适温度。当发酵乳获得最好的滋味和香味时,必须迅速冷却以停止发酵。如果发酵时间过长或过短,风味和稠度都会相应地变差。

发酵乳制品除了风味和香味外，良好的外观和凝块也是它的重要方面，这些特点决定于预处理参数。要想使酸乳在生产时凝块的结构坚硬，需要对乳进行充分的热处理和均质，有时还通过增加非脂乳固体含量等方法来获得。

四、酸乳生产用原料

酸乳生产所用原料主要是原料乳、乳粉、甜味剂、稳定剂、发酵剂、香精、果料等。

（一）原料乳的质量要求

要求酸度在 18°T 以下；杂菌数不高于 5×10^{5} CFU/mL；乳中全乳固体不得低于 11.5%；不得含有抗生素。

（二）酸乳生产中使用的辅料

1.脱脂乳粉

要求：质量高、无抗生素和防腐剂。

作用：脱脂乳粉可提高干物质含量，改善产品组织状态，促进乳酸菌产酸。一般添加量：1%～1.5%。

2.稳定剂

在搅拌型酸乳生产中，通常添加稳定剂。

常用的稳定剂有明胶、果胶和琼脂。添加量应控制在 0.1%～0.5%。

3.糖及果料

在酸乳生产中，常添加 6%～9%蔗糖或葡萄糖。在搅拌型酸乳中常常使用果料及调香物质，如果酱等。

五、原料乳验收

原料乳验收程序：

奶车、奶罐清洗→乳房清洗→挤乳→收奶→冷却→奶站采样→尽快运输到企业→企业采样→检验→称量→清洗奶车。

根据国家标准规定，凡感官指标合格，相对密度、脂肪和全乳固体符合一级品要求，酸度、细菌总数符合特级品要求，汞含量≤0.01 mg/kg 者方可加工。

（一）感官检验

正常牛乳的色泽应呈乳白色或微黄色。具有新鲜牛乳固有的香味，无其他异味。组织状态呈均匀的胶态流体，无沉淀，无凝块，无杂质和异物。

（二）验收条件

有下列情况之一的不得收取：

①牛乳颜色有变化，呈红色、绿色或显著黄色者。

②牛乳中有肉眼可见杂质者。

③有凝块或絮状沉淀者。

④有畜舍味、苦味、霉味、臭味、涩味、蒸煮味及其他异味者。

⑤产前 15 d 内的胎乳或产后 7 d 的初乳。

⑥用抗生素或其他对牛乳有影响的药物治疗期间的母牛所产的牛乳和停药后 3 d 内的牛乳。

⑦添加有防腐剂、抗生素和其他任何有碍食品卫生的牛乳。

(三)生鲜牛乳理化指标

蛋白质含量≥2.95%;密度≥1.028 0(20℃/4℃);乳脂肪含量≥3.10%;酸度(以乳酸计)≤0.162%;杂质度≤4 mg/kg;汞含量(以汞计)≤0.01 mg/kg。

(四)原料乳质量评定

原料乳验收需要从感官检验、理化性质和微生物三个方面对原料乳进行气味、外观、杂质、温度、酒精酸度、相对密度、脂肪率和细菌数的严格检验。

1.分级(品质评定)

原料乳的细菌指标参见表 3-12。可依据检测指标对原料乳进行分级。

2.检测项目

①酒精阳性检测与酒精含量有关,应用 68%酒精检测。

②乳酸度测定。一般选用 18°T 以下的牛乳。

③玫瑰红试验。5 mL 牛乳中加入 1 mL 玫瑰红。观察是否变色。

④煮沸试验。观察是否有凝块。

⑤刃天青检验(蓝色)或亚甲蓝检验。

⑥体细胞数。

⑦细菌数。

⑧抗生素(不得检出)。

⑨脂肪含量。

⑩蛋白质含量。

⑪冰点:正常乳为−0.54～−0.59℃,掺水乳冰点将上升。

以上各项参看项目三。

(五)原料乳的冷却

1.乳温与抗菌期的关系

可复习项目四中表 4-6。

2.乳的冷却与乳中细菌的关系

可复习项目四中表 4-7。

六、凝固型酸乳加工

(一)原料乳的标准化

标准化的最终目的就是在食品法规允许的范围内，根据所需酸乳成品的质量特征要求，对乳的化学组成进行改善，使其可能存有的不足的化学组成得以校正，保证各批成品质量稳定一致。

酸奶最常采用的含脂量为 0.5%～3%；乳中无脂固形物的最低含量为 8.2%。

(1)直接混合原料乳　通过在原料乳中直接加全脂或脱脂乳粉或强化原料乳中某一乳的组分(乳清、酪蛋白粉、奶油、浓缩乳)来达到原料乳标准化的目的。

(2)浓缩原料乳

①蒸发浓缩：采用真空罐，在 40～60℃条件下，将牛乳中的水分蒸发。

②反渗透浓缩：溶液进入反渗透膜，溶剂中的水分子在压力作用下渗出，达到浓缩的目的。

③超滤浓缩：溶质被超滤膜截留，水分子穿过膜，溶质浓缩。

(3)重组原料乳(复原乳)　由于乳源条件限制，常以脱脂乳粉、全脂乳粉、无水奶油为原料，根据乳的化学组成，用水来配制成标准乳。

(二)配料

1.甜味剂

(1)砂糖　一般在制作风味酸奶时需要添加砂糖。

如使用水果或果酱类，其本身即可提高糖的含量，往往不再另加过多的砂糖，砂糖含量过高，会提高渗透压而对乳酸菌起抑制作用。砂糖的添加量不超过 12%。加砂糖会产生大量的酵母菌。砂糖含有一些杂质。

①加糖的方法。先将原料乳加热到 50℃左右，加入砂糖再加热到 65℃，开动泵循环通过纱布滤除杂质，再加到标准化乳罐中。

②优点。可将砂糖中耐渗透压性酵母菌和霉菌一并杀死；将砂糖加到加热前的原料乳中，制作酸奶硬度较好，若加到凝乳中砂糖难以溶解，酸奶硬度较差；提高黏度有利于酸奶凝固。

③工艺指标：砂糖添加量为 5%～8%。

(2)其他甜味剂　代替砂糖的其他甜味剂多用于保健食品。

有营养的甜味剂：山梨醇、甜味菊、天冬酰苯丙氨酸甲酯、乙酰环磺胺酸钾等。

无营养的甜味剂：糖精。

添加量：酸奶中限量为 0.2 g/kg 左右；乳酸饮料中限量为 0.3 g/kg 左右。

2.稳定剂

稳定剂是来自动植物体的亲水性胶体，适量添加可增加产品的结合性、胶体性、黏稠性。

(1)作用　可使乳酸凝固物稳定；改善产品的硬度和黏度。

(2)添加方法

①将稳定剂与其他干燥物(蔗糖、奶粉)预先混合均匀,边搅拌边添加。

②对粉末状稳定剂及混合物进行强烈搅拌,直到获得均一的悬浊液。

③将稳定剂先溶于少量水,或溶于少量乳中,在适当搅拌情况下加入。

(三)均质

1.作用

均质处理可使原料充分混匀,有利于提高酸乳的稳定性和稠度,并使酸乳质地细腻,口感良好。

2.均质条件

压力 20～25 MPa,温度 65～70℃。

(四)杀菌

目的:杀灭致病菌和有害微生物;钝化对发酵菌有抑制作用的天然抑制物;使乳清蛋白变性。

在 90～95℃下保持 5 min 的热处理可以达到最佳效果。

(五)菌种选择、接种

用于生产酸奶的发酵剂由两种不同的乳酸菌组成:嗜热链球菌和保加利亚乳酸杆菌。

热处理以后,将奶冷却到 40～50℃的接种温度,进行接种,发酵剂与奶要充分混匀。

接种量根据菌种活力、发酵方法、加工时间的安排和混合菌种配比而定,其产酸活力在 0.7%～1.0%,此时接种量应为 2%～4%。加入的发酵剂事先在无菌操作条件下搅拌成均匀细腻的状态,不应有大凝块,以免影响成品质量。发酵剂活力弱或接种量太少会造成酸乳的凝固性下降。

(六)添加剂的添加

如果需要添加带颗粒的果料或添加剂,应该在灌装接种的牛乳以前先定量地加到包装容器中,然而必须注意,低 pH 的添加剂会对发酵产生影响。

(七)发酵

灌装后,产品装入箱中,然后运到发酵室中进行发酵,在发酵终了后冷却。

1.培养

灌装后的包装容器放入敞口的箱子里,互相之间留有空隙,使培养室的热气和冷却室的冷气能到达每一个容器。箱子堆放在托盘上送进培养室。在准确控制温度的基础上,保证产品质量的均匀一致。

发酵时间因菌种类型及接种剂量等而异,从 3～20 h 不等。

获得酸奶高品质(芳香味和风味)的条件如下:

温度 42～43℃,菌种比 1∶1,接种量 2%～5%,发酵时间 3～4 h。

注意：发酵应注意避免震动，否则会影响组织状态；发酵温度应恒定，避免忽高忽低；发酵室内温度上下均匀；掌握好发酵时间，及时结束，防止酸度不够或过度以及乳清析出。

热处理温度偏低或时间不够，就不能使大量乳清蛋白变性，而变性乳清蛋白（含量≥75%）可与酪蛋白形成复合物，能容纳更多水分，并且具有最小的脱水收缩作用。

一般发酵终点可依据如下条件来判断：

①滴定酸度达到 70°T 以上；②pH 低于 4.6；③表面有少量水痕；④倾斜酸奶瓶或杯，奶变黏稠。

2. 冷却

当酸奶发酵至最适 pH（典型的为 4.5）时，开始冷却，正常情况下降温到 18～20℃，这时的关键是要立刻阻止细菌的进一步生长，也就是说在 30 min 内温度应降至 35℃左右，在接着的 30～40 min 内把温度降至 18～20℃，最后在冷库把温度降至 5℃，产品储存至发送。最终，凝固型酸奶在冷库里要冷却至 5℃左右。

3. 后熟

冷藏温度一般在 2～7℃，冷藏过程的 24 h 内，风味物质继续产生，而且多种风味物质相互平衡形成酸乳的特征风味，通常把这个阶段称为后成熟期。一般在 2～7℃下酸乳的储藏期为 7～14 d。

七、搅拌型酸乳加工

（一）工艺流程

配方选择→用具准备→原料乳验收→过滤→加蔗糖→加稳定剂（可不加）→杀菌→冷却→添加发酵剂→发酵→凝块的冷却→搅拌→调味→包装→冷藏。

（二）操作要点

搅拌型酸乳的生产在杀菌冷却前的操作与凝固型酸乳的基本相同，这里从发酵开始介绍。

二维码 5-2　搅拌型酸奶加工流程动画

1. 发酵

典型的搅拌型酸奶生产的培养温度为 42～43℃，培养时间为 2.5～3 h。典型的酸奶菌种继代时间为 20～30 min。为了获得最佳产品，当 pH 达到理想的数值时，必须终止细菌发酵，产品的温度应在 30 min 内从 42～43℃冷却至 15～22℃。用浓缩、冷冻和冻干菌种直接加入酸奶培养罐时培养温度为 43℃，培养时间为 4～6 h（考虑到其迟滞期较长）。

2. 凝块的冷却

在培养的最后阶段，已达到所需的酸度（pH 4.2～4.5）时，酸奶必须迅速降温至 15～22℃，这样可以暂时阻止酸度的进一步增加。同时为确保成品具有理想的黏稠度，对凝块的机械处理必须柔和。冷却在具有特殊板片的板式热交换器中进行，这样可以保证产品不受强烈的机械搅动。为了确保产品质量均匀一致，泵和冷却器的容量应恰好能在20～30 min内排空发酵罐。如果发酵剂使用的是其他类型并对发酵时间有影响，那么冷却时间也应相应调整。

3.搅拌

通过机械力破碎凝胶体，使凝胶体的粒子直径达到0.01～0.4 mm，并使酸乳的硬度和黏度及组织状态发生变化。在搅拌过程中应注意既不可速度过快，又不可时间过长。

4.调味

酸乳冷却到15～22℃以后，就准备包装。果料和香料可在酸奶从缓冲罐到包装机的输送过程中加入，通过一台可变速的计量泵连续地把这些成分打到酸奶中，经过混合装置混合，保证果料与酸奶彻底混合。果料计量泵与酸乳给料泵是同步运转的。

当对带固体颗粒的果料或整个浆果进行充分的巴氏杀菌时，可以使用刮板式热交换器或带刮板装置的罐。杀菌温度应能钝化所有有活性的微生物，而不影响水果的味道和结构。热处理后的果料在无菌条件下灌入灭菌的容器中是十分重要的，发酵乳制品经常由于果料没有足够的热处理引起再污染而腐败。

5.包装

包装酸乳的包装机类型很多，包装材料也五花八门。市场上的产品包装体积也各不相同，生产要求包装能力与巴氏杀菌容量相匹配，以使整个车间获得最佳的生产条件。

八、酸乳的包装

(一)酸乳包装的功能

①保护作用。防止外来的灰尘和其他物质侵入；防止微生物(细菌、酵母菌、霉菌)对产品的危害；防止能帮助酵母菌和霉菌生长的氧气进入产品；防止风味酸奶或果料酸奶的脱色和脂肪的氧化，主要通过避光来实现；防止酸奶的损失、蒸发，保护酸奶特有的风味和质地。

②提供信息。品牌、营养成分、名称、地址、配料等均可在包装上得到体现。

③方便运输和消费。

④包装材料直接和产品接触，故要求其无毒且不和产品发生反应。装酸奶的材质要有一定的抗酸性能。

(二)酸乳包装的材料

1.硬性材质包装

(1)玻璃瓶　在法国、东欧和中东，玻璃瓶广泛用于酸奶的包装。玻璃材质用于酸奶包装具有明显的优点，但加工成本较高。包材市场近期向一次性消费包装(不用回收)市场倾斜。玻璃瓶中瓶口较大的包装即广口瓶越来越受到消费者和厂家的青睐，铝箔是最常用的封口材料。

(2)陶器瓶　陶器瓶用黏土生产，和酸奶接触面通常上釉，不回收，在发酵时不封盖以便形成表皮，冷却前用橡皮筋固定的牛皮纸封口。由于成本和卫生的原因，该类包装未被广泛应用。

(3)其他　粉末酸奶常用金属罐包装，常充氮气或二氧化碳以延长产品的货架期。

2.半硬性材质包装

这类酸奶包材多用塑料加工而成。塑料材质呈化学惰性，但在合成阶段应用的化合物和单体在最终包材中残留，这些化学物质能和食品反应生成不良风味物质，故在包材中应该确保它们不存在。酸奶包材应抗酸、保味和不透氧(氧有利于酵母菌和霉菌生长)。

3.软体包装

软体包装有塑料袋和纸盒两种形态。塑料袋包装有 PE/铝箔/PE、PE/纸/铝箔/PE 两种结构。该包装不透气体和水蒸气，也能包装冷冻干燥发酵剂。蜡纸盒包装自 1950 年以后成为乳制品的流行包装，随着塑杯和铝箔纸盒的兴起其应用量逐步减少。在北美、欧洲和英国等地区，纸盒是应用最广泛的液体奶包装形式，现已逐步向酸奶产品拓展。

4.外包装箱

外包装箱不和酸奶接触，其作用是使产品在储存、运输和销售过程中易搬运和堆放。这类外包装可分为回收式包装和一次性包装。回收式包装由金属或硬质塑料加工而成，因箱体要回收，其应用受到限制，通常适用于玻璃瓶的外包装。一次性包装应用最广泛，通常有半硬质塑料箱、软体塑料箱和纸箱 3 种。

九、酸乳的质量标准

酸乳的质量标准参见表 5-5 至表 5-8。

表 5-5　感官指标

项目	要求	
	发酵乳	风味发酵乳
色泽	均匀一致，乳白色或微黄色	具有与添加成分相符的色泽
滋味和气味	具有发酵乳固有的滋味、气味	具有与添加成分相符的滋味和气味
组织状态	组织细腻、均匀，允许有少量乳清析出	组织细腻、均匀，允许有少量乳清析出，具有添加成分特有的组织状态

表 5-6　理化指标

项目	指标	
	发酵乳	风味发酵乳
脂肪含量*/(g/100 g)≥	3.1	2.5
非脂乳固体含量/(g/100 g)≥	8.1	—
蛋白质含量/(g/100 g)≥	2.9	2.3
酸度/°T ≥	70	70

* 仅适用于全脂产品。

表 5-7 微生物限量

项目	采样方案[a]及限量（若非指定，均以 CFU/g 或 CFU/mL 表示）			
	n	c	m	M
大肠菌群	5	2	1	5
金黄色葡萄球菌	5	0	0/25 g(mL)	—
沙门氏菌	5	0	0/25 g(mL)	—
酵母菌≤	100			
霉菌≤	30			

[a]样品的分析及处理按 GB 4789.1—2016 和 GB 4789.18—2018 执行。

n：同一批次产品应采集的样品件数；c：最大可允许超出 m 的样品数；m：微生物指标可接受水平的限量值；M：微生物指标的最高安全限量值。

表 5-8 乳酸菌数

项目	限量/(CFU/mL)	检验方法
乳酸菌数[a]≥	1×10^6	GB 4789.35—2016

[a]发酵后经热处理的产品对乳酸菌数不做要求。

项目六
乳粉加工

知识目标

1. 掌握乳粉定义及分类。
2. 了解乳粉生产所需设备及其工作过程
3. 掌握乳粉生产工艺流程和工艺操作技术。

技能目标

1. 根据乳粉生产工艺流程，学会各工艺操作要点与操作方法。
2. 根据生产技术规范和设备性能操作设备、控制生产过程。

德育目标

培养学生严谨的工作作风，激发学生的责任感、使命感，引导学生遵守食品生产法律法规和执行食品安全国家标准。

任务一 全脂乳粉的加工

【任务描述】

乳粉是在保持乳原有品质及营养价值的基础上，含水量低，体积小，重量轻，储藏期长，食用方便，便于运输和携带，更有利于调节地区间供应的不平衡的乳制品。品质良好的乳粉加水复原后，可迅速溶解恢复原有鲜乳的性状。因而，乳粉在我国的乳制品结构中仍然占据着重要的地位。

【参考标准】

GB 19644—2010《食品安全国家标准　乳粉》

【工艺流程】

原料乳验收→预处理→标准化→均质→杀菌→浓缩→喷雾干燥→冷却→包装→成品。

【任务实施】

1. 材料用具。

全脂乳、稀奶油、脱脂乳。

加热锅、奶油分离机、均质机、杀菌锅、真空浓缩器、B-290 型喷雾干燥机等。

2. 操作方法。

(1)原料乳验收　原料牛乳必须新鲜，不能混有异常乳，70%酒精试验为阴性，酸度为 12～18°T，密度≥1.027，杂质度≤4.0 mg/kg，脂肪含量≥3.1 g/100 g，蛋白质含量≥2.8 g/100 g，非脂乳固体含量≥8.1 g/100 g，菌落总数≤2×10^6 CFU/g。

(2)原料乳净化　原料乳用 4 层纱布过滤后预热至 32℃，进行净化处理。

(3)标准化　成品脂肪含量≥26.0%，水分≤5.0%。使用全脂乳、稀奶油和脱脂乳配制所需的标准化乳。

(4)杀菌　使用加热锅对标准化乳进行杀菌，85℃保持 5～10 min。

(5)真空浓缩　采用小型真空浓缩装置，以真空度为 86.45～93.10 kPa，料温在 50℃左右的条件进行真空浓缩，浓缩后要求达到物料中乳固体含量 45%左右。

(6)喷雾干燥　启动空气压缩机待达到压力后，调节气流旋钮，将空气流量设置在 400～800 L/h 之间。打开仪器主电源开关，打开并调节吸气器，设定入口温度为 150～170℃，打开加热开关。将进样管插入盛有蒸馏水的锥形瓶中，打开进样泵。当调节泵速达到最佳状态后，用浓缩乳替代蒸馏水，进行喷雾干燥。

样品喷雾干燥结束后，用蒸馏水持续喷射一段时间以清洗喷嘴及管路。排空进样管，关闭进样泵和喷嘴自动清洗机构，停止加热，待入口和出口温度均低于 70℃时，可关闭吸气器。移下收集杯，取出样品。

【任务评价】

评价单

学习领域	全脂乳粉的加工				
评价类别	项目	子项目	个人评价	组内互评	教师(师傅)评价
专业能力80%	资讯(5%)	搜集信息(2%)			
		引导问题回答(3%)			
	计划(5%)	计划可执行度(3%)			
		计划执行参与程度(2%)			
	实施(40%)	操作熟练度(40%)			
	结果(20%)	结果质量(20%)			
	作业(10%)	完成质量(10%)			
社会能力20%	团结协作(10%)	对小组的贡献(10%)			
	敬业精神(10%)	学习纪律性(10%)			

【师生共研】

在生产中,受各种因素的影响,乳粉常会出现一些质量问题。

1.乳粉的色泽。正常的乳粉一般呈淡乳黄色。乳粉的色泽受以下因素影响:

①如果原料乳酸度过高而加入碱中和,所制得的乳粉色泽较深,呈褐色。

②若牛乳中脂肪含量较高,则乳粉颜色较深。

③若乳粉颗粒较大,则乳粉颜色较黄;乳粉颗粒较小,则乳粉颜色呈灰黄。

④空气过滤器过滤效果不好或布袋过滤器长期不更换,会导致回收的乳粉呈暗灰色。

⑤在乳粉生产过程中物料热处理过度或乳粉在高温下存放时间过长,会使产品色泽加深;乳粉水分含量过高或储存环境的温度和湿度较高,易使乳粉色泽加深,严重的甚至产生褐色。

2.溶解度下降。乳粉的溶解度是指乳粉与一定量的水混合后能够复原成均一的新鲜牛乳状态的性能。导致乳粉溶解度下降的因素如下。

①原料乳的质量差,混入了异常乳或酸度高的牛乳,蛋白质热稳定性差,受热容易变性。

②牛乳在杀菌、浓缩或喷雾干燥过程中温度偏高,或受热时间过长,引起牛乳蛋白质受热过度而变性。

③喷雾干燥时雾化效果不好,使乳清含量过高,干燥困难。

④牛乳或浓缩乳在较高的温度下长时间放置会导致蛋白质变性。

⑤乳粉的储存条件及时间对其溶解度也会产生影响,若乳粉储存于温度高、湿度大的环境中,其溶解度会有所下降。

⑥不同的干燥方法生产的乳粉溶解度亦有所不同,一般来讲,滚筒干燥法生产的乳粉溶

解度较差，仅为70%～85%，喷雾干燥法生产的乳粉溶解度可达99%以上。

3.脂肪氧化味。乳粉脂肪氧化味产生的原因如下：

①乳粉的游离脂肪酸含量高，易引起乳粉的氧化变质而产生氧化味。

②乳粉中的脂肪在脂酶及过氧化物酶的作用下产生游离的挥发性脂肪酸，使乳粉产生刺激性的臭味。

③储存环境温度高、湿度大或暴露于阳光下，乳粉易产生氧化味。

4.结块。乳粉极易吸潮而结块，这主要与乳粉中含有的乳糖及其结构有关。采用一般工艺生产出来的乳粉，其乳糖呈非结晶的玻璃态，其中α-乳糖与β-乳糖之比为1∶15，两者保持一定的平衡状态。非结晶状态的乳糖具有很强的吸湿性，吸湿后生成含1分子结晶水的结晶乳糖。造成乳粉结块的原因如下：

①在乳粉的整个干燥过程中，操作不当而造成乳粉水分含量普遍偏高或部分产品水分含量过高，这样就容易产生结块现象。

②在包装或储存过程中，乳粉吸收空气中的水分，导致自身水分含量升高而结块。

5.颗粒的形状和大小异常。在一定范围内，乳粉颗粒直径大，色泽好，则冲调性能及润湿性能好，便于饮用。如果乳粉颗粒大小不一，而且有少量黄色的焦粒，则乳粉的溶解度就会较差，且杂质度高。影响乳粉颗粒形状及大小的因素如下：

①雾化器出现故障，将有可能影响到乳粉颗粒的形状。

②干燥方法不同，乳粉颗粒的平均直径及直径的分布状况亦有所不同。

③同一干燥方法，不同类型的干燥设备，所生产的乳粉颗粒直径亦有所不同。例如，压力喷雾干燥法中，立式干燥塔较卧式干燥塔生产的乳粉颗粒直径大。

④浓缩乳的干物质含量对乳粉直径有很大影响，在一定范围内，干物质含量越高，乳粉颗粒直径就越大，所以，在不影响产品溶解度的前提下，应尽量提高浓缩乳的干物质含量。

⑤压力喷雾干燥中高压泵压力的大小是影响乳粉颗粒直径大小的因素之一，使用压力越低，乳粉颗粒直径就越大，但不能影响干燥效果。

⑥离心喷雾干燥中转盘的转速也会影响乳粉颗粒直径的大小，转速越低，乳粉颗粒的直径就越大。

⑦喷头的孔径大小及内孔表面的光洁度也影响乳粉颗粒直径的大小及分布情况。喷头孔径大，内孔光洁度高，则得到的乳粉颗粒直径大，且颗粒大小均一。

6.水分含量过高。乳粉水分含量过高的原因如下：

①喷雾干燥过程中进料量、进风温度、进风量、排风温度、排风量控制不当。

②雾化器阻塞等原因使雾化效果不好，导致雾化后的乳滴太大而不易干燥。

③乳粉包装间的空气相对湿度偏高，乳粉吸湿而使水分含量上升。包装间的空气相对湿度应该控制在50%～60%。

④在乳粉冷却过程中冷风湿度太大，从而引起乳粉水分含量升高。

⑤乳粉包装封口不严或包装材料本身不密封。

7. 细菌总数过高。乳粉中细菌总数过高的主要原因如下：

①原料乳污染严重，细菌总数过高，杀菌后残留量太多。

②杀菌温度和时间没有严格按照工艺条件的要求进行控制。

③板式热交换器垫圈老化破损，使生乳混入杀菌乳中。

④在生产过程中受到二次污染。

8. 杂质度过高。杂质度过高的主要原因如下：

①原料乳净化不彻底。

②在生产过程中受到二次污染。

③干燥室热风温度过高，导致风筒周围产生焦粉。

④分风箱热风调节不当，生产涡流，使乳粉局部受热过度而产生焦粉。

思政花园

保健食品、特殊医学用途配方食品、婴幼儿配方食品等特殊食品不属于地方特色食品，不得对其制定食品安全地方标准。

——《中华人民共和国食品安全法实施条例》第十二条

让祖国的下一代喝上好奶粉，我一直很重视！我国是乳业生产和消费大国，要下决心把乳业做强做优，生产出让人民群众满意、放心的高品质乳业产品，打造出具有国际竞争力的乳业产业，培育出具有世界知名度的乳业品牌。

——2017 年 1 月 24 日，习近平在考察旗帜婴儿乳品股份有限公司时强调

【知识链接】

一、乳粉的定义及分类

(一)乳粉的定义

乳粉也称奶粉，是以新鲜牛乳或以新鲜牛乳为主，添加一定数量的植物蛋白质、植物脂肪、维生素、矿物质等原料，经杀菌、浓缩、干燥等工艺过程而制得的粉末状产品。

(二)乳粉的分类

根据所用原料、原料处理及加工方法不同，一般将乳粉分类如下：

1. 全脂乳粉

全脂乳粉是用新鲜牛乳经标准化、杀菌、浓缩、干燥而制得的粉末状产品。根据是否加糖其又分为全脂淡乳粉和全脂甜乳粉。

2. 脱脂乳粉

脱脂乳粉是用新鲜牛乳经预热、离心分离获得的脱脂乳，然后再经杀菌、浓缩、干燥而制

得的粉末状产品。因为脂肪含量少,保藏性较前一种好。

3.加糖乳粉

新鲜牛乳中加入一定量的蔗糖或葡萄糖,经杀菌、浓缩、干燥而制得的粉末状制品。

4.配方乳粉

牛乳中添加目标消费对象所需的各种营养素,经杀菌、浓缩、干燥而制成的粉末状产品。

5.速溶乳粉

在制造乳粉过程中采取特殊的造粒工艺或喷涂卵磷脂而制成的溶解性、冲调性极好的粉末状产品。

6.乳清粉

将生产干酪排出的乳清经脱盐、杀菌、浓缩、干燥而制成的粉末状产品。

7.酪乳粉

用酪乳干制成的粉状物,其含有较多的卵磷脂。

8.麦精乳粉

鲜乳中添加麦芽、可可、蛋类、饴糖等经干燥加工而成的粉末状产品。

9.冰淇淋粉

新鲜乳中添加一定量的稀奶油、蔗糖、蛋粉、稳定剂、香精等,经混合后制成的粉末状制品,复原后可以直接制作冰淇淋。

10.奶油粉

稀奶油中添加少量鲜乳经干燥加工而成的粉末状产品。

二、乳粉的理化特性

(一)乳粉的成分

1.水分

乳粉的水分含量在5.0%以下。水分含量过高,细菌易繁殖,酸度易上升,蛋白质易变性,乳粉的溶解度下降;水分含量过低,乳粉易氧化变味。

2.乳糖

全脂乳粉中约含38%的乳糖,脱脂乳粉约含50%的乳糖。乳糖通常呈非结晶玻璃状态,吸湿性很强,致使乳粉容易吸潮。乳糖会使乳粉颗粒表面产生很多细裂纹,空气容易渗入乳粉颗粒内部,脂肪也会逐渐渗出到颗粒表面,易引起乳粉氧化变质。

3.脂肪

全脂乳粉含26%～27%的脂肪,脱脂乳粉含1.0%～1.5%的脂肪。其中,全脂乳粉有3%～14%的脂肪游离凝集在乳粉颗粒的边缘。脂肪含量高,乳粉易氧化,不耐储藏,冲调性差。

4.蛋白质

全脂乳粉约含27%的蛋白质，脱脂乳粉约含37%的蛋白质。酪蛋白的存在状态直接影响乳粉复原性的好坏。除了选择新鲜原料乳外，还要把原料乳的热处理强度尽量降低，以获得高溶解度的乳粉。

5.维生素

喷雾干燥对乳粉维生素含量的影响较小，影响最明显的有维生素 B_{12}（损失20%～30%）、维生素C（损失约20%）和维生素 B_1（损失约10%），其余的维生素损失是很小的。

6.气体

乳粉中的气体体积指给定质量的颗粒体积与相同质量的颗粒内部无空气时的体积之差。每100 g乳粉中通常含有10～30 mL的气体。影响乳粉中气体含量的因素如下：

①进料时混入的气体，虽然在蒸发、浓缩时会减少，但在随后输送到干燥塔时，物料会从渗漏的管路中吸取空气。

②浓缩液喷入干燥器所选用的喷雾干燥的类型。

③雾化前或在雾化过程中要加以搅拌，混入产品中的空气量一部分取决于喷雾搅打的强烈程度。

④物料的特性，如物料形成稳定气泡的能力。蛋白质含量与状态显著影响泡沫的形成，而脂肪具有相反的作用。有脂肪的浓缩物比脱脂乳难以形成泡沫。高脂肪含量的浓缩物料与脱脂的相比不容易形成泡沫。脱脂乳中未变性乳清蛋白具较强起泡趋势，可以通过加热使之变性而减弱该现象。低固形物含量的物料比高固形物含量的更易起泡，温度升高可减少起泡趋势，即冷浓缩的物料比热浓缩的更容易搅打起泡。

(二)乳粉的物理特性

1.乳粉粒径分布

乳粉粒径影响产品感官、复原性和流动性。影响粒径大小的因素有浓缩乳的黏度和雾化方式。采用较高的压力和较低的浓缩乳黏度，可以减小粒径。压力喷雾干燥的乳粉较离心式的颗粒小。一般乳粉粒径在150～200 μm时，复原过程中分散的速度最快。

2.乳粉的密度

乳粉的密度表示方法如下：

(1)表观密度（也称松密度）　表示单位体积内乳粉的质量(g/mL)，包括乳粉颗粒空隙中的空气在内。

(2)颗粒密度　表示乳粉颗粒的密度，仅包括颗粒本身内部的空气在内。

(3)真密度　表示乳粉除空气外本身真正的密度。

乳粉的表观密度受乳粉颗粒的内部结构及颗粒大小的影响，这与制造工艺有关。喷雾干燥法生产的全脂乳粉其表观密度为0.5～0.6 g/mL，真密度为1.26～1.32 g/mL；而脱脂乳粉的真密度为1.44～1.48 g/mL。

3.乳粉的流动性和脆性

影响乳粉流动性的主要因素是粒子大小分布情况和粒子表面结构，其他因素有结团、内部摩擦因数、细粉率、游离脂肪含量等。一般乳粉粒子直径在 100 μm 以上，逸散性小，流动性好。乳粉的脆性是乳粉粒子所能承受的机械加工的强度。

三、乳粉的功能特性

(一)复原性

复原性描述了乳粉与水再结合的综合现象，是表征乳粉的一个重要特性。它是综合性的概念，包括乳粉的溶解性、分散性、可湿性、沉降性。一般而言，乳粉中的乳糖、非变性乳清蛋白和一些盐类是可溶的，而酪蛋白的分散性差。

1.溶解性(溶解度)

乳粉的溶解度是指乳粉与水按一定的比例混合，使其复原为均匀的鲜乳状态的性能。乳粉的溶解度与一般盐类的溶解度的含义是不同的。牛乳是由溶液、悬浮液、乳浊液 3 种体系构成的一种均匀稳定的胶体性液体，而不是纯粹的溶液，故乳粉的溶解度只是一般的习惯说法。乳粉溶解度的高低反映了乳粉中蛋白质的变性状况。具有良好溶解度的指标为 50 mL 再制乳中存在不多于 0.25 mL 不溶性沉淀物。

2.分散性

分散性是指吸湿的聚集乳粉颗粒均匀分散于水中的能力。通过附聚的大颗粒乳粉分散性提高。如果附聚乳粉中细粉比例升高，分散性下降。乳粉颗粒结构以及蛋白质分子的构造对乳粉的分散性具有极为重要的作用。当乳粉加入水中分散成颗粒且并不存在团块时，即为具有良好分散性。含有大量变性蛋白质的乳粉，将很难分散，分散性达到 90%是再制乳生产工艺对乳粉的最低要求。

3.可湿性

可湿性是指乳粉表面吸收水分而变湿的能力。它以给定数量乳粉渗透入静止水面所需的时间的长短来表示乳粉可湿性的优劣，一般以秒计，良好可湿性应低于 30 s。

乳粉的可湿性与颗粒的表面积、颗粒大小、密度、脂肪的含量、表面活性等有关。喷雾干燥乳粉具有颗粒小、形状相似、颗粒紧密的特点，易阻止水分的渗透。而滚筒干燥生产的乳粉，颗粒大，形状不规则，内部空隙大，易吸湿。速溶乳粉由于颗粒形成聚集体，相互间空间变大，所以附聚的结果使其易吸湿。由于脂肪是疏水性的，所以乳粉中脂肪的含量和分布影响其可湿性。可以使用表面活性剂(如卵磷脂)对乳粉表面进行处理，从而改善其可湿性。

4.沉降性

沉降性是指乳粉颗粒克服水的表面张力以及通过表面而沉入水中的能力。沉降性可表示为 1 min 内通过 1 cm^2 表面时的乳粉的质量(mg)。沉降性受颗粒下沉的倾向力影响并与颗粒密度有关，颗粒密度大时，颗粒更容易下沉。

在复原的初期，由于乳粉颗粒中的乳糖和矿物质比其他成分溶解快，使颗粒密度下降；同时，溶液的密度升高，又阻止颗粒密度进一步下降。随后颗粒与介质间密度差减小，致使最初下沉的颗粒又开始上升。附聚的乳粉通常具有更好的沉降能力。喷雾干燥速溶乳粉由于附聚作用，增加了聚合体的质量，颗粒容易下沉。

(二)吸湿性

乳粉的吸湿性是指乳粉吸收和保持水分的倾向。乳粉的吸湿性具有一定的现实意义，影响干燥工艺的选择以及所选用的包装材料和适宜的储存条件。

乳粉中的蛋白质和乳糖对产品的吸湿性起主要作用。在多数食品体系中，包含一些重要的功能特性，如膨胀性、黏度、凝胶性、起泡性和乳化能力，这些特性影响水-蛋白质的相互作用，这一相互作用通常用吸湿-解湿等温线来表示。它表明蛋白水合作用是水分活度(A_w)的函数。当$A_w<0.3$时，水以氢键的形式与带电的极性蛋白残基结合，形成单层结合水。当$A_w>0.3$时，水分子松散地与蛋白联合，在蛋白微粒周围形成多水层，即水分机械地被吸入蛋白颗粒间的毛细管中。上述各种形式的水即是所谓的“结合水”，对各种食品体系起着重要作用。结合水的性质通常受蛋白组成、pH、盐类、离子强度和温度的影响。除了蛋白质，乳糖的状态也是影响乳粉水分平衡的重要因素。将乳粉暴露于潮湿的环境中，导致无定形的α-乳糖、β-乳糖转化为α-水合乳糖晶体。在85%～100%湿度、25℃条件下，乳粉放置24 h后就会明显地看出α-水合乳糖晶体的存在。

(三)热稳定性

当乳粉用于热饮料、果冻、焙烤食品、再制炼乳、咖啡伴侣等产品时，其热稳定性尤为重要。如以脱脂乳粉为主要原料生产再制炼乳，必须经受较高的杀菌温度，从而保持产品的稳定性；用作咖啡伴侣时，脱脂乳粉也要有较好的热稳定性，以防止与热咖啡接触时出现“絮凝”现象。

控制乳粉热稳定性的因素主要有原料乳的酸度控制、原料乳的热处理方法、物料浓缩的加热方法、乳清蛋白质的去除工艺等。

四、全脂乳粉的生产

全脂乳粉根据原料乳中是否加糖可分为全脂甜乳粉和全脂淡乳粉，两种乳粉的加工工艺基本一致。

(一)工艺流程

　　蔗糖　　　　　　　蔗糖
　　　↓　　　　　　　　↓
原料乳的验收→预处理→标准化→均质→杀菌→真空浓缩→喷雾干燥→冷却→筛粉→包装→成品。

(二)操作要点

1.原料乳的验收

只有优质的原料才能生产出高质量的产品,加工乳粉所需的原料乳,必须符合国家标准中规定的各项要求。原料乳进入工厂后应立即进行检验,将符合感官、理化、微生物标准的优质牛乳送入下道工序。

2.预处理

(1)净乳　为了保证原料乳的质量,挤出的牛乳在牧场必须立即进行过滤、冷却等初步处理,除去机械杂质并减少微生物的污染。原料乳经验收进入乳品厂后,还须进行一系列的净乳处理。

原料乳在加工之前经过多次净化,目的是去除乳中的机械杂质并减少微生物数量,确保产品达到卫生和质量标准的要求。净乳的方法有过滤法及离心净乳法。

(2)冷却　净化后的乳最好直接加工,如果需要短期储藏时,必须及时进行冷却到5℃以下,以保持乳的新鲜度。一般采用板式热交换器进行冷却。

(3)储存　原料乳送到加工厂时,由乳槽车泵入储乳罐。储乳罐的容量一般达几十万升,因此,真空输送是不可能的。一般用离心泵将牛乳泵入罐中,可以使脂肪球的破坏程度降到最低。为了避免搅动和产生泡沫,储乳槽是从底部进料的。为保证连续生产的需要,乳品厂必须有一定的原料乳储存量。

工厂总的储乳量应根据各厂每天牛乳总收纳量、收乳时间、运输时间及生产能力等因素决定。储乳罐的总容量应为日收纳总量的2/3～1。储乳罐使用前应彻底清洗、杀菌,待冷却后注入牛乳。冷却后的乳应尽可能保持低温,以防止温度升高保存性降低。

3.标准化

全脂甜乳粉的原料标准化包括乳脂肪的标准化和蔗糖的标准化两个部分。

(1)乳脂肪标准化　乳脂肪的标准化是在离心净乳机净乳的同时进行的。如果净乳机没有分离乳脂肪的功能,要单独设置离心分离机。当原料乳中含脂率高时,可调整净乳机或离心分离机分离出一部分稀奶油;如果原料乳中含脂率低,要加入稀奶油,使成品中含有25%～30%的脂肪。由于这个含量范围较大,所以生产全脂乳粉时一般不用对脂肪含量进行调整。但要经常检查原料乳的含脂率,掌握其变化规律,便于适当调整。

(2)蔗糖标准化　加糖方法的选择取决于产品配方和设备条件。常用的加糖方法如下:

①净乳之前加糖。

②将杀菌过滤的糖浆加入浓缩乳中。

③包装前加蔗糖细粉于干粉中。

④预处理前加一部分,包装前再加一部分。

当产品中糖含量在20%以下时,最好是在15%左右时,采用直接加蔗糖或其糖浆到原料乳中为宜。净乳之前加糖主要是为了减少杂质,同时也可以和原料乳一起杀菌,减少糖浆单独杀菌的工序。因为蔗糖具有热熔性，在喷雾干燥时流动性较差，容易粘壁和形成团块。当产品中糖含量在20%以上时，采用在浓缩将要结束时添加浓糖浆或在干粉中加蔗糖细粉为宜，这种方法适用于速溶豆粉类的加工。带有二次干燥的设备，以采用加干糖的方法为宜。

4.均质

在生产全脂乳粉时，物料一般不经过均质，但如果添加了稀奶油或其他不易混匀的物料，则应进行均质。均质时压力一般控制在14～21 MPa，温度以60～65℃为宜。经过均质处理的全脂乳粉的质量优于未经过均质处理的乳粉。均质后脂肪球变小，冲调后复原性变得更好，易于消化吸收。

5.杀菌

用于生产全脂乳粉的牛乳大多采用80～85℃的巴氏杀菌，以钝化其中的脂肪分解酶。该酶在乳储存过程中能促进脂肪分解，从而影响产品质量。杀菌方法对全脂乳粉的品质特别是溶解度和储存性有很大的影响，根据产品的品质特性选择合适的杀菌方法。超高温瞬时杀菌不仅能使乳中微生物几乎全部被杀死，还可以使乳蛋白质达到软凝块化，营养成分破坏程度小。一般认为，高温短时杀菌或超高温瞬时杀菌比低温长时杀菌效果好，乳的营养成分破坏程度小，乳粉的溶解度及储存性良好，因此得到广泛的应用。

6.真空浓缩

为了节约能源和保证产品质量，喷雾干燥前对杀菌乳必须进行浓缩。乳浓缩是利用设备的加热作用，使乳中的水分在沸腾时蒸发汽化，并将汽化产生的二次蒸汽不断排除，从而使制品的浓度不断提高，直至达到要求的浓度的工艺过程。在乳品工业中，目前应用最多的是减压加热浓缩，即所谓的真空浓缩。

(1)真空浓缩的目的

①原料乳经过真空浓缩，除去70%～80%的水分，可以提高干燥设备的生产能力，降低成本。

②影响乳粉颗粒的物理性状。浓缩乳经喷雾干燥成乳粉后，其颗粒较粗大，具有良好的分散性、冲调性，能够迅速复水溶解。

③改善乳粉的保藏性。真空浓缩可排除溶解在乳中的空气(特别是氧气)，使乳粉颗粒中的气泡含量大大减少。颗粒内存在的氧气容易与全脂乳粉中的脂肪起化学反应，给制品带来不良的影响，降低保藏性能。浓缩乳的浓度越高，制成的乳粉气体含量越低，越有利于保藏。

(2)真空浓缩的特点

①牛乳的沸点随压力的升高或下降而增高或降低，真空浓缩可降低牛乳的沸点，避免牛乳高温处理，减少蛋白质的变性及维生素的损失，对保全牛乳的营养成分，改善乳粉的色、香、味及提高乳粉的溶解度有益。

②真空浓缩可极大地减少牛乳中气体的含量，起到一定的脱臭作用，这对改善乳粉的品

质及增加乳粉的保质期有利。

③真空浓缩可加大加热蒸汽与牛乳间的温度差，提高设备在单位面积单位时间内的传热量，加快浓缩进程，提高生产能力。

④真空浓缩为使用多效浓缩设备及配置热泵创造了条件，可部分利用二次蒸汽，节省热能及冷却水的耗量。

⑤真空浓缩操作是在低温下进行的，设备与室内的温差小，设备的热量损失少。

⑥牛乳被吸入浓缩设备中，无须进行泵料。

(3)真空浓缩的技术条件

①浓缩锅中的真空度应保持在 81～90 kPa，乳温 50～60℃；多效蒸发室末效内的真空度应保持在 83.8～85 kPa，乳温 40～45℃。

②加热蒸汽的压力应控制在 0～1 kg/cm^2。

③浓缩乳的密度要求：全脂乳粉密度为 11.5～13 波美度，干物质含量 38～48%；加糖全脂乳粉密度为 15～20 波美度，干物质含量为 40%～50%。

(4)影响真空浓缩效果的因素

①浓缩设备条件的影响。主要因素有加热总面积、加热蒸汽与乳之间的温差、乳的翻动速度等。加热面积越大，供给乳的热量越多，浓缩速度越快。加热蒸汽与乳之间温差越大，蒸发速度越快。一般用提高真空度降低牛乳沸点、增加蒸汽压力提高蒸汽温度的方法来加大温差，但压力过大会出现“焦管”现象，影响产品质量，一般压力控制在 0.5～2 kg/cm^2，翻滚速度越大，乳热交换效果越好。

②乳的密度与黏度的影响。乳的密度与黏度对乳的翻滚速度有影响。浓缩初期，由于乳的密度低，黏度小，翻滚速度快。随着浓缩的继续，乳的密度逐渐提高，黏度逐渐增大，翻滚速度也减缓。

③加糖的影响。加糖可提高乳的黏度，延长浓缩时间。一般把乳浓缩到接近所需密度时再将糖浆加入。

7.喷雾干燥

乳粉的干燥方法一般有 3 种：喷雾干燥法、滚筒干燥法和冷冻干燥法，其中喷雾干燥法因其制品在风味、色泽和溶解性等方面具有较好的品质，应用广泛。

(1)喷雾干燥的原理　喷雾干燥法是在乳粉和各种乳制品生产中最常见的干燥方法。其原理是使浓缩乳在机械力(压力或高速离心力)的作用下，在干燥室内通过雾化器将乳分散成极细小的雾状微滴(直径为 10～100 μm)，使牛乳表面积增大。雾状微滴与通入干燥室的热空气直接接触，从而大大地增加了水分的蒸发速率，在瞬间(0.01～0.04 s)使微滴中的水分蒸发，乳滴干燥成乳粉，降落在干燥室底部。喷雾干燥过程一般可以分为下面 3 个干燥阶段。

①预热阶段。浓缩乳经雾化与干燥介质一经接触，干燥过程即行开始，微粒表面的水分即汽化。若微粒表面温度高于干燥介质的湿球温度，微粒表面因水分的汽化而使其表面温度下降至干燥介质的湿球温度。

若微粒表面温度低于湿球温度，干燥介质供给其热量，使其表面温度上升至干燥介质的湿球温度，这个过程称为预热阶段。预热阶段持续到干燥介质传给微粒的热量，与用于微粒表面水分汽化所需的热量达到平衡时为止。在这一阶段中，干燥速度便迅速地增大至某一最大值，即进入恒速干燥阶段。

②恒速干燥阶段。当微粒的干燥速度达到最大值后，即进入恒速干燥阶段。在此阶段，浓缩乳微粒水分的汽化发生在微粒的表面，微粒表面的水蒸气分压等于或接近水的饱和蒸汽压；微粒水分汽化所需的热量取决于干燥介质，微粒表面的温度等于干燥介质的湿球温度（一般为 50～60℃）。

干燥速度主要取决于干燥介质的状态（温度、湿度以及气流的状况等）。干燥介质的湿度越低，干燥介质的温度与微粒表面湿球温度间的温度差越大，微粒与干燥介质接触越好，则干燥速度越快；反之，干燥速度则慢，甚至达不到预期的目的。恒速干燥阶段的时间是极其短促的，仅为 0.01～0.04 s。

③降速干燥阶段。由于微粒表面水分的不断汽化，微粒内部水分的扩散速度不断变缓，不再使微粒表面保持潮湿时，恒速率干燥阶段即告结束，进入降速干燥阶段。

在降速干燥阶段，微粒水分的蒸发将发生在其表面内部的某一界面上，当水分的蒸发速度大于微粒内部水分的扩散速度时，则水汽在微粒内部形成，若此时颗粒呈可塑性，就会形成中空的干燥乳粉颗粒，乳粉颗粒的温度将逐步超出干燥介质的湿球温度，并逐步接近干燥介质的温度，乳粉的水分含量也接近或等于该干燥介质状态的平衡水分。此阶段的干燥时间较恒速干燥阶段长，一般需 15～30 s。

(2)喷雾干燥的特点

①喷雾干燥的优点：

a. 干燥迅速快，物料受热时间短，浓缩乳经雾化分散成无数直径为 10～100 μm 的微粒，表面积大大增加。与干热空气接触后水分蒸发速度很快，整个干燥过程仅需 10～30 s。牛乳营养成分的破坏程度较小，乳粉的溶解度高，冲调性好。

b. 在整个干燥过程中乳粉颗粒表面的温度较低，不会超过干燥介质的湿球温度（50～60℃），从而可以减少牛乳中一些热敏性物质的损失，且产品具有良好的理化性质。

c. 工艺参数可以方便地调节，产品质量容易得到控制，同时也可以生产有特殊要求的产品。

d. 整个干燥过程都是在密闭的状态下进行的，产品不易受到外来的污染，从而最大限度地保证了产品的质量。

e. 操作简单，机械化、自动化程度高，操作人员少，劳动强度低，生产能力大。

②喷雾干燥的缺点：

a. 在喷雾干燥过程中，一般用饱和蒸汽加热干燥介质。加热后干燥介质的温度为 130～170℃。如用电热或燃油炉加热，可使干燥介质的温度提高至 200℃以上，但考虑到影响乳粉的质量，干燥介质的温度受到一定的限制，一般不宜超过 200℃。因此，喷雾干燥所需的干燥设备体积较大，占地面积大或需要多层建筑，投资大，干燥室的水分蒸发强度一般仅达到 2.5～4.0 kg/(m^3·h)。

b. 为了保证乳粉水分含量的要求，必须严格控制各种产品干燥时排风(废气)的相对湿度，一般在乳粉生产上排风的相对湿度为 10%～13%，故需耗用较多的空气量，从而增加风机的容量及电耗，同时也增加了粉末回收装置的负荷，在一定程度上影响了粉末的回收，影响了产品得率。

c. 排风的相对湿度为 10%～13%，故排风的干球温度较高，通常为 75～85℃，于是干燥设备的热效率较低，热能消耗也较大。一般每蒸发 1 kg 水需 3.0～3.3 kg 饱和蒸汽，干燥设备的热效率仅为 50%左右。

d. 喷雾干燥室内壁一般均粘有乳粉，个别设备较为严重，清除困难，清理时劳动强度较大。且粘壁的那一部分乳粉由于受热程度不同，其溶解度将低于其他部分的乳粉。

(3)喷雾干燥的雾化方法　喷雾干燥按浓缩乳雾化方法分主要有压力喷雾干燥法和离心喷雾干燥法。

①压力喷雾干燥法。在压力喷雾干燥中，浓缩乳的雾化是通过高压泵给乳施加 7～20 MPa 的压力，使其通过直径为 0.5～1.5 mm 的喷头来完成的，其雾化的原理是当浓缩乳在高压泵的作用下通过一狭小的喷嘴后，瞬间得以雾化成无数微细的小液滴。

②离心喷雾干燥法。在离心喷雾干燥中，浓缩乳的雾化是利用在水平方向做高速旋转的圆盘产生的离心力来完成的。其雾化的原理是当浓缩乳在泵的作用下进入高速旋转的转盘中央时，受到很大的离心力作用而以高速被甩向四周，形成液膜、乳滴，并在热空气的摩擦、撕裂作用下分散成微滴，进行干燥。

8. 冷却

(1)出粉　牛乳经喷雾干燥成乳粉后，应迅速从干燥室中排出并冷却，特别是全脂乳粉。干燥室的温度较高，底部一般为 60～65℃，乳粉如在高温下停留时间过长，脂肪容易氧化，会影响乳粉的溶解度和色泽；此外，乳脂肪酸的游离也会影响乳粉的保藏性。因此，迅速连续出粉和及时冷却是工艺的重要环节。

乳品工业常用的出粉机构有螺旋输送器、鼓形阀、涡旋气封阀和电磁振荡出粉装置等，这些出粉机构对于脱脂乳粉和全脂乳粉来说，出粉效果良好。

(2)冷却　不论采用何种出粉形式，出粉之后均须立即进行晾粉和筛粉，使制品及时冷却。若出粉后乳粉不经过充分冷却，仍保持较高温度，易引起蛋白质热变性。在高温下，全脂乳粉的游离脂肪酸增多，在乳粉颗粒表面渗出，暴露于空气中而被氧化，产生氧化臭味。同时乳粉在高温状态下放置还容易吸收大气中的水分。喷雾干燥乳粉要求及时冷却至 30℃以下。

使用容量为 30～50 kg 的晾粉箱进行自然贮放，晾粉效果较差，因为箱体中心部位的乳粉不易冷却。目前普遍采用流化床出粉冷却装置，可将乳粉冷却至 18℃以下，同时还可使制品颗粒大小均匀。

9.筛粉

筛粉一般采用机械振动筛，网眼为 40～60 目。过筛后可将粗粉细粉混合均匀，并除去团块和粉渣。新生产的乳粉经过 12～24 h 的储存，其表观密度可提高 15%左右，有利于包装。无论使用大型粉仓还是小粉箱，在储存时都要严防受潮。包装前的乳粉存放场所必须保持干燥和清洁。

10.包装

全脂乳粉中约有 26%的脂肪，与空气接触后容易被氧化，同时乳粉颗粒较为疏松，吸湿性很强，所以要求包装车间要密封，干燥室内要有空调设备、紫外线灯等。温度一般控制在 20℃左右，相对湿度应在 60%以下。

科学的包装不仅能增强产品的商品特性，也能延长产品的货架寿命。乳粉包装常使用的容器有马口铁罐、玻璃瓶、聚乙烯塑料袋等。全脂乳粉采用马口铁罐抽真空充氮包装是一种较理想的方式。短期内销售的产品，多采用聚乙烯塑料复合铝箔袋包装。

(1)小罐密封包装

①称量装罐。自动称量装罐机有容量式和质量式两种。但容量式装罐对乳粉颗粒状态，装罐室的温、湿度等条件要求较高，采用较少。质量式装罐机的构造大致是有一个节流阀，经过一个闸门可徐徐地将需要称量的乳粉通过振动而降落到受器内，同时受器的下部闸门自动打开，使乳粉落入下面的空罐中。该法误差范围小，精度较高。较大的乳品厂采用的自动称量装罐机是由电磁阻尼、微动开关和电子管式自动控制装置组成的。空罐都必须事先经过洗涤和灭菌。

②真空包装。抽真空充氮包装是防止乳粉在储藏中发生氧化的最有效方法。真空包装一般利用真空封罐机，先对装有乳粉的实罐进行抽真空，使罐中的真空度达到 96.52 kPa，然后封盖密封。这样可使罐内氧的残存量在 3%以下，提高乳粉的储藏性。这种方法对马口铁罐的质量要求很高，空罐必须坚固，在这样高的真空度下不能瘪罐，但搬运中的损坏、变形很难避免，另外当粉体较细时，抽真空会导致细粉飞散逸出，给封罐带来困难。一般的抽真空操作最高只能达到 66.66 kPa 左右，通常只有 33.33 kPa 左右，此时罐内的残氧量仍在 14%左右，这对防止氧化无太大效果，所以，这种方法在实际生产中使用较少。

③充氮包装。利用半自动或全自动真空充氮封罐机，将填装好乳粉罐中的空气抽出，使真空度达到 86.45～93.1 kPa，然后在 0.01～0.02 MPa 的压力下将氮气(纯度在 99%以上)充入，立即密封。这种方法不仅能防止乳粉中的脂肪氧化，还可防止乳粉中强化的维生素破坏损失，可以延长乳粉的储藏期，这是目前全脂乳粉密封包装的最好方法。

(2)塑料袋包装　采用 500 g 单层聚乙烯薄膜包装要比罐装成本低，劳动强度低，而且有一定的防潮作用，但对乳品的保藏性有一定的影响，隔热性能差，乳粉容易变质，只能满足短期储存的需要。塑料薄膜脆而易折，容易造成破损。采用由一层聚乙烯薄膜夹一层铝箔的双层复合薄膜或聚乙烯薄膜之间夹一层铝箔的三层复合薄膜制成的包装袋进行封口包装，用高频电热封口，基本上可以避免光线、水分和气体的渗入。复合薄膜包装材料正广泛应用于乳粉包装，虽然目前成本较高，却是很有发展前途的包装材料之一。

(3)大包装　大包装产品一般供应特殊用户，如出口或食品工厂用于制作糖果、面包、冰淇淋等的工业原料。大包装可分为罐装和袋装两种。袋装时可由聚乙烯薄膜作为内袋，外面用三层牛皮纸套装。

任务二　降血脂配方乳粉的加工

【任务描述】

随着社会经济的发展，人们的饮食习惯发生了某些不合理的改变，高热量、高脂肪、高蛋白的膳食结构导致肥胖症、心脑血管疾病以及癌症等现代“文明病”发病率大幅度上升。研究结果表明，这些现代“文明病”与人们的饮食有关。降血脂配方乳粉可有效降低膳食胆固醇的吸收率，进一步减少胆汁酸的重吸收，减少胆固醇在肠腔内的循环运动，降解影响肝脏胆固醇的短链脂肪酸，抑制一些有害物质的合成。掌握降血脂配方乳粉的加工工艺有实际意义。

【参考标准】

GB 19644—2010《食品安全国家标准　乳粉》

【工艺流程】

原料乳验收→过滤净化→配料→均质→杀菌→真空浓缩→喷雾干燥→冷却→包装→成品。

【任务实施】

1. 材料用具。鲜牛奶、脱脂乳粉、精炼玉米油、精炼大豆油、DHA 以及大豆卵磷脂。过滤器、冷热缸、均质机、板式热交换器、真空浓缩器、喷雾干燥机等。

2. 操作要点。

(1)原料乳验收　验收工作主要包括测定鲜牛乳的酸度、检验鲜牛乳的总菌数，以及进行冰点检验等，要求检测的鲜牛乳当中不能含有抗生素，检查结果符合相关标准的规定。

(2)过滤净化　当原料乳验收合格之后，使用过滤设备去除原料乳当中的杂质，保证其纯净性。

(3)配料　按配方(表 6-1)进行混合，溶解、混匀后进行均质。

表 6-1　基本配方　kg

原料	用量	原料	用量
鲜牛奶	3 390	精炼大豆油	120
脱脂乳粉	400	DHA	10
精炼玉米油	55	大豆卵磷脂	150

(4)均质　控制好均质的压力，保证符合相关的规定，一般要求控制均质压力在 15～20 MPa，温度则需要控制在 65～70℃。

(5)杀菌　在板式热交换器中加入均质后的混合乳液，采用高温短时杀菌法进行消毒，温度为 85℃，保持 16 s。

(6)真空浓缩　将混合乳液当中的细菌、真菌杀除之后，将混合乳液放入真空蒸发器中进行浓缩，根据相关规定，需要将混合乳液浓缩到固形物的含量为 40%左右。

(7)喷雾干燥　向喷雾干燥塔内送入浓缩乳，在此过程中，浓缩乳分散呈雾状液滴，质感非常细腻，当其接触到热空气流时会蒸发其中大量的水分。喷雾干燥过程大概需要 25 s。

(8)冷却　在冷却工序中，需要使用二次干燥设备。乳粉通过二次干燥进入冷却床冷却到规定的温度，最后，再经过设备中的粉筛进入乳粉仓内。

(9)包装　与全脂乳粉的包装类同。

【任务评价】

评价单

学习领域	降血脂配方乳粉的加工				
评价类别	项目	子项目	个人评价	组内互评	教师(师傅)评价
专业能力 80%	资讯(5%)	搜集信息(2%)			
		引导问题回答(3%)			
	计划(5%)	计划可执行度(3%)			
		计划执行参与程度(2%)			
	实施(40%)	操作熟练度(40%)			
	结果(20%)	结果质量(20%)			
	作业(10%)	完成质量(10%)			
社会能力 20%	团结协作(10%)	对小组的贡献(10%)			
	敬业精神(10%)	学习纪律性(10%)			

【师生共研】

常见的乳粉产品质量缺陷及防止方法参见本项目任务一“师生共研”。

【知识链接】

配方乳粉是针对不同人的营养需要，在鲜乳原料中或乳粉中配以各种营养素加工而成的乳制品。本文只讲述中老年配方乳粉的加工技术。

一、中老年人营养需求

(一)生理特点

按《中国居民膳食营养素参考摄入量》中对人群的划分，50～64 岁为初老年期，65 岁及以上为老年期。中老年人的生理特点在外观形态方面主要表现为衰老和老化，组织萎缩，特别是肌肉萎缩；身体功能方面主要表现为机体组成成分中代谢不活跃部分比重增加，细胞内水分减少，并导致细胞数量减少，出现脏器萎缩现象，器官功能减退，特别是消化吸收功能、代谢功能、排泄功能及循环功能减退。

(二)营养代谢特点及需求原则

中老年人的能量消耗呈现逐渐减少的倾向，蛋白质转化成氨基酸的速度明显变慢，糖代谢明显降低，人体水分总量随年龄增高而减少，组织可吸收和利用脂蛋白的减少，机体产生了清除障碍，导致血清中总胆固醇和甘油三酯随年龄增长而增加，这也是老年人易发高脂血症的主要原因。中老年人的糖代谢明显降低，糖耐量也随年龄增高而下降，老年人糖耐量低，胰岛素分泌减少，且对血糖的调节作用减弱，因此血糖易增高。人体水分总量随年龄增高而减少，主要细胞内液减少，不能调控水平衡；细胞外液的钠和氯与细胞内液的钾、镁和磷的总量代谢不平衡，影响细胞渗透压及酸碱平衡，故老年人易发生脱水、水肿现象，又因老年人对口渴不敏感，所以补充充足的水分很有必要。钙易沉着于软组织和动脉，导致组织硬化，产生骨质疏松现象，使老年人容易摔倒骨折。能量代谢降低，维生素 B_1、维生素 B_2、烟酸缺乏，同时体内抗氧化防御系统减弱，使老年人易患动脉粥样硬化、癌症、白内障等氧化损伤类疾病，因此与抗氧化有关的维生素 A(含胡萝卜素)、维生素 C、维生素 E 的补充也很有必要。

世界卫生组织提出了老年人的膳食营养素标准，其中，每日大约 60% 的热量应来自碳水化合物，蛋白质应占膳食总量的 15%～20%，脂肪占膳食总量的 20%～25%，食盐≤6 g/d。

二、中老年配方乳粉设计原理

(一)遵循原则

配方设计首先应根据中老年人的营养需求，按照中国居民膳食营养素参考摄入量，技术指标应符合相关的行业标准，同时，尽可能在充分考虑每日其他食物中营养成分食用量的基础上，制定产品配方中各种营养成分含量，使配方乳粉能够起到补充营养与膳食平衡的作用。

所使用的营养强化剂、食品添加剂及有特殊功效的新资源食品的种类与数量应按照相关食品安全国家标准或原卫生部公告严格执行。

(二)对标签值、生产用量值及检测值的要求

应符合下列逻辑关系：

标签设计值=生产配方用量值-生产过程损耗-货架期衰减；

终产品检测值=生产配方用量值-生产过程损耗±检测偏差(包括试验内部或不同实验室之间)；

终产品检测值-货架期衰减≥营养素标签值×80%，适用于蛋白质、碳水化合物、乳糖、维生素(不包括维生素 D、维生素 A)、矿物质(不包括钠)、强化的其他营养成分；

终产品检测值-货架期衰减≤营养素标签值×120%，适用于能量、脂肪、钠、糖(乳糖除外)；

终产品检测值-货架期衰减=营养素标签值×(80%～120%)，适用于维生素 A 和维生素 D；

维生素和矿物质生产配方用量值=来源所有宏量营养原料总和(本底值)+营养强化剂用量值(+生产过程损耗+货架期衰减)。

三、产品配方设计、生产的注意事项

对于热敏性物质，为减少工艺损耗，应选择干法工艺进行添加，如益生菌和磷脂酰丝氨酸。对于一些新资源食品类物质，由于没有国家标准检测方法，不能在营养成分表中标示。如磷脂酰丝氨酸是卫生部(2010 年)公告中允许添加的新资源食品，只能在配料表中标示，且应标示产品中含量；乳双歧杆菌 Bi-07 和动物双歧杆菌 Bb-12，不能在营养成分表中标示，应在配料表中将产品中所含数量标示出来。所使用新资源食品中有每日食用限量要求的，应在营养成分表中标示含量，不能在营养成分表中标示含量的，应在配料表中标示，且一定要写明该产品的每日食用量。如卫生部(2010 年)公告中规定磷脂酰丝氨酸的每天食用量≤600 mg，菊粉的每天食用量≤15 g，产品中所含这类物质的每日食用量不能超过其限量要求。

在配方设计时，虽然有些营养物质在标准或公告规定中没有食用量最低要求，但也应遵循科学合理的原则，以对人体健康有作用为目的。如磷脂酰丝氨酸在美国 FDA 批准的健康声明中的建议补充剂量为 100 mg/d，设计配方时不能以卖点炒作为主，如果添加，就应达到或接近 FDA 的建议补充剂量。

四、生产工艺

(一)工艺流程

原料乳验收→过滤净化→计量→配料(糖类、乳清粉、胱氨酸、铁盐及稳定的水溶性维生素)→均质(脂溶性维生素、精制植物油)→杀菌→真空浓缩→喷雾干燥→冷却和过筛(不稳定性维生素)→包装→成品。

(二)加工方法

水溶性热稳定性维生素(如烟酸、维生素 B_{12})可在预热时加入；维生素 A 和维生素 D 可以溶入植物油中在均质前加入；热敏性维生素如维生素 B_1 和维生素 C 等，最好混入干糖粉中，在干燥后加入。

项目七
冷冻乳制品加工

冷冻乳制品（又称冷饮乳制品、冷冻饮品）是以饮用水、甜味料、乳品、果品、豆品、食用油脂等为主要原料，加入适量的香料、着色剂、稳定剂、乳化剂等食品添加剂，经配料、灭菌、均质、老化、凝冻、硬化等工艺而制成的冷冻固态饮品。按冷冻饮品的工艺及成分特点将其分为冰淇淋（冰激凌）类、雪糕类、冰棍类、冰霜类。

知识目标

1. 熟悉冷冻饮品的原辅料构成及特性。
2. 掌握冷冻饮品的配方设计与配制方法。
3. 理解并掌握冰淇淋加工中老化、凝冻、硬化等术语的含义。
4. 掌握冷冻饮品生产工艺、操作技术。

技能目标

1. 能够采用合适的方法对干物料和乳原料进行选取和储备。
2. 能够独立设计和计算冷冻饮品的配方，并准确称量。
3. 能熟练完成原料的预处理过程，会使用凝冻等相应设备。
4. 能够进行冷冻饮品的基本生产。
5. 会分析并解决生产中出现的质量缺陷等问题。

德育目标

培养学生严谨的工作作风，激发学生的责任感、使命感，引导学生遵守食品生产法律法规和执行食品安全国家标准。

任务一　冰淇淋的加工

【任务描述】

烈日炎炎的夏季，吃上一杯清凉爽滑的冰淇淋是多么惬意的事情。那么冰淇淋是怎么制作的呢？我们需要知道：①如何配制冰淇淋混合料？②怎样进行冰淇淋的生产？

【参考标准】

SB/T 10418—2017《软冰淇淋》

【工艺流程】

冰淇淋加工设备见图 7-1，各种冰淇淋工艺流程见图 7-2。

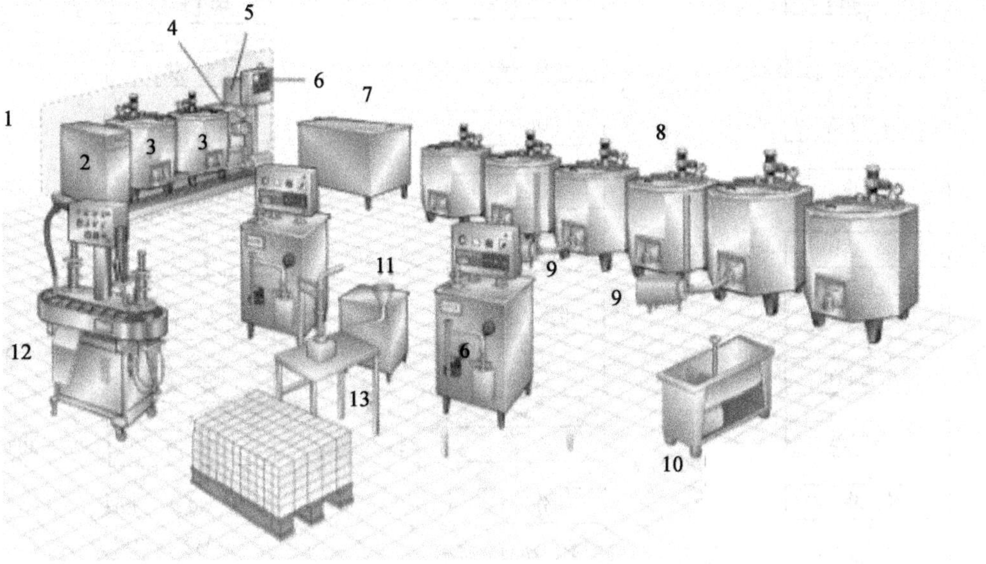

图 7-1　冰淇淋加工设备

1.冰淇淋混合料预处理系统　2.水加热器　3.混合罐和生产罐　4.均质机　5.板式热交换器　6.控制盘　7.冷却水箱　8.老化罐　9.排料泵　10.CIP 系统　11.脉动泵　12.回转注料装置　13.手动台（灌注）

【任务实施】

1.设备、仪器。冰淇淋机 1 台，加热槽或小奶桶 1 个，搅拌勺 1 把，温度计 1 支，天平 1 台，100 mL 烧杯 3 个，电炉 1 台，配料缸共用。

2.工艺流程。配方选定及原料混合→混合料→过滤→均质→杀菌→冷却与成熟（老化）→加香料→冻结搅拌→硬化→检验→成品。

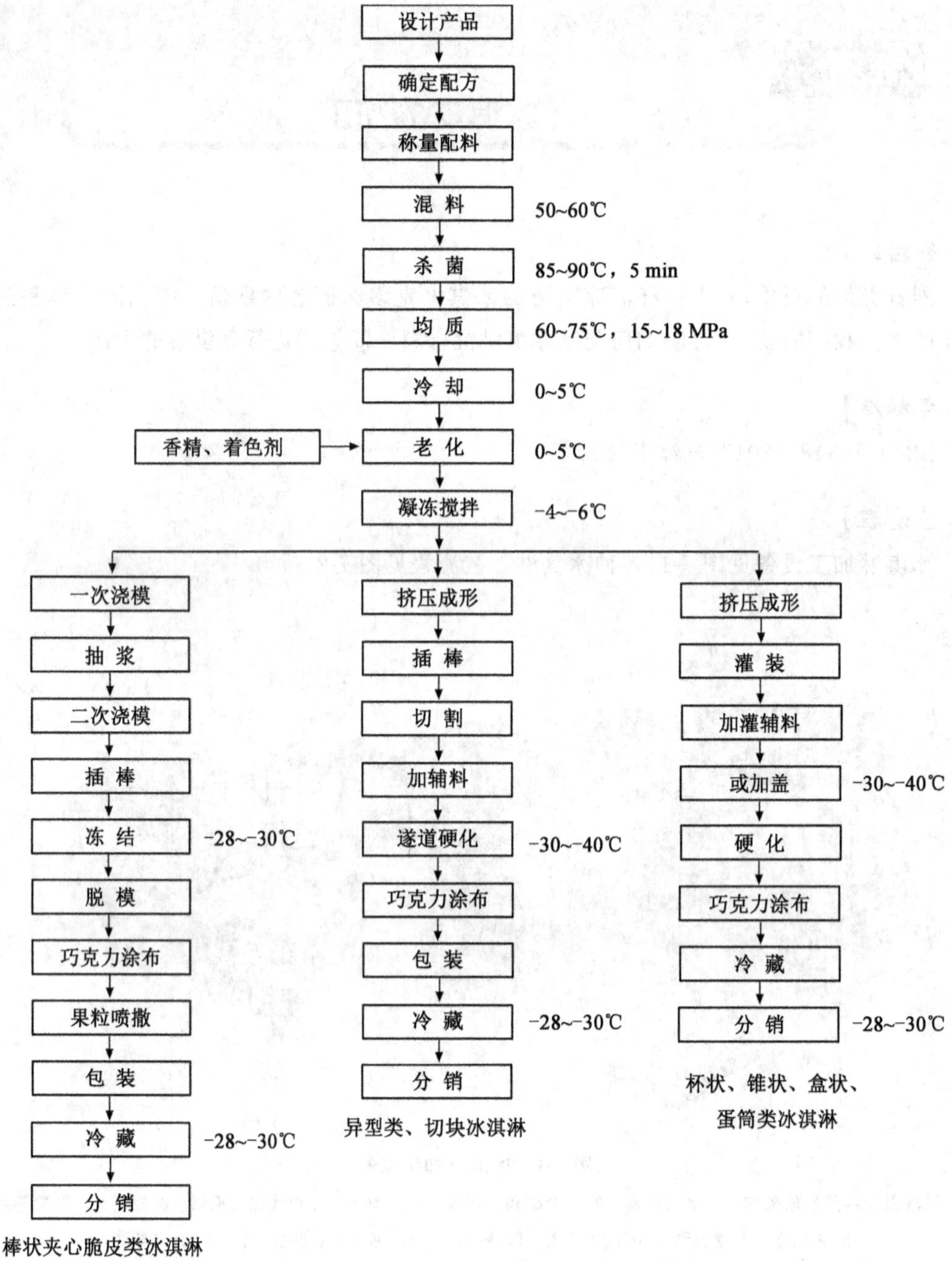

图 7-2 冰淇淋工艺流程

3. 操作方法。

(1)冰淇淋配方 冰淇淋配方示例见表 7-1。

表 7-1　软质冰淇淋配方(普通型)

原料名称	配料/g	配料的主要成分含量/g			
		脂肪	非脂乳固体	砂糖	总固体
稀奶油	150	60	8.2		68.2
牛乳	518	16.58	43		59.58
甜炼乳	294	23.42	58.8	132	214.22
蔗糖	28			28	28
明胶	5				5
乳化剂	4				4
香味料	1				1
合计	1 000	100	110	160	380

(2)操作步骤

①配方选定及原料混合。不同种类的冰淇淋其各种成分的百分比要求不一,因此,制作前必须先根据对成分百分比的要求确定配方,再按配方选择混合原料种类并计算其用量,冰淇淋的成分及配方可参考表 7-1 或其他资料中的配方。

选定配方后,按配方要求进行原料混合处理,首先将稳定剂与砂糖干料混合后加入部分温水溶开,再将炼乳、牛乳、稀奶油等液体原料在另一桶内或加热槽内混合并加热至 65～70℃,然后在不断搅拌下加入固体原料和砂糖稳定剂溶液,乳化剂先用水浸泡或先用油脂混合后加入。

鸡蛋可在杀菌前或杀菌后加入。在杀菌前加入时,先将鸡蛋搅成均匀的蛋液,在混合料加热至 50～60℃时加入;杀菌后可将生蛋液加入混匀即可。

常用的稳定剂有明胶、果胶、琼脂、海藻酸钠、槐豆胶、卡拉胶、羧甲基纤维素,常用的乳化剂有卵黄及甘油脂肪酸酯。

②混合料过滤。原料混合溶解后,再经充分混合搅拌,然后用 80～100 目筛过滤或用 4 层纱布过滤。

③均质。均质能防止脂肪上浮,更主要的是可以改善组织状态,缩短成熟时间。无条件时也可以不用均质,只是成熟时间长些。

④杀菌。可用间歇式杀菌即 68～70℃,保持 30 min(HTST 法 80～85℃,20 s,UHT 法 100～130℃, 2～3 s)。

⑤冷却与成熟。杀菌后将混合料迅速冷却至 5℃以下(2～4℃,一般不得低于 1℃)并保持 4～12 h,使其成熟,以提高脂肪、蛋白质及稳定剂的水合作用,减少游离水,防止冻结时产生大冰屑。

⑥加香料。成熟之后加入适量的香兰素。

⑦冻结搅拌。将成熟好的混合料倒入冰淇淋机内,进行搅拌冻结,如果是软质冰淇淋则在冻结之后便可出产品。

⑧硬化。搅拌好的冰淇淋可直接送往冷藏室（-18℃以下）进行硬化，或先包装成各种形状再进行硬化。一般硬化12 h即可为成品。

质量符合要求的冰淇淋，膨胀率为80%～100%，软硬适中，组织细腻，无冰屑，口感好。

$$\text{膨胀率}=\frac{\text{冰淇淋体积}-\text{混合原料体积}}{\text{混合原料体积}}\times 100\%$$

⑨检验。将成形不好、净含量不足等有缺陷的次品挑出，对产品进行感官、理化、微生物等检验。

【任务评价】

评价单

学习领域	冰淇淋的加工				
评价类别	项目	子项目	个人评价	组内互评	教师（师傅）评价
专业能力80%	资讯（5%）	搜集信息（2%）			
		引导问题回答（3%）			
	计划（5%）	计划可执行度（3%）			
		计划执行参与程度（2%）			
	实施（40%）	操作熟练度（40%）			
	结果（20%）	结果质量（20%）			
	作业（10%）	完成质量（10%）			
社会能力20%	团结协作（10%）	对小组的贡献（10%）			
	敬业精神（10%）	学习纪律性（10%）			

【师徒共研】

1.风味缺陷。冰淇淋的风味缺陷大多是下列几种因素造成的。

（1）甜味不足　主要是配方设计不合理，配制时加水量超过标准，配料时发生差错或不等值地用其他糖来代替砂糖等所造成的。

（2）香味不正　主要由于加入香料过多，或加入香精本身的品质较差、香味不正，使冰淇淋产生苦味或异味。

（3）酸败味　一般是使用酸度较高的奶油、鲜乳、炼乳，混合料采用不适当的杀菌方法，搅拌凝冻前混合原料搁置过久或老化温度回升，细菌繁殖，混合原料产生酸败味等所致的。

(4)蒸煮味　在冰淇淋中加入经高温处理的含有较高非脂乳固体量的乳制品，或者混合原料经过长时间的热处理，均会产生蒸煮味。

(5)咸味　冰淇淋含有过多的非脂乳固体或者被中和过度，能产生咸味。在冰淇淋混合原料中采用含盐分较高的乳清粉或奶油，以及冻结硬化时漏入盐水，均会产生咸味或苦味。

(6)金属味　在制造时采用铜制设备，如间歇式冰淇淋凝冻机内凝冻搅拌所用铜质刮刀等，能促使产生金属味。

(7)油腻及油哈味　一般是使用过多的脂肪或带油腻味、油哈味的脂肪以及填充材料而产生的一种味道。

(8)烧焦味　一般是在冷冻饮品混合原料加热处理时，加热方式不当或违反工艺规程所造成的，另外，使用酸度过高的牛乳时，也会发生这种现象。

(9)氧化味　在冰淇淋中，氧化味极易产生，这说明产品所采用的原料不够新鲜。这种气味亦可能在一部分或大部分乳制品或蛋制品中早已存在，其原因是脂肪的氧化。

2.组织缺陷。冰淇淋的组织缺陷大多是下列几种因素造成的。

(1)组织粗糙　在制造冰淇淋时，冰淇淋组织的总干物质含量不足，砂糖与非脂乳固体含量配合不当，所用稳定剂的品质较差或用量不足，混合原料所用乳制品溶解度差，不适当的均质压力，凝冻时混合原料进入凝冻机温度过高，机内刮刀的刀刃太钝，空气循环不良，硬化时间过长，冷藏温度不正常，使冰淇淋融化后再冻结等因素，均能造成冰淇淋组织中产生较大的冰结晶体而使其组织粗糙。

(2)组织松软　这与冰淇淋含有多量的空气泡有关。这种现象是在使用干物质量不足的混合原料，或者使用未经均质的混合原料以及膨胀率控制不良时所产生的。

(3)面团状的组织　在制造冰淇淋时，稳定剂用量过多、硬化过程掌握不好，均能产生这种缺陷。

(4)组织坚实　总干物质含量过高及膨胀率较低的混合原料，所制成的冰淇淋会具有这种组织状态。

3.形体缺陷。冰淇淋的形体缺陷主要由下列因素造成。

(1)形体过黏　形体过黏的原因与稳定剂使用量过多、总干物质量过高、均质时温度过低以及膨胀率过低有关。

(2)有奶油粗粒　冰淇淋中的奶油粗粒，是混合原料中脂肪含量过高、混合原料均质不良、凝冻时温度过低以及混合原料酸度较高所形成的。

(3)融化缓慢　这是稳定剂用量过多、混合原料过于稳定、混合原料中含脂量过高以及使用较低的均质压力等所造成的。

(4)融化后成细小凝块　混合原料在高压均质时，酸度较高或钙盐含量过高，可使冰淇淋中的蛋白质凝成小块。

(5)融化后呈泡沫状　由于混合原料的黏度较低或有较大的空气泡分散在混合原料中，当冰淇淋融化时，会产生泡沫现象。主要是在制造冰淇淋时稳定剂用量不足或稳定剂选用不当所造成的。

(6)冰的分离　冰淇淋的酸度增高,会形成冰分离的现象;稳定剂采用不当或用量不足,混合原料中总干物质含量不足以及混合料杀菌温度低,均能增加冰的分离概率。

(7)冰砾现象　冰淇淋在储藏过程中,常常会产生冰砾。通过显微镜的观察,冰砾为一种小结晶物质,这种物质实际上是乳糖结晶体,因为乳糖在冰淇淋中较其他糖类难于溶解。如冰淇淋长期储藏在冷库中,在其混合原料中存在晶核、黏度适宜以及有适当的乳糖浓度与结晶温度时,乳糖便在冰淇淋中形成晶体。

4.冰淇淋的收缩。冰淇淋的收缩现象是冰淇淋生产中重要的工艺问题之一。主要由于冰淇淋硬化或储藏温度变异,黏度降低和组织内部分子移动,从而引起空气泡的破坏,空气从冰淇淋组织内溢出,使冰淇淋发生收缩。另外,当冰淇淋组织内的空气压力较外界低时,冰淇淋组织陷落而形成收缩。

防收缩措施:首先,采用品质较好、酸度低的鲜乳或乳制品为原料,在配制冰淇淋时用低温老化,这样可以防止蛋白质含量的不稳定。第二,在冰淇淋混合原料中,糖分含量不宜过高,并不宜采用淀粉糖浆,以防凝冻点降低。第三,严格控制冰淇淋凝冻搅拌操作,防止膨胀率过高。第四,严格控制硬化室和冷藏库内的温度,防止温度升降,尤其当冰淇淋膨胀率较高时更需注意,以免使冰淇淋受热变软或融化等。

【知识链接】

一、冰淇淋的概念及特点

(一)概念

冰淇淋是以牛奶或乳制品和蔗糖为主要原料,并加入蛋或蛋制品、乳化剂、稳定剂以及香料、着色剂等食品添加剂,经混合、均质、杀菌、老化、凝冻等工艺或再经成形、硬化等工艺制成的体积膨胀的冷冻食品。

质构:冰淇淋的物理构造很复杂。气泡包围着冰的结晶连续向液相中分散,在液相中含有固态的脂肪、蛋白质、不溶性盐类、乳糖结晶、稳定剂以及溶液状的蔗糖、乳糖、盐类等,因此,冰淇淋是由液相、气相、固相等三相构成的。

(二)特点

1.工艺特点

冰淇淋制造过程大致可分为前、后两个工序。前道工序为混合工序,包括配料、均质、杀菌、冷却与成熟。后道工序包括凝冻、成形和硬化等,它是制造冰淇淋的主要工序。

2.产品特点

冰淇淋中含有一定量的乳脂肪和非脂乳固体,所以它具有浓郁的香味、细腻的组织和可口的滋味,还具有很高的营养价值。

二、冰淇淋的组成及分类

(一)组成

一般冰淇淋中的脂肪含量范围为6%～12%,高的可达16%以上,蛋白质含量为3%～4%,蔗糖含量为14%～18%,而水果冰淇淋中含糖量可达27%。冰淇淋的发热值可达8.36 kJ/kg。

(二)分类

冰淇淋品种繁多,按照脂肪的含量可以分为以下几种:

(1)高级奶油冰淇淋 一般其脂肪含量为14%～16%,总干物质含量为38%～42%。

(2)奶油冰淇淋 一般其脂肪含量为10%～12%,总干物质量为34%～38%。

(3)牛奶冰淇淋 一般其脂肪含量为5%～6%,总干物质含量为32%～34%。

(4)果味冰淇淋 一般其脂肪含量为3%～5%,总干物质含量为26%～30%。

按照产品形状分为:砖状冰淇淋、杯状冰淇淋、蛋卷冰淇淋、蛋糕冰淇淋等。

按照冰淇淋组分分为:完全由乳制品制备的冰淇淋;含有植物油脂的冰淇淋;添加了乳脂和乳干物质的果汁制成的莎白特(Sherbet)冰淇淋等。

三、冰淇淋原料和辅料

(一)水

水是冷饮乳制品生产中不可缺少的一种重要原料。对于冰淇淋来说,其水分主要来源于各种原料,如鲜牛乳、炼乳、稀奶油、果汁、鸡蛋等,另外还需要添加大量的饮用水。

(二)脂肪类

冰淇淋中油脂含量在6%～12%最为适宜,雪糕中油脂含量在2%以上。如脂肪的使用量低于此范围,不仅影响冰淇淋的风味,而且使冰淇淋的发泡性降低;如高于此范围,就会使冰淇淋、雪糕成品形体变得过软。乳脂肪的来源有稀奶油、奶油奶、炼乳、全脂乳粉等,但由于乳脂肪价格昂贵,目前普遍使用相当量的植物脂肪来取代乳脂肪,主要有起酥油、人造奶油、棕榈油、椰子油等,其熔点性质应类似于乳脂肪,熔点为28～32℃。

脂肪对冰淇淋、雪糕有很重要的作用:

①为冷饮乳制品提供丰富的营养及热能。

②影响冰淇淋、雪糕的组织结构。由于脂肪在凝冻时形成网状结构,赋予了冰淇淋、雪糕特有的细腻润滑的组织和良好的质构。

③是冷饮乳制品风味的主要来源。由于油脂中含有许多风味物质,通过与冷饮乳制品中蛋白质及其他原料作用,赋予冷饮乳制品独特的芳香风味。

④增加冰淇淋、雪糕的抗融性。在冰淇淋、雪糕成分中,水所占比例相当大,它的许多物理性质对冰淇淋、雪糕质量影响也大,油脂熔点范围在24～50℃,而冰的熔点为0℃,因此适

当添加油脂，可以增加冰淇淋、雪糕的抗融性，延长冰淇淋、雪糕的货架寿命。

（三）非脂乳固体

非脂乳固体(milk solid nonfat，MSNF)是牛乳总固形物除去脂肪而所剩余的蛋白质、乳糖及矿物质的总称。其中蛋白质具有水合作用，在均质过程中它与乳化剂一同在生成的小脂肪球表面形成稳定的薄膜，确保油脂在水中的乳化稳定性，同时在凝冻过程中促使空气很好地混入，并能防止冷饮乳制品中冰结晶的扩大，使其质地润滑。乳糖的柔和甜味及矿物质的隐约咸味，将赋予制品显著风味特征。

限制非脂乳固体的使用量的主要原因在于防止其中的乳糖呈过饱和状态而渐渐结晶析出沙状沉淀，一般推荐其最大用量不超过制品中水分的16.7%。

非脂乳固体可以由鲜牛乳、脱脂乳、乳酪、炼乳、乳粉、酸乳、乳清粉等提供，冷饮食品中的非脂乳固体，以鲜牛乳及炼乳为最佳。若全部采用乳粉或其他乳制品配制，其蛋白质的稳定性较差，会影响组织的细腻性与冰淇淋、雪糕的膨胀率，易导致产品收缩，特别是使用溶解度不良的乳粉，更易降低产品质量。

（四）甜味剂

甜味剂具有提高甜味、充当固形物、降低冰点、防止冰的再结晶等作用，对产品的色泽、香气、滋味、形态、质构和保藏性有重要的影响。

蔗糖为最常用的甜味剂，一般用量为15%左右，过少会使制品甜味不足；过多则缺乏清凉爽口的感觉，并使料液冰点降低(一般增加2%的蔗糖，则其冰点相对降低0.22℃)，凝冻时膨胀率不易提高，易收缩，成品容易融化。蔗糖还能影响料液的黏度，控制冰晶增大。

较低DE值(葡萄糖值)的淀粉糖浆能使冷饮乳制品冰晶化转变温度提高，降低制品中冰晶的生长速率。鉴于淀粉糖浆的抗结晶作用，冷饮乳制品生产厂家常以淀粉糖浆部分代替蔗糖，一般以代替蔗糖用量的1/4为好。当蔗糖与淀粉糖浆两者并用时，制品的组织、贮运性能将更佳。

随着现代人们对低糖、无糖冷饮乳制品的需求，以及改进风味、增加品种或降低成本的需要，除常用的甜味剂白砂糖、淀粉糖浆外，很多甜味剂如蜂蜜、转化糖浆、阿斯巴甜、阿力甜、安赛蜜、甜蜜素、甜叶菊糖、罗汉果甜苷、山梨醇、麦芽糖醇、葡聚糖等普遍被配合使用。

（五）蛋与蛋制品

蛋与蛋制品能改善组织结构和风味，提高冰淇淋的营养价值。一般蛋黄粉用量为0.5%～2.5%，若过量，制品易呈现蛋腥味。

（六）稳定剂

稳定剂又称安定剂，具有亲水性，因此能提高料液的黏度及冷饮乳制品的膨胀率，防止大冰晶的产生，减少粗糙的感觉，对冷饮乳制品产品融化作用的抵抗力也强，使制品不易融化和再结晶，在生产中能起到改善组织状态的作用。

稳定剂的种类很多，较为常用的有明胶、琼脂、卡拉胶、海藻胶、魔芋胶、变性淀粉等。稳定剂的添加量依原料的成分组成不同而变化，尤其依总固形物含量而异，一般为1%～5%。

(七)乳化剂

冷饮中常用的乳化剂有:甘油一酸酯(单甘酯)、蔗糖脂肪酸酯(蔗糖酯)、聚山梨酸酯、山梨醇酐脂肪酸酯、丙二醇脂肪酸酯(PG 酯)、卵磷脂、大豆磷脂、三聚甘油硬脂酸单甘酯。

乳化剂添加量与混合料中脂肪含量有关,随脂肪含量增加而增加,范围在 0.1%~0.5%。复合乳化剂的性能优于单一乳化剂。

乳品冷饮混合料中加入乳化剂的作用如下:

①使脂肪呈微细乳浊状态并使之稳定化。

②分散脂肪球以外的粒子并使之稳定化。

③增加室温下产品的耐热性,也就是增强了产品的抗融性和抗收缩性。

④防止或控制粗大冰晶形成,使产品组织细腻。

另外,一些其他的食品原料,如鲜鸡蛋与蛋制品,含有大量的卵磷脂,具有永久性乳化能力,因而也能起到乳化剂的作用。

(八)香味剂

香味剂能赋予冷饮乳制品醇和的香味,增加其食用价值。香味剂按风味种类分为果蔬类、干果类、乳香类等;按其溶解性分为水溶性和脂溶性。

香精可以单独或搭配使用。香气类型接近的较易搭配,反之较难。如水果类与乳香类,干果类与乳香类易搭配;而干果类与水果类较难搭配。一般冷饮中用量为 0.075%~0.1%。除了用上述香精调香外,亦可直接加入果仁、鲜水果、鲜果汁、果冻等进行调香调味。

(九)着色剂

协调的色泽能改善乳品冷饮的感官品质,大大增进人们的食欲。冷饮乳制品调色时,应选择与产品名称相适应的着色剂,在选择使用色素时,应首先考虑符合添加剂卫生标准的。调色时以淡薄为佳,常用的着色剂有红曲色素、姜黄色素、叶绿素铜钠盐、焦糖色素、红花黄、β-胡萝卜素、辣椒红、胭脂红、柠檬黄、日落黄、亮蓝等。

四、原材料的运送与储存

干物料如乳清粉、稳定剂和乳化剂的用量相应比较小。较大量的原材料如可可粉通常为袋装运送,糖和乳粉可由可重复使用的容器运送,用压缩气吹入贮仓,也可用袋装贮送,用特殊设备倒袋。

液体物料如奶、稀奶油、炼乳、液体葡萄糖和植物油用罐运送。

①乳原料在储存之前需冷却到 5℃。

②甜炼乳、葡萄糖浆和植物油则必须贮于相对较高温度(30~50℃)以保持黏度足够低以便可以泵送。

③乳脂以无水乳脂(AMF)的形式运送,如果是奶油,就需要先融化脂肪再泵送入贮缸并保持温度在 35~40℃,在此种情况下可以准备一到两班生产所用批量,以防止乳脂肪的氧化,否则应储存于厌氧环境下。

五、冰淇淋生产工艺

(一)原料的配比与计算

首先应掌握配制冰淇淋的原料的成分,然后按冰淇淋质量标准进行计算。

脂肪主要由牛奶、稀奶油、奶油或植物油提供,水中可含有香精和色素,非脂乳固体为除脂肪以外的乳成分,如蛋白质、盐类、乳糖等,糖为液态或固态蔗糖(糖中有10%可能是葡萄糖或甜味剂),乳化剂和稳定剂为单脂类、海藻盐、明胶等。膨胀率体现产品中空气量。其他成分如鸡蛋、果料和巧克力碎片等皆可在加工过程中加入。

典型冰淇淋组成见表7-2。

表7-2　典型冰淇淋组成　%

冰淇淋类型	脂肪	非脂乳固体	糖	乳化剂、稳定剂	水分	膨胀率
甜点冰淇淋	15	10	15	0.3	59.7	110
冰淇淋	10	11	14	0.4	64.6	100
冰奶	4	12	13	0.6	70.4	85
莎白特	2	4	22	0.4	71.6	50
冰果	0	0	22	0.2	77.8	0

1.原料配比的原则

原则上要考虑脂肪与非脂乳固体的比例,总干物质(总固形物,总固体物)含量,糖的种类和含量,乳化剂、稳定剂的选择与含量等。

主要成分含量的控制如下:

乳脂肪为8%～14%;非脂乳固体为8%～12%;糖类为13%～16%;稳定剂为0.2%～0.3%;乳化剂为0.1%～0.2%;总固形物为32%～40%。

2.配方的计算

例1　配制100 kg混合料,计算含乳脂肪40%的稀奶油,含非脂乳固体98%的脱脂乳粉,蔗糖,稳定剂和水各需要多少。

解:(1)根据所学知识自行设计配方成分表　如表7-3所示。

表7-3　配方成分

项目	成分名称			
	乳脂肪	非脂乳固体	糖类	稳定剂
含量/%	10	10	15	0.4
质量/kg	10	10	15	0.4

(2)列出原料成分表　如表7-4所示(蔗糖含蔗糖100%,明胶固体物含量为90%)。

表 7-4　原料成分

项目	原料名称			
	稀奶油	脱脂乳粉	蔗糖	明胶(稳定剂)
配方成分	乳脂肪	非脂乳固体	蔗糖	固体物
含量/%	40	98	100	90

(3)计算原料用量

①稀奶油用量　　10/40%=25(kg)

②脱脂乳粉用量　　10/98%=10.2(kg)

③蔗糖用量　　15/100%=15(kg)

④明胶用量　　0.4/90%=0.44(kg)

(4)列出原料用量　如表 7-5 所示。

表 7-5　原料用量　　kg

原料名称	用量	乳脂肪含量	非脂乳固体含量	蔗糖含量	明胶固体物含量	总固体物含量
稀奶油	25	10				10
脱脂乳粉	10.2		10			10
蔗糖	15			15		15
明胶	0.44				0.4	0.4
水	49.36					
合计	100	10	10	15	0.4	35.4

例 2　原料:现备有脂肪含量为 30%、非脂乳固体含量为 6.4%的稀奶油,脂肪含量为 4%、非脂乳固体含量为 8.8%的原料牛奶,脂肪含量为 8%、非脂乳固体含量为 20%、含糖量为 40%的甜炼乳和蔗糖等原料。

产品标准:拟配制 100 kg 脂肪含量为 12%、非脂乳固体含量为 11%、蔗糖含量为 14%和明胶稳定剂 0.5%、乳化剂 0.4%、香料 0.1%的混合料。试计算各种原料的用量。

解:(1)先计算稳定剂、乳化剂和香料的需要量

稳定剂(明胶):0.5%×100=0.5(kg)

乳化剂:0.4%×100=0.4(kg)

香　料:0.1%×100=0.1(kg)

(2)求出乳与乳制品和糖的需要量

冰淇淋中的乳固体物由稀奶油、原料牛奶、甜炼乳引入,而糖类则由甜炼乳和蔗糖引入,故可设稀奶油的需要量为 A,原料牛奶需要量为 B,甜炼乳的需要量为 C,蔗糖的需要量为 D。则:

$A+B+C+D+0.5+0.4+0.1=100$(kg)

冰淇淋各成分的平衡：

脂肪12%：来自稀奶油、牛奶、甜炼乳。

$0.3A+0.04B+0.08C=12$

非脂乳固体11%：来自稀奶油、牛奶、甜炼乳。

$0.064A+0.088B+0.2C=11$

糖：来自甜炼乳、蔗糖。

$0.4C+D=14$

解上述方程式，分别得：$A=26.98$ kg（稀奶油），$B=41.03$ kg（原料牛奶），$C=28.31$ kg（甜炼乳），$D=2.68$ kg（蔗糖）。

(3)核算

①100 kg混合原料中要求含有：

脂肪 $100\times0.12=12$(kg)，非脂乳固体 $100\times0.11=11$(kg)，蔗糖 $100\times0.14=14$(kg)。

②所配制的100 kg混合原料中的成分如下。

脂肪：共11.99 kg。由稀奶油引入：$26.98\times0.3=8.09$(kg)，由原料乳引入：$41.03\times0.04=1.64$(kg)，由甜炼乳引入：$28.31\times0.08=2.26$(kg)。

非脂乳固体：共11.0 kg。由稀奶油引入：$26.98\times0.064=1.73$(kg)，由原料乳引入：$41.03\times0.088=3.61$(kg)，由甜炼乳引入：$28.31\times0.2=5.66$(kg)。

糖：共14.0 kg。由甜炼乳引入：$28.31\times0.4=11.32$(kg)，由蔗糖引入：2.68 kg。

③将上述计算的冰淇淋原料的配合用量汇总（表7-6）：

表7-6 冰淇淋原料的配合用量 kg

原料名称	配合用量	干物质含量				总干物质
		脂肪	非脂乳固体	糖	其他	
稀奶油	26.98	8.09	1.73			9.82
原料乳	41.03	1.64	3.61			5.25
甜炼乳	28.31	2.26	5.66	11.32		19.24
蔗糖	2.68			2.68		2.68
稳定剂（明胶）	0.5				0.5	0.5
乳化剂	0.4				0.4	0.4
香料	0.1				0.1	0.1
合计	100	11.99	11	14	1	37.99

(二)混合料的配制程序

1.领取原、辅料

按照配方要求及生产能力，计算每次原、辅料的用量，并据此取料。

2.原、辅料的处理

鲜牛乳:在使用鲜牛乳前应先过滤除杂质,可用 120 目筛进行过滤。

冰牛乳:应先击碎成小块,然后热融化,过滤再泵入杀菌缸中。

乳粉:先加入水溶解,有条件的可用均质机均质一次,使乳粉充分溶解。

奶油:(包括人造奶油和硬化油)应先检查其表面有无杂质,若无杂质时再用刀切成小块,加到灭菌缸中。

稳定剂:(明胶或琼脂)先将其用水浸泡 10 min,再加热至 60～70℃,配制 10%的溶液。

蔗糖:在容器中加糖,加适量水,加热熔解成糖浆,并过 100 目筛。

蛋类:鲜蛋可与鲜乳一起混合,过滤后均质,冰蛋要先加热融化后使用。

蛋黄粉:先与加热到 50℃的奶油混合,再用搅拌机使其均匀分散在油脂中。

果汁:果汁一般静置存放会变得不均匀,在使用前应搅匀或均质处理。

3.混合料的酸度控制

混合料的酸度对成品的风味、组织状态和膨胀率有很大关系,酸度随其所含非脂乳固体的多少而异。

混合料酸度以非脂乳固体含量百分比×0.018(系数)来计算(如 11%×0.018=0.198%)。酸度的来源有蛋白质、无机盐、溶解气体、乳酸菌发酵产生乳酸。正常酸度为 0.18%～0.25%(以酸度计)。酸度过高使产品黏度过高,物料在生产加工过程中易产生结块现象。

4.配料设备及工具的消毒

配料设备和管道都需要消毒。

5.混合料配制基本顺序

①先往配料缸中加入鲜乳、脱脂乳等黏度最低的原料,以及半量左右的水。

②加入黏性稍高的原料,如糖浆、乳粉液、稳定剂和乳化剂。

③加入黏度高的原料,如稀奶油、炼乳、果葡糖浆、蜂蜜。

④对于一些数量较少的固体料,如可可粉、非脂乳固体等,可用细筛直接筛入高速搅拌缸中。

⑤最后以水或牛乳做容量调配,使混合料的总固体物含量在规定范围内。

6.配料注意事项

①配料温度对混合料的配制效率和质量影响大,通常温度控制在 40～50℃。

②为使各种原料尽快混合在一起,在配料时应不停地搅拌。

(三)混合料的均质

1.均质的目的

未经均质处理的混合料虽亦可制造冰淇淋,但成品质地较粗。均质可获得均匀液相混合,防止脂肪分离;使冰淇淋组织细腻,形体润滑柔软;稳定性和持久性增加;提高膨胀率,减少冰结晶;使产品易被消化和吸收;增加混合料黏度。

2.均质的方法

杀菌之后料温在63～65℃,采用均质机以14～18 MPa压力均质。

①温度:冰淇淋混合料均质的最适合温度为65～70℃。若高于70℃均质,凝冻时膨胀率会过大,有损于形体。在较低温度(46～52℃)下均质,料液黏度大,均质效果不良,需延长凝冻搅拌时间;当在最佳温度下均质时,凝冻搅拌所需时间可以缩短。

②均质压力:当压力过低时,脂肪粒没有被充分粉碎,乳化不良,影响冰淇淋的形体;而当压力过高时,脂肪粒过于微小,使混合料黏度过高,凝冻时空气难以混入,给膨胀率带来影响。合适的压力可以使冰淇淋组织细腻、形体松软润滑,一般选择压力为14.7～17.6 MPa。

(四)杀菌

在杀菌缸内进行杀菌,采用巴氏杀菌工艺,能杀灭病原菌、细菌、霉菌和酵母菌等。

1.杀菌的目的

①杀灭混合料中的微生物。

常见的微生物:大肠杆菌、结核杆菌、伤寒杆菌、负伤寒杆菌、布氏杆菌、枯草杆菌、白喉杆菌、沙门杆菌、好气性芽孢菌、乳酸菌、霉菌、酵母菌。

②增加混合料的黏度,提高品质和风味(破坏酶活性)。

2.杀菌条件的选择

①巴氏杀菌法(LTLT):68～70℃,时间为30 min。

②高温短时杀菌(HTST):85～90℃,时间为3～5 min。优点:可节省稳定剂的用量,减少营养素的损失,改善质地,能进行连续生产。

③超高温瞬时杀菌(UHT):120～135℃,时间为1～3 s。

(五)冷却与老化

1.冷却

混合原料经过均质处理后,应立即转入冷却设备中,迅速冷却至老化温度(2～4℃)。其目的是防止脂肪球上浮。温度大于60℃,混合料的黏度较低,脂肪球易于相互聚集上浮;而温度迅速降低,使黏度变大,脂肪球难聚集上浮。

2.老化

老化是将混合原料在2～4℃的低温下保持一定时间,进行物理成熟的过程。

(1)老化的目的

①加强蛋白质和稳定剂的水化作用,进一步提高混合料的稳定性和黏度,有利于提高膨胀率。

②促使脂肪进一步被乳化,可防止脂肪上浮、酸度提高、游离水析出。

③游离水的减少可防止凝冻时形成较大的冰晶,改善冰淇淋的组织结构。

④缩短凝冻操作的时间,挥发部分不良气味。

(2)影响老化时间的因素

①混合料的温度:温度高,老化时间长。

②混合料的组成成分:总固形物含量越高,黏度越高,老化时间越短。

老化时间为2～24 h。温度在0～1℃时,老化时间约2 h即可;如温度在2～4℃时,老化时间约需4 h;而温度高于6℃时,即使延长了老化时间也得不到良好的效果。

混合料的组成成分与老化时间有一定关系,干物质越多,黏度越高,老化时间越短。一般说来,老化温度控制在1～4℃,时间6～12 h为佳。

③提高老化效率的方法:为提高老化效率,也可将老化分两步进行。首先将混合料冷却至15～18℃,保温2～3 h,此时混合料中的稳定剂得以充分与水化合,提高水化程度;然后将其冷却到2～4℃,保温3～4 h,这可大大提高老化速度,缩短老化时间。

(六)添加香料

在成熟终了的混合料中添加香料、色素等,通过强力搅拌,在短时间内使之混合均匀,然后送到凝冻工序。

(七)凝冻

凝冻是冰淇淋制造中的一个重要工序。它是将混合料在强制搅拌下进行冷冻,这样可使空气呈极微小的气泡状态均匀分布于混合料中,而使水分中有一部分(20%～50%)呈微细的冰结晶。

1.凝冻的目的

使混合料更加均匀;使冰淇淋组织更加细腻;使冰淇淋得到合适的膨胀率;使冰淇淋稳定性提高;可加速产品硬化成形进程。

(1)使混合料更加均匀　由于经均质后的混合料,还需要添加香精、色素等,在凝冻时由于搅拌器的不断搅拌,使混合料中各组分进一步混合均匀。

(2)使冰淇淋组织更加细腻　凝冻是在−6～−2℃的低温下进行的,此时料液中的水分会结冰,但由于搅拌作用,水分只能形成4～10 μm的均匀小结晶,而使冰淇淋的组织细腻、形体优良、口感滑润。

(3)使冰淇淋得到合适的膨胀率　在凝冻时,由于不断搅拌及空气的逐渐混入,冰淇淋体积膨胀而获得优良的组织和形体,使产品更加适口、柔润和松软。

(4)使冰淇淋稳定性提高　由于凝冻后,空气气泡均匀地分布于冰淇淋组织之中,能阻止热传导的作用,可使产品抗融化作用增强。

(5)可加速产品硬化成形进程　由于搅拌凝冻在低温下操作,因而能使冰淇淋料液冻结成为具有一定硬度的凝结体,即凝冻状态,经包装后可较快硬化成形。

2.凝冻的过程

冰淇淋料液的凝冻过程大体分为以下三个阶段:

(1)液态阶段　料液经过凝冻机凝冻搅拌一段时间(2～3 min)后，料液的温度从进料温度(4℃)降低到2℃。此时料液温度尚高，未达到使空气混入的条件，因此称这个阶段为液态阶段。

(2)半固态阶段　继续将料液凝冻搅拌2～3 min，此时料液的温度降至－2～－1℃，料液的黏度也显著提高。由于料液的黏度提高了，空气得以大量混入，料液开始变得浓厚而体积膨胀，这个阶段为半固态阶段。

(3)固态阶段　此阶段为料液即将形成软冰淇淋的最后阶段。经过半固态阶段以后，继续凝冻搅拌料液3～4 min，此时料液的温度已降低到－6～－4℃，在温度降低的同时，空气继续混入，并不断地被料液层层包围，这时冰淇淋料液内的空气含量已接近饱和。随着料液体积不断膨胀，料液最终成为浓厚、体积膨大的固态物质，此阶段即是固态阶段。

3.冰淇淋在凝冻过程中发生的变化

(1) 空气混入　冰淇淋一般含有50％体积的空气，由于转动的搅拌器的机械作用，空气被分散成小的空气泡，其典型的直径为50 μm。

(2)水冻结成冰晶　混合物料中大约50％的水冻结成冰晶，这取决于产品的类型。灌装设备温度的设置常常比出料温度略低，这样就能保证产品不至于太硬。

(3)组织更加细腻　由于凝冻机中搅拌器的机械作用，失去了稳定的乳化效果，一些脂肪球被打破，液态脂肪释放出来，使冰淇淋的组织更加细腻。

4.冰淇淋凝冻温度

在降低冰淇淋温度时，每降低1℃，其硬化所需的持续时间就可缩短10％～20％。但凝冻温度不得低于－6℃，因为温度太低会造成冰淇淋不易从凝冻机内放出。

5.膨胀率

(1)概念　冰淇淋的膨胀是指混合料在凝冻工序时，空气被混入冰淇淋中，成为极小的气泡，而使冰淇淋的体积增加的现象，又称为增容。

冰淇淋的膨胀率指冰淇淋混合料在凝冻时，均匀混入许多细小的气泡，使制品体积增加的百分率。冰淇淋的膨胀率可用浮力法测定，即用冰淇淋膨胀率测定仪测量冰淇淋试样的体积，同时称取该冰淇淋试样的质量并用密度计测定冰淇淋混合料(融化后冰淇淋)的密度，以体积百分率计算膨胀率。

冰淇淋膨胀率并不是越大越好，膨胀率过高，组织松软，缺乏持久性；过低则组织坚实，口感不良。

(2)影响冰淇淋膨胀率的因素

①原料方面。

a.在一定范围内，乳脂肪含量越高，混合料的黏度越大，越有利膨胀；但乳脂肪含量过高时，效果反之。一般乳脂肪含量以6％～12％为好，此时膨胀率最好。

b.非脂乳固体：非脂乳固体含量高，能提高膨胀率。非脂乳固体含量一般为10％。

c.糖含量高,冰点降低,会降低膨胀率。糖含量一般以13%～15%为宜。

d.适量的稳定剂,能提高膨胀率;但用量过多则黏度过高,空气不易进入而降低膨胀率。稳定剂用量一般不宜超过0.5%。

e.无机盐对膨胀率有影响。如钠盐能增加膨胀率,而钙盐则会降低膨胀率。

②操作方面。

a.均质适度,能提高混合料黏度,空气易于进入,使膨胀率提高;但均质过度则混合料黏度高、空气难以进入,膨胀率反而下降。

b.在混合料不冻结的情况下,老化温度越低,膨胀率越高。

c.采用瞬间高温杀菌比低温巴氏杀菌法混合料变性少,膨胀率高。

d.空气吸入量合适能得到较佳的膨胀率,应注意控制。

e.若凝冻压力过高则空气难以混入,膨胀率下降。

6.凝冻设备与操作

凝冻机是由混合料制成冰淇淋成品的关键设备,凝冻机按生产方式分为间歇式和连续式两种。冰淇淋凝冻机工作原理及操作方法如下:

(1)间歇式凝冻机　间歇式氨液凝冻机的基本组成部分为机座、带夹套的外包隔热层的圆形凝冻筒(图7-3)、装有刮刀的搅拌器、传动装置以及混合料的贮槽等。

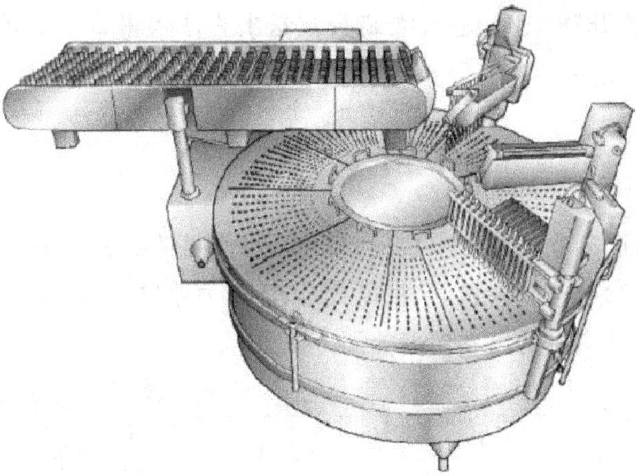

图7-3　圆形凝冻筒

其工作原理为:开启凝冻机的氨阀(盐水阀)后,氨不断进入凝冻筒的夹套中进行循环,凝冻筒夹套内氨液的蒸发使凝冻圆筒内壁起霜,筒内混合料由于搅拌器外轴支架上的两把刮刀与搅拌器中轴Y形搅拌器的相向反复搅刮作用,在被冻结时不断混入大量均匀分布的空气泡,同时料液从2～4℃冷冻至－6～－3℃,形成体积膨松的冰淇淋。

(2)连续式凝冻机　连续式凝冻机主要由搅刮器、空气混合泵、料箱、制冷系统、电器控制系统等部分组成。其工作原理为:制冷系统将液体制冷剂输入凝冻筒的夹套内,冰淇淋料液经由空气混合泵混入空气后进入凝冻筒。

动力则由电动机经皮带调节后，通过联轴器带动刮刀轴套旋转。刮刀轴上的刮刀在离心力的作用下，紧贴凝冻筒的内壁做回转运动(图 7-4)，由进料口输入的料液经冷冻冻结在筒体内壁上形成的冰淇淋就连续被刮削下来。

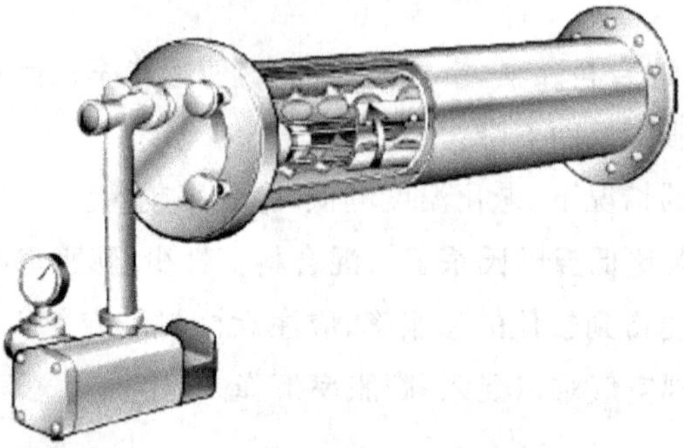

图 7-4　连续凝冻机的内部构造

同时新的料液又附在内壁上被凝结，随即又被刮削下来，周而复始、循环工作。刮削下来的冰淇淋半成品，经刮刀轴套上的许多圆孔进入轴套内，在偏心轴的作用下，冰淇淋被搅拌混合，质地均匀细腻。经搅拌混合的冰淇淋便在压力差的作用下，不断挤向上端，并克服膨胀阀弹簧的压力，打开膨胀阀，进入灌装头被送出为冰淇淋成品。冰淇淋经膨胀阀后减压，其体积膨胀、质地疏松。

(八)成形与硬化

1. 成形灌装

凝冻后的冰淇淋必须立即成形灌装(和硬化)，以满足储藏和销售的需要。

冰淇淋的成形有冰砖、纸杯、蛋筒、浇模成形、巧克力涂层、异形等类型，通过多种成形灌装机完成出料成形。冰淇淋的出料温度如图 7-5 所示。

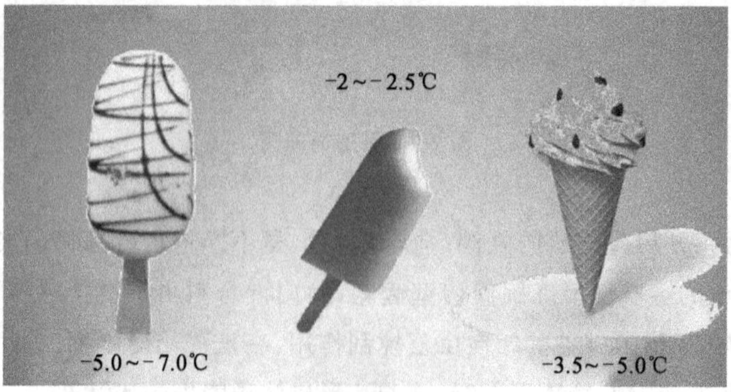

图 7-5　冰淇淋的出料温度

2. 硬化

将经成形灌装机灌装和包装后的冰淇淋迅速置于－25℃以下的温度，经过一定时间的速冻，品温保持在－18℃以下，使其组织状态固定、硬度增加的过程称为硬化。硬化后的冰淇淋的剖面如图 7-6 所示。

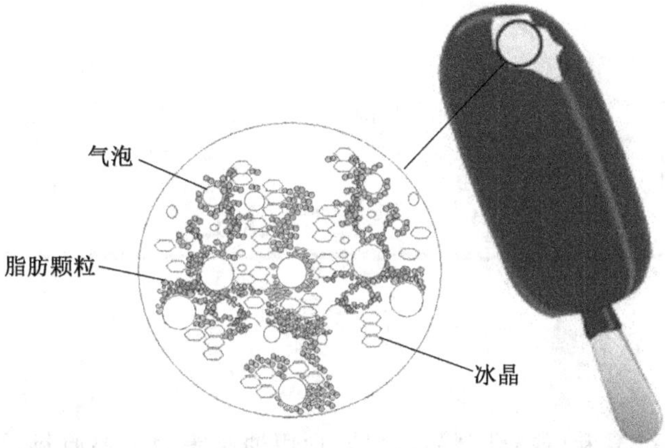

图 7-6　冰淇淋的剖面

硬化的目的是固定冰淇淋的组织状态，完成形成细微冰晶的过程，保持产品适当的硬度以保证冰淇淋的质量，使其便于销售与储藏、运输。

速冻硬化可在速冻库（－23～－25℃）、速冻隧道（－35～－40℃）或盐水硬化设备（－25～－27℃）等中进行。

一般硬化时间为：速冻库 10～12 h，速冻隧道（图 7-7）30～50 min，盐水硬化设备 20～30 min。

影响硬化效果的因素有包装容器的形状与大小，速冻室的温度与空气的循环状态，室内制品的位置以及冰淇淋的组成成分和膨胀率等。

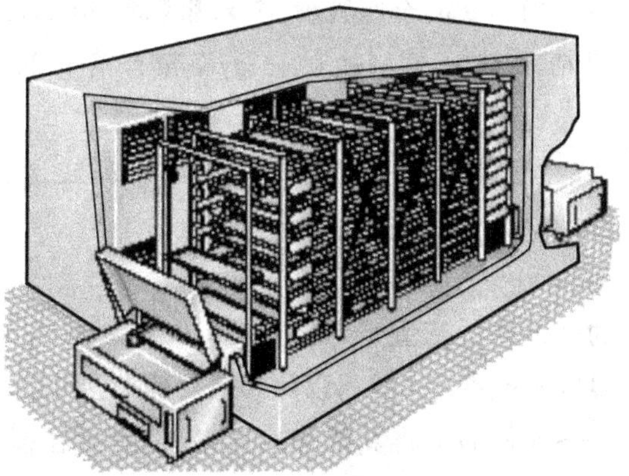

图 7-7　速冻隧道

(九)储存

硬化后的冰淇淋,在销售前应被保存在低温冷藏库中。冷藏库的温度为−20℃,相对湿度为85%~90%。冷藏库温度不可忽高忽低,储存中温度变化往往导致冰淇淋中冰的再结晶,使冰淇淋质地粗糙,影响冰淇淋品质。

任务二 雪糕的加工

【任务描述】

雪糕是以饮用水、乳和(或)乳制品、食糖、食用油脂等为主要原料,添加适量增稠剂、香料,经混合、灭菌、均质或轻度凝冻、注模、冻结等工艺制成的冷冻产品。雪糕的总固形物、脂肪含量较冰淇淋低。本任务为雪糕的加工。

【参考标准】

GB/T 31119—2014《冷冻饮品　雪糕》

【工艺流程】

原料混合→杀菌→均质→冷却→注模→冻结→插杆→脱模→包装→储存。

【任务实施】

1. 配方。水855 g,白砂糖149 g,全脂乳粉33 g,甜炼乳60 g,淀粉15 g,糯米粉15 g,精炼油脂40 g,禽蛋37 g,糖精0.15 g,精制盐0.15 g,草莓香精1.20 g。

2. 操作要点。

(1)混合料的配制　将黏度低的原料先加入,再将黏度高或含水分低的原料依次加入,经混合后制成混合料液。

注意:

①对于冰蛋或自制的已结冰的鸡蛋浆,要将其先切成小块,并与牛奶和水混合,比例为1∶4,在混合缸内加热,温度不能高于55℃,以免鸡蛋变成鸡蛋花。

②使用淀粉,要先用5~6倍的水将其稀释成淀粉浆,然后在搅拌的前提下加入混合缸内,加热温度为60~70℃,使其初步糊化,然后再通过泵循环过滤,将未溶化的淀粉颗粒及杂质过滤掉。将过滤过的淀粉浆打入杀菌缸内。

③奶粉可与砂糖、水或牛奶一起搅拌混合，加热温度为75℃左右，过滤后打入杀菌缸内。

(2)杀菌　杀菌温度为85～87℃，时间为5～10 min。

(3)均质、冷却　均质温度为60～70℃，均质压力为15～17 MPa。均质后的料液可直接进入冷却缸中，温度降至4～6℃。

(4)注模　将混合好的料液装入模具中。

(5)冻结　将模盘浸入盐水中进行冻结。

(6)插杆　杆要求插得整齐端正，不得有歪斜、漏插及未插牢现象。

(7)脱模　烫模盘槽内的水温度应控制在48～54℃，浸入时间为数秒钟，以能脱模为准。

(8)包装　包装要求整齐，不得有破裂现象。

(9)储存　雪糕在销售前应被储存在冷藏库中，冷藏库的温度为－20℃，相对湿度为85%～90%，并保持温度的稳定。

【任务评价】

评价单

学习领域	雪糕的加工				
评价类别	项目	子项目	个人评价	组内互评	教师(师傅)评价
专业能力80%	资讯(5%)	搜集信息(2%)			
		引导问题回答(3%)			
	计划(5%)	计划可执行度(3%)			
		计划执行参与程度(2%)			
	实施(40%)	操作熟练度(40%)			
	结果(20%)	结果质量(20%)			
	作业(10%)	完成质量(10%)			
社会能力20%	团结协作(10%)	对小组的贡献(10%)			
	敬业精神(10%)	学习纪律性(10%)			

【师生共研】

有关雪糕生产质量问题介绍如下。

1.原辅材料的污染。奶制品、蛋制品、甜味剂、稳定剂及香料等在储存过程中会被污染上一定量的细菌，甚至有耐热芽孢菌。原辅料在运输、加工过程中受到外来污染，大大增加了混合料中的细菌数。虽然经过高温杀菌，但不能完全将细菌杀死，并且污染越严重，杀菌越困难，残留在混合原料中的细菌越多，以致造成冰淇淋的微生物指标超标。因此，要防止污染的发生。建议杀菌温度85℃以上，持续杀菌时间10 min以上。

2.设备的污染。设备(如混料缸、冷却缸、各类管道及工作台)在投产前未能很好消毒,特别是在混合物料经杀菌后与设备密切接触的环节,设备消毒不彻底,将可能造成产品微生物超标。因此在生产前必须按要求进行严格消毒。

3.操作人员的污染。物料细菌数量与操作人员的个人卫生好坏有密切关系。人员进入操作间时不消毒,工作服等不消毒,不按卫生要求操作,都会把细菌带入生产车间。所以操作人员养成良好的个人卫生习惯是保证产品质量的关键。建议建立“自动洗手、自动干手、自动杀菌”的卫生程序。以首次杀菌后时间计算,建议每隔 60～90 min 对手部重新消毒一次,阻隔手部细菌的滋生及繁衍。

4.包装的污染。包装材料在加工、贮运过程中一般不是十分卫生的,易被细菌污染。所以除将包装物妥善保管外,还必须在使用前经过严格的杀菌。

5.成品有异味。由于操作不当,往往会造成雪糕带有不正常的味道,常见的有酸败味、蒸煮味、咸味、臭败味等。造成异味的因素很多,有原料不新鲜造成的,也有加工不当形成的。

①酸败味　使用不新鲜的乳与乳制品。

②蒸煮味　雪糕中加入经高温处理的、非脂乳固体含量高的甜炼乳等,或者混合原料在巴氏杀菌时温度超过 77℃及经过二次巴氏杀菌等,会形成蒸煮的气味。

③咸味　机器漏盐水和浇注溅入盐水;采用含盐分较高的乳酪;经高温处理的含量高的非脂乳固体或者被过度中和;在雪糕中加入少量含盐分较高的黄油等都会增加咸味。

④臭败味　这种气味主要是乳脂肪中丁酸(酪酸)水解的结果,由未经消毒的乳、乳脂或少量未经完全杀菌的混合原料与均质乳相互污染所产生,另外,细菌所产生的脂酶也是一个原因。牛乳或乳脂特别在热天保持其原来状态数天,即会产生臭败味,巴氏杀菌可以避免脂酶所产生的臭败味。

贮存、运输对温度、湿度有特殊要求的食品,应当具备保温、冷藏或冷冻设施、设备,并保证有效运行。

思政花园

国家建立食品安全全程追溯制度。

食品生产经营者应当依照本法的规定,建立食品安全追溯体系,保证食品可追溯。国家鼓励食品生产经营者采用信息化手段采集、留存生产经营信息,建立食品安全追溯体系。

国务院食品安全监督管理部门会同国务院农业行政等有关部门建立食品安全全程追溯协作机制。

——《中华人民共和国食品安全法》第四十二条

【知识链接】

一、雪糕的种类

雪糕根据产品的组织状态分为清型雪糕和组合型雪糕，其理化指标见表 7-7。

表 7-7　雪糕的理化指标

项目	指标	
	清型	组合型
总固形物/(g/100 g)　≥	20	20
蛋白质/(g/100 g)　≥	0.8	0.4
脂肪/(g/100 g)　≥	2.0	1.0

①清型雪糕　不含颗粒或块状辅料的制品，如橘味雪糕。

②组合型雪糕　以雪糕为主体与相关辅料（如巧克力等）组合而成的制品，其中雪糕所占质量分数大于 50%，如白巧克力雪糕、果汁冰雪糕。

二、一般雪糕配方

砂糖 13%～14%，淀粉 1.25%～2.5%，牛乳 32%左右，糖精 0.010%～0.013%，精炼油脂 2.5%～4.0%，麦乳精及其他特殊原料 1%～2%，着色剂适量，香料适量。

三、雪糕的生产工艺

雪糕生产的原料配制、杀菌、冷却、均质、老化等操作技术与冰淇淋基本相同。普通雪糕不需要经过凝冻工序直接经浇模、冻结、脱模、包装而成，膨化雪糕则需要凝冻工序。

(一)凝冻

在雪糕凝冻生产操作时，凝冻机的清洗与消毒及凝冻操作与冰淇淋大致相同，只是料液的加入量不同，一般占凝冻机容积的 50%～60%。膨化雪糕要进行轻度凝冻，膨胀率为 30%～50%，故要控制好凝冻时间以调节凝冻程度，料液不能过于浓厚，否则会影响浇模质量。出料温度控制在－3℃左右。

(二)浇模

浇模之前必须对模盘、模盖等进行彻底清洗消毒，可用沸水煮沸或用蒸汽喷射消毒 10～15 min，确保卫生。浇模时应将模盘前后左右晃动，使模型内混合料分布均匀后，盖上模盖，将模盘轻轻放入冻结缸(槽)内进行冻结。

(三)冻结

雪糕的冻结有直接冻结法和间接冻结法。直接冻结法即直接将模盘浸入盐水槽内进行冻结;间接冻结法使用速冻库与隧道式速冻。进行直接速冻时,先将冷冻盐水放入冻结槽至规定高度,开启冷却系统;开启搅拌器搅动盐水,待盐水温度降至−26～−28℃时,即可放入模盘,注意要轻轻推入,以免盐水污染产品;待模盘内混合料全部冻结(10～12 min),即可将模盘取出。

(四)脱模

使冻结硬化的雪糕由模盘内脱下,较好的方法是将模盘进行瞬时间的加热,紧贴模盘的物料融化而使雪糕易从模具中脱出。加热模盘的设备可用烫盘槽,由内通蒸汽的蛇形管加热。

脱模时,在烫盘槽内注入加热用的盐水至规定高度后,开启蒸汽阀将蒸汽通入蛇形管,控制烫盘槽温度在50～60℃;将模盘置于烫盘槽中,轻轻晃动使其受热均匀,浸数秒钟后(以雪糕表面稍融为度),立即脱模。产品脱离模盘后,置于传送带上,脱模即告完成,便可进行包装。

四、雪泥的生产

雪泥又称冰霜,是用饮用水、食糖等为主要原料,添加增稠剂、香料,经混合、灭菌、凝冻和低温炒制等工艺制成的一种松软冰雪状的冷冻饮品。它与冰淇淋的不同之处在于含油脂量极少,甚至不含油脂,糖含量较高,组织较冰淇淋粗糙,和冰淇淋、雪糕一样是一种清凉爽口的冷冻饮品。

(一)雪泥种类

雪泥按照其产品的组织状态分为清型雪泥、混合型雪泥与组合型雪泥3种。

(1)清型雪泥　不含颗粒或块状辅料的制品,如橘子(橘味)雪泥、香蕉(香蕉味)雪泥、苹果(苹果味)雪泥、柠檬(柠檬味)雪泥。

(2)混合型雪泥　含有颗粒或块状辅料的制品,如巧克力刨花雪泥、菠萝雪泥。

(3)组合型雪泥　与其他冷冻饮品或巧克力、饼坯等组合而成的制品,主体雪泥所占比率不低于50%,如冰淇淋雪泥、蛋糕雪泥、巧克力雪泥。

(二)雪泥生产操作技术要点

(1)配料　按规定配方及原料质量要求进行配料,配料的方法基本同冰淇淋的生产工艺。

(2)杀菌与添加色素　混合液料杀菌温度为80～85℃,保温时间为10～15 min。混合液料经上述杀菌规程后,不但保证了混合液料中淀粉的充分糊化与黏度增加,且达到杀菌的目的。

添加色素时,应先将色素配制成1%～10%的溶液,在料液保温时徐徐加入。而不是直接将色素加入料液内。

(3)冷却与添加香料及果汁　杀菌保温后的料液，用冷却设备速冷却至2～5℃。冷却温度越低，则料液的凝冻时间越短，但料液的温度不能低于－2℃，温度过低会造成料液输送困难。冷却后及时在搅拌的前提下徐徐加入香料及预经杀菌的果汁。

(4)凝冻与加入果肉　雪泥的凝冻多采用间歇式凝冻机。凝冻操作与生产冰淇淋时相似。唯有不同的是雪泥的料液加入量要比冰淇淋的大，如第一次料液加入量为机容量的80%，第二次以后为机容量的70%，主要是因生产雪泥没有膨胀率的要求。一般经过12～18 mim凝冻搅拌，料液变为松软的冰雪状的雪泥。如果生产果肉冰霜(雪泥)，要先对果肉进行杀菌处理，并将果肉冷却到2～5℃时，方可添加到凝冻机中。

(5)包装、储存　凝冻后的雪泥通过冰淇淋灌注机或杯子灌装机灌注，包装形式为冰砖或杯形。包装好的冰霜(雪泥)产品应及时送至－20～－18℃的冷库内储存。

项目八 干酪加工

干酪(奶酪)是营养丰富的发酵乳制品,在我国的消费量逐年增加。奶酪有很多吃法:奶酪配饼干是一些西方人充饥解馋的选择;奶酪与葡萄酒,是法式餐食主菜之后、甜食之前的一道配食;烧意大利菜亦离不开奶酪,做意式面食和比萨饼都需要奶酪;希腊人用生菜、橄榄和奶酪凉拌;传统的瑞士干酪火锅是当地冬季的暖身美食。

知识目标

1. 熟悉干酪发酵剂的种类、制备原理和特性。

2. 通过在实验条件下对干酪加工的进一步了解,熟悉其加工工艺、操作过程和加工原理。

技能目标

1. 能够采用合适的方法对原料进行选取和储备。

2. 能熟练完成原料的预处理过程。

3. 能够准确判断干酪凝乳、成熟的时间。

4. 会分析并解决在干酪生产中出现的质量缺陷等问题。

德育目标

培养学生严谨的工作作风,激发学生的责任感、使命感,引导学生遵守食品生产法律法规和执行食品安全国家标准。

任务一　天然干酪的加工

【任务描述】

利用多媒体教学完成理论学习:奶酪制品的认识,配方的选取,原料用量的计算,加工工艺的熟练,加工设备的准备。

【参考标准】

GB 5420—2010《食品安全国家标准　干酪》

GB 25192—2010《食品安全国家标准　再制干酪》

NY 478—2002《软质干酪》

【工艺流程】

原料乳→标准化→杀菌→冷却→添加发酵剂→调整酸度→加氯化钙→加色素→加凝乳剂凝乳→切割→搅拌→加温→排除乳清→凝块的翻转堆积→破碎、加盐→成形、压榨→成熟→上色挂蜡。

【任务实施】

切达干酪是一种组织致密的硬质干酪。本任务实施以切达干酪为例,内容如下。

1. 仪器与材料。干酪槽、压榨机、干酪切刀、包布、干酪模、干酪耙、压板、筛子、凝乳酶、10% $CaCl_2$、发酵剂等。

2. 原料乳的预处理。原料乳经验收、净化后进行标准化,其含脂率调至2.0%～2.5%,酪蛋白与乳脂肪的比为(0.69～0.71)∶1。

3. 杀菌、冷却。将原料乳用纱布滤入干酪槽内,采用巴氏消毒(63～65℃、30 min)后,冷却至30～32℃,注入事先杀菌处理过的干酪槽内。

4. 发酵剂和凝乳酶的添加。发酵剂一般由乳酪链球菌和乳酸链球菌组成。当乳温在30～32℃时添加原料乳量1%～2%的发酵剂。

因为发酵剂可以产生足够数量的酸,抑制杂菌繁殖,提高干酪的质地和风味,所以发酵剂对切达干酪的质量起着非常重要的作用。

发酵剂加入搅拌均匀后再加入原料量0.01%～0.02%的 $CaCl_2$,要徐徐均匀添加。由于成熟中酸度高，抑制产气菌，故无须添加硝酸盐。

静置发酵 30～40 min 后，酸度达到 0.18%～0.20%时，再添加 0.002%～0.004%的凝乳酶。使用粉状凝乳酶时，应用 1%的盐水配成 2%的溶液，沿干酪槽边缘徐徐加入，并进行搅拌，搅拌时避免产生泡沫，添加完继续搅拌 4～5 min 后，静置凝乳。

5.切割、搅拌、加温及排除乳清。凝乳酶添加后 20～40 min，凝乳充分形成后，进行切割，一般大小为 0.5～0.8 cm；切后乳清酸度一般应为 0.11%～0.13%。在温度 31℃下搅拌 25～30 min，促进乳酸菌发酵产酸和凝块收缩渗出乳清。

然后排除乳清量的 1/3，开始以每分钟升高 1℃的速度加温搅拌。当温度升至 38～39℃后停止加温，继续搅拌 60～80 min。当乳清酸度达到 0.20%左右时，排除全部乳清。

6.凝块的翻转堆积。排除乳清后，将干酪粒经 10～15 min 的堆积，以排除多余的乳清，干酪凝结成块，厚度为 10～15 cm，此时乳清酸度为 0.20%～0.22%。

将呈饼状的凝块切成 15 cm×25 cm 大小的块，进行翻转堆积，视酸度和凝块的状态，在干酪槽的夹层加温，一般温度为 38～40℃。

每 10～15 min 将切块翻转叠加一次，一般每次按 2 枚、4 枚的次序翻转叠加堆积。在此期间应经常测定排出的乳清的酸度，当酸度达到 0.5%～0.6%（高酸度法为 0.75%～0.85%）时即可。

全过程需要 2 h 左右，该过程比较复杂，现已多采用机械化操作。

7.破碎与加盐。堆积结束后，将饼状干酪块用破碎机处理成 1.5～2.0 cm 的碎块。

破碎的目的在于使加盐均匀，定形操作方便，除去在堆积过程中产生的不愉快气味。然后采取干盐撒布法加盐。

当乳清酸度为 0.8%～0.9%，凝块温度为 30～31℃时，按凝块量的 2%～3%加入食用精盐粉。一般分 2～3 次加入，并不断搅拌，以促进乳清的排除和凝块的收缩，调整酸的生成。

生干酪含水 40%，含食盐 1.5%～1.7%。

8.成形、压榨。将凝块装入专用的定形器中在一定温度（27～29℃）下进行压榨。开始预压榨时压力要小，并逐渐加大。用规定压力 0.35～0.40 MPa 压榨 20～30 min，整形后再压榨 10～12 h，最后正式压榨 1～2 d。

9.成熟。成形后的生干酪放在温度 10～15℃，相对湿度 85%条件下发酵成熟。开始时，每天擦拭翻转一次，约经 1 周后，进行涂布挂蜡或塑袋真空热缩包装。

整个成熟期 6 个月以上。若在 4～10℃条件下，成熟期需 6～12 个月。

10.储存。包装后的切达干酪应储存在冷藏条件下，防止霉菌生长，延长产品货架期。

【任务评价】

评价单

学习领域	天然干酪的加工				
评价类别	项目	子项目	个人评价	组内互评	教师(师傅)评价
专业能力80%	资讯(5%)	搜集信息(2%)			
		引导问题回答(3%)			
	计划(5%)	计划可执行度(3%)			
		计划执行参与程度(2%)			
	实施(40%)	操作熟练度(40%)			
	结果(20%)	结果质量(20%)			
	作业(10%)	完成质量(10%)			
社会能力20%	团结协作(10%)	对小组的贡献(10%)			
	敬业精神(10%)	学习纪律性(10%)			

【师徒共研】

1.干酪物理性缺陷及其防止方法。

(1)质地干燥　凝乳块在较高温度下“热烫”引起干酪中水分排除过多导致制品质地干燥。凝乳块切割过小,加温搅拌时温度过高,酸度过高,处理时间较长及原料含脂率低等都能引起制品质地干燥。

可改进加工工艺,采用表面挂石蜡、塑料袋真空包装及在高温条件下进行成熟来防止质地干燥。

(2)组织疏松　即凝乳块中存在裂隙。酸度不足,乳清残留于凝乳块中,压榨时间短或成熟前期温度过高等均能引起此种缺陷。

防止方法:进行充分压榨并在低温下成熟。

(3)多脂性　指脂肪过量存在于凝乳块表面或其中,主要是操作温度过高,凝乳块处理不当(如堆积过高)而使脂肪压出导致的。可通过调整生产工艺来防止。

(4)斑纹　由操作不当引起。特别在切割和热烫工艺中由于操作过于剧烈或过于缓慢引起斑纹。

(5)发汗　指在成熟过程中干酪渗出液体。

其可能的原因是干酪内部的游离液体多及内部压力过大,发汗多见于酸度过高的干酪。

防止方法:改进工艺,控制酸度。

2.干酪的化学性缺陷及其防止方法。

(1)金属性黑变　由铁、铅等金属与干酪成分生成黑色硫化物,根据干酪质地的状态不同而呈绿、灰和褐色等色调。

操作时除考虑设备、模具本身外，还要注意外部污染。

(2)桃红或赤变　当使用色素(如安那妥)时，色素与干酪中的硝酸盐结合而形成更浓的有色化合物。对此应认真选用色素及其添加量。

3.干酪的微生物性缺陷及其防止方法。

(1)酸度过高　主要原因是微生物发育速度过快。

防止方法：降低预发酵温度，并加食盐以抑制乳酸菌繁殖；加大凝乳酶添加量；切割时切成微细凝乳粒；高温处理；迅速排除乳清以缩短制造时间。

(2)干酪液化　干酪中含有液化酪蛋白的微生物而使干酪液化，多发生于干酪表面。引起液化的微生物一般在中性或微酸性条件下发育。在生产过程中要防止这类菌的污染。

(3)发酵产气　通常在干酪成熟过程中能缓缓生成微量气体，气体能自行在干酪中扩散，故不形成大量的气孔。而由微生物引起干酪产生大量气体是干酪的缺陷之一。

成熟前期产气是大肠杆菌污染所致的，后期产气则是梭状芽孢杆菌、丙酸菌及酵母菌繁殖所致的。

防止的对策可将原料乳离心除菌或使用产生乳酸链球菌肽的乳酸菌作为发酵剂，也可添加硝酸盐，调整干酪水分和盐分。

(4)苦味生成　干酪的苦味是常见的质量缺陷。

酵母菌或非发酵剂菌都可引起干酪苦味。极微弱的苦味可构成切达干酪的风味成分之一，这是由特定的蛋白胨、肽所引起的。

另外，乳高温杀菌、原料乳的酸度高、凝乳酶添加量大以及成熟温度高均可能产生苦味。食盐添加量多时，可降低苦味的程度。

(5)恶臭　干酪中如存在厌气性芽孢杆菌，会分解蛋白质生成硫化氢、硫醇、亚胺等。此类物质产生恶臭味。

在生产过程中要防止这类菌的污染。

(6)酸败　由污染微生物分解乳糖或脂肪等生成丁酸及其衍生物所引起。污染菌主要来自原料乳、牛粪及土壤等。

【知识链接】

一、干酪的定义

干酪也称奶酪、芝士，是指在乳(也可以用脱脂乳或稀奶油等)中加入适量的乳酸菌发酵剂和凝乳酶，使乳蛋白质(主要是酪蛋白)凝固后，排除乳清，将凝块压成所需形状而制成的产品。

制成后未经发酵成熟的产品称为新鲜干酪，在生产后短时间内消费。经长时间发酵成熟而制成的产品称为成熟干酪。新鲜干酪在一定温度和湿度下保存一段时间，在微生物和酶的作用下发生生化、物理变化，形成成熟干酪特有的风味和质地。国际上将这两种干酪统称为天然干酪。

二、干酪的种类

(一)根据干酪中的水分含量分类

干酪的分类见表 8-1。

表 8-1　干酪的分类

<table>
<tr><th colspan="3">形体的软硬与成熟有关的微生物</th><th>代　表</th></tr>
<tr><td>特别硬质干酪
水分含量 30%～35%</td><td colspan="2">菌　型</td><td>珀尔梅撒干酪、罗马诺干酪</td></tr>
<tr><td rowspan="3">硬质干酪
水分含量 30%～40%</td><td rowspan="3">细菌</td><td>大气孔</td><td>埃曼塔尔干酪、格鲁耶尔干酪</td></tr>
<tr><td>小气孔</td><td>荷兰干酪、荷兰圆形干酪</td></tr>
<tr><td>无气孔</td><td>切达干酪</td></tr>
<tr><td rowspan="2">半硬质干酪
水分含量 38%～45%</td><td colspan="2">细　菌</td><td>砖状干酪 、林堡干酪</td></tr>
<tr><td colspan="2">霉　菌</td><td>罗奎福特干酪、青纹干酪</td></tr>
<tr><td rowspan="2">软质干酪
水分含量 40%～60%</td><td colspan="2">霉　菌</td><td>卡门培尔干酪</td></tr>
<tr><td colspan="2">不成熟</td><td>农家干酪、稀奶油干酪</td></tr>
<tr><td>融化干酪(水分含量 40%以下)</td><td colspan="2">—</td><td>融化干酪</td></tr>
</table>

(二)根据凝乳方法的不同分类

①凝乳酶凝乳的干酪:大部分干酪品种都属于此种类型。

②酸凝乳的干酪:如农家干酪、夸克干酪和稀奶油干酪。

③热-酸联合凝乳的干酪:如瑞考特干酪。

④浓缩或结晶处理的干酪:如麦索斯特干酪。

(三)国际通用分类

国际上常把干酪划分为三大类,见表 8-2。

表 8-2　干酪的国际通用分类

名 称	制品描述
天然干酪	以乳、稀奶油、部分脱脂乳、酪乳或混合乳为原料,经凝固后,排除乳清而获得的新鲜或成熟的干酪产品,允许添加天然香辛料以增加香味和口感
再制干酪	用一种或一种以上的天然干酪,添加食品卫生标准所允许的添加剂(或不加添加剂),经粉碎、混合、加热融化、乳化后而制成的产品,乳固体含量在 40%以上,此外,还有下列两条规定:允许添加稀奶油、奶油或乳脂以调整脂肪含量;在添加香料、调味料及其他食品时,必须控制在乳固体总质量的 1/6 以内,但不得添加脱脂奶粉、全脂奶粉、乳糖、干酪素以及非乳源的脂肪、蛋白质和碳水化合物
干酪食品	用一种或一种以上的天然干酪或再制干酪,添加食品卫生标准所规定的添加剂(或不加添加剂),经粉碎、混合、加热融化而成的产品。产品中干酪的质量须占总质量的 50%以上,此外,还规定在添加香料、调味料或其他食品时,须控制在产品干物质总质量的 1/6 以内;可添加非乳源的脂肪、蛋白质或碳水化合物,但是不得超过产品总质量的 10%

三、干酪的组成

干酪的主要成分见表 8-3。

表 8-3 干酪的主要成分

干酪名称	类型	水/%	热量/cal	蛋白质/g	脂肪/g	钙/mg	磷/mg	维生素			
								A/IU	B_1/mg	B_2/mg	烟酸/mg
切达干酪	硬质	37.0	398	25.0	32.0	750	478	1 310	0.03	0.46	0.1
法国羊奶干酪	半硬质(霉菌发酵)	40.0	368	21.5	30.5	315	184	1 240	0.03	0.61	0.2
法国浓味干酪	软质(霉菌成熟)	52.2	299	17.5	24.7	105	339	1 010	0.04	0.75	0.8
农家干酪	软质(新鲜不成熟)	79.0	86	17.0	0.3	90	175	10	0.03	0.28	0.1

注:1 cal=4.184 0 J。

四、干酪的营养成分

①干酪的营养成分丰富,主要为蛋白质和脂肪,其含量相当于将原料乳中的蛋白质和脂肪浓缩了 10 倍。

②所含的钙、磷等无机成分,除能满足人体的营养需要外,还具有重要的生理作用。

③干酪中的维生素主要是维生素 A,其次是胡萝卜素、B 族维生素和烟酸等。

④经过成熟发酵过程后,干酪中的蛋白质在凝乳酶和发酵微生物产生的蛋白酶的作用下分解生成胨、肽、氨基酸等可溶性物质,极易被人体消化吸收,干酪中蛋白质的消化率为 96%~98%。

五、干酪发酵剂

(一)概念

在制造干酪的过程中,用来使干酪发酵与成熟的特定微生物培养物称为干酪发酵剂。

(二)发酵剂的种类

依据其中微生物的不同种类主要分为细菌发酵剂和霉菌发酵剂。干酪发酵剂微生物及使用制品见表 8-4。

表 8-4 干酪发酵剂微生物及使用制品

发酵剂微生物		使用制品
一般名	菌种名	
乳酸球菌	嗜热乳链球菌、乳酸链球菌、乳油链球菌、粪链球菌	各种产酸及风味干酪、产酸切达干酪
乳酸杆菌	乳酸杆菌、干酪乳杆菌、嗜热乳杆菌	瑞士干酪、各种干酪、产酸及风味干酪
丙酸菌	丙酸菌	瑞士干酪
青霉菌	青霉菌	砖状干酪、林堡干酪
酵母菌	解脂假丝酵母菌	青纹干酪、瑞士干酪
曲霉菌	米曲霉、卡门培尔干酪青霉	法国绵羊乳干酪、卡门培尔干酪

1.细菌发酵剂

以乳酸菌为主。应用的主要目的在于产酸和参与产品的后熟过程，产生相应的风味物质。

细菌发酵剂以乳酸菌为主，主要有乳酸链球菌(*Str. lactis*)、乳油链球菌(*Str. cremoris*)、干酪乳杆菌(*L. casei*)、丁二酮链球菌(*Str. diacetilactis*)、嗜酸乳杆菌(*L. acidophilus*)、保加利亚乳杆菌(*L. bulgaricus*)、嗜柠檬酸明串珠菌(*Leu. citrovorum*)，有时为了使干酪形成特有的组织状态，还要使用丙酸菌。

2.霉菌发酵剂

主要是采用对脂肪分解强的坎沛波尔特青霉、洛克菲特青霉等霉菌种及卡门培尔干酪青霉(*Pen. camenberti*)、干酪青霉(*P. caseicolum*)、娄地青霉(*Pen. rogueforti*)。

3.酵母菌发酵剂

某些酵母菌，如马克西努克鲁维氏酵母菌等也在一些品种的干酪中得到应用。

(三)发酵剂的作用及组成

1.作用

①发酵乳糖生成乳酸，促进凝乳酶的凝乳作用。

②在干酪加工过程中，乳酸可促进凝块收缩，产生良好的弹性，利于乳清的渗出，赋予制品良好的组织状态。

③在加工和成熟过程中有一定浓度的乳酸，有的菌种还产生相应的抑菌素，可以较好地抑制产品中污染杂菌的繁殖，保证产品的品质。

④发酵剂中的某些微生物可以产生相应的分解酶分解蛋白质、脂肪等物质，从而提高制品营养价值、消化率，并且还可形成制品特有的芳香风味。

⑤丙酸菌的发酵使乳酸菌产生的乳酸还原，产生丙酸和二氧化碳气体，可在某些硬质干酪中产生特殊的孔眼特征。

2.组成

根据菌种的组成将干酪发酵剂分为：

①单菌种发酵剂。只含一种菌种，如乳酸链球菌或乳酪链球菌。

优点：主要由于长期活化和使用，其活力和性状的变化较小。

缺点：容易受到噬菌体的侵染，造成发酵剂繁殖受阻和产酸迟缓。

②混合菌种发酵剂。由两种或两种以上的产酸和芳香物质、形成特殊组织状态的菌种组成。

优点：能够形成乳酸菌的活性平衡，较好地满足制品发酵成熟要求，菌种不易同时被噬菌体污染。

缺点：不同批次的菌种或培养物很难保证原来菌种的组成比例不变。

(四)发酵剂的制备

1.细菌发酵剂

在干酪的实际生产过程中使用发酵剂主要有两种方式：逐级扩大培养，直投式发酵剂。

(1)逐级扩大培养　乳酸菌纯培养物→母发酵剂→生产发酵剂。乳酸菌发酵剂的制备方法如下。

①乳酸菌纯培养物：将保存的菌株或粉末状纯培养物用牛乳活化培养。在灭菌的试管中，加入优质脱脂乳，添加适量石蕊溶液，经 120℃保持 15～20 min 灭菌并冷却至适宜温度，接种，在 21～26℃培养 16～19 h。当酸度达到要求后冷却，在 0～5℃保存。每周接种一次，以保存活力，也可冻结保存。

②母发酵剂：在灭菌的三角瓶中加入 1/2 容量的脱脂乳，经 120℃保持 15～20 min 的高压灭菌后，冷却至接种温度，按 0.5%～1%的接种量接种，在 21～23℃培养 12～16 h(培养温度根据菌种而定)，当酸度达到 0.75%～0.85%时冷却，在 0～5℃保存。

③生产发酵剂：脱脂乳经 95℃保持 30 min 杀菌并冷却到适宜温度后，再加入 0.5%～1%的母发酵剂。在适宜温度(普通乳酸菌 22℃，高温性菌株 35～40℃)下培养 12～16 h，酸度达到 0.75%～0.85%时冷却，在 0～5℃保存。

(2)直投式发酵剂　采用直投式的形式添加辅助发酵剂是比较理想的方式，它能够控制并促进干酪的后期成熟，从而有助于干酪特殊风味的形成。

2.霉菌发酵剂

将除去表皮的面包切成小立方体，盛于三角瓶中，加适量的水并进行高压灭菌处理。此时如加少量乳酸增加酸度更好。将霉菌悬浮于无菌水中，再喷洒于面包上。将处理好的物料置于 21～25℃恒温箱中培养 8～12 d，使霉菌孢子布满面包表面。从恒温箱中取出培养物，在约 30℃的条件下干燥 10 d，或在室温下进行真空干燥，最后研成粉末，经筛选后，盛于容器中保存。

3.发酵剂的检查

当发酵剂制备好后，要进行风味、组织、酸度和微生物学鉴定检查。

风味应具有清洁的乳酸味，不得有异味；酸度以0.75%～0.85%为宜；活力试验时，将10 g脱脂乳粉用90 mL蒸馏水溶解，120℃保持10 min高压灭菌，冷却后加10 mL至试管中，加0.3 mL发酵剂，盖紧，于38℃培养210 min，然后将培养液洗脱于烧杯中，测定酸度，如酸度上升到0.4%，即视为活性良好。另外，将上述灭菌脱脂乳9 mL分注于试管中，加1 mL发酵剂及0.1 mL 0.005%的刃天青溶液后，于37℃培养30 min，每5 min观察刃天青褪色情况，全褪为淡桃红色为止。褪色时间在培养开始后35 min内为活性良好，50～60 min褪色为活力正常。

4.发酵剂调制新技术

一般培养基的配方多采用乳清蛋白质的分解产物，添加蛋白胨和酵母菌浸膏等。由于乳酸菌在发酵过程中产酸，当酸度达到一定时，就会影响乳酸菌的繁殖，一般菌数被限制在10^9 CFU/mL左右。而在浓缩发酵剂生产中，采用自动滴定的方法添加NaOH来保持发酵剂的pH。一般乳酸链球菌pH为6.0～6.5，乳酸杆菌pH为5.5，可以使发酵剂含菌量达到10^{10} CFU/mL。最后经浓缩发酵剂含菌量达到10^{11} CFU/mL，再经深层冷冻或冻干处理即得到成品制剂。

5.发酵剂的失常

发酵剂有时会发生酸化缓慢或产酸失败等形式的失常现象，可能由以下原因造成：

①乳中含有治疗牛乳房疾病的抗生素。

②乳中含有噬菌体，噬菌体耐热病毒可在空气和土壤中见到。

③乳品厂中使用洗涤剂和消毒剂时粗心大意，尤其在使用消毒剂时粗心大意，这是发酵剂失常多发的原因。

六、皱胃酶及其代用酶

皱胃酶常被称为凝乳酶，从犊牛的第四胃（皱胃）提取，是干酪制作必不可少的凝乳剂，可以分为液状、粉状及片状3种制剂。受来源和成本等因素影响，其代用酶也被应用于干酪的实际生产中。根据来源代用酶分为植物性、动物性及微生物代用酶。

（一）皱胃酶

吃乳小牛皱胃酶含量占总酶的70%～90%，胃蛋白酶含量占总酶的3%～10%；吃草后，胃蛋白酶含量提高至60%～70%。

1.特性

皱胃酶的等电点pH为4.45～4.65，作用的最适pH为4.8左右；皱胃酶在弱碱（pH为9）、强酸、热、超声波的作用下而失活；凝固的最适温度为40～41℃，制造干酪时的凝固温度通常为30～35℃，凝固时间为20～40 min。

2.皱胃酶的制备

传统上，皱胃酶主要是以干燥的小牛皱胃为原料制备的。但现在人们主要采用冷冻的皱胃进行皱胃酶的加工，即将冷冻皱胃切成细末后置于3%～10%的NaCl溶液中浸提，使凝乳酶原和胃蛋白酶原溶出；然后用HCl将浸出液pH调整至2.0，并保持此pH条件1 h，目的在于激活两种酶原并使之转化成凝乳酶和胃蛋白酶；接下来调整提取液pH到5.5，用微孔滤膜过滤，以除去浸出液中的微生物，再加入适量的NaCl，使液体中盐的含量达到20%。浸提液中凝乳酶和胃蛋白酶的含量依牛的年龄和饲喂方式不同而存在差异，因此可以将非同批生产的皱胃酶提取液按适当的比例混合，使产品中凝乳酶和胃蛋白酶的比例达到人们所要求的水平。最后，将提取液稀释至不同的浓度以供生产需要。尽管皱胃酶经常是以液体形式存在的，但也可以制成固体粉末。

皱胃酶结晶可制成固体粉末状制剂。将皱胃酶的浸出液经透析和醋酸处理（pH约4.6），离心后，将沉淀的粗酶，反复透析、酸化、离心2～3次后制成的精制品，在0～4℃条件下经2～3 d即形成小针状结晶。将结晶溶解于水，再经透析，除去酸、盐等物质，最后冷冻干燥成粉末，即为长期保存的粉末状制剂。

3.皱胃酶凝乳原理及其活力

(1)凝乳原理　酪蛋白在酶的作用下变成副酪蛋白，副酪蛋白在钙的作用下形成钙桥。

(2)影响皱胃酶凝乳作用的因素

①pH的影响：在pH低的条件下，皱胃酶活性增高，并使酪蛋白胶束的稳定性降低，导致皱胃酶的作用时间缩短，凝块较硬。

②钙离子的影响：钙离子不仅对凝乳有影响，而且也影响副酪蛋白的形成。蛋白所含的胶质磷酸钙是凝块形成所必需的成分。如果增加乳中的钙离子，可缩短皱胃酶的凝乳时间，并使凝块变硬。因此在许多干酪的生产中，向杀菌乳中加入氯化钙。

③温度的影响：于40～42℃皱胃酶的凝乳作用最快，在15℃以下或65℃以上则不发生作用。生产上凝乳工艺通常为30～35℃、20～40 min。温度不仅对副酪蛋白的形成有影响，更主要的是对副酪蛋白形成凝块的过程有影响。

④牛乳加热的影响：牛乳若先加热至42℃以上，再冷却到凝乳所需的正常温度后，添加皱胃酶，则凝乳时间延长，凝块变软，这种现象被称为滞后现象。滞后现象主要是乳在42℃以上加热处理时，酪蛋白胶粒中磷酸盐和钙被游离出来所致。

(3)皱胃酶活力　皱胃酶的活力单位(U)是指皱胃酶在一定温度条件下，使牛乳凝固40 min时，单位质量(通常为1 g)皱胃酶能使若干倍牛乳凝固而言的。即1 g(或1 mL)皱胃酶在一定温度(35℃)，一定时间(40 min)内所能凝固牛乳的质量(或体积)[g(mL)]。

例：今有原料乳50 kg，用活力为100 000 U的皱胃酶进行凝乳，需加多少皱胃酶？

解：$1:100\ 000=X:50\ 000$，则$X=0.5$。即50 kg原料乳需加0.5 g皱胃酶。

(二)皱胃酶的代用凝乳酶

1.植物性凝乳酶

(1)无花果蛋白酶 无花果蛋白酶存在于无花果的汁液中,可通过结晶分离。用无花果蛋白酶制作切达干酪时,凝乳速度快且成熟效果较好。但由于它的蛋白分解力较强,脂肪损失多,所以获得的干酪成品收率低,并略带苦味。

(2)木瓜蛋白酶 木瓜蛋白酶是从木瓜中提取获得的,其对蛋白分解能力比皱胃酶要强,制成的干酪带有一定的苦味。

(3)菠萝蛋白酶 菠萝蛋白酶是从菠萝的果实或叶中提取获得的,具有凝乳作用。

2.微生物来源的凝乳酶

微生物凝乳酶按来源可以分为霉菌、细菌、担子菌3种制剂。生产中应用最多的是来源于霉菌的凝乳酶,代表酶是从微小毛霉菌中分离出的凝乳酶,其凝乳的最适温度为56℃,蛋白分解能力比皱胃酶强,但比其他的蛋白分解酶分解蛋白的能力弱,对牛乳凝固能力强。目前,日本、美国等地将其制成粉末状凝乳酶制剂并应用到干酪的生产中。另外,还有其他一些霉菌性凝乳酶在美国等地被广泛开发和利用。

微生物来源的凝乳酶生产干酪时的缺点是在凝乳作用强的同时,蛋白分解力比皱胃酶强,干酪的收得率较用皱胃酶生产的干酪低,成熟后产生苦味。另外,微生物凝乳酶的耐热性高,给乳清的利用带来不便。

3.利用遗传工程技术生产皱胃酶

美国和日本等国利用遗传工程技术,将控制犊牛皱胃酶合成的DNA分离出来,导入微生物细胞内,利用微生物来合成皱胃酶获得成功,并得到美国食品与药物管理局(FDA)的认定和批准。美国Pfizer等公司生产的生物合成皱胃酶制剂在美国、瑞士、英国、澳大利亚等国得到推广和应用。

七、一般干酪的生产工艺

现以半硬质或硬质干酪产品生产为例,介绍干酪生产的基本工艺。

(一)工艺流程

各种天然干酪的生产工艺基本相同,只是在个别环节上有差异,工艺流程举例如下。

原料乳→标准化→杀菌→冷却→添加发酵剂→调整酸度→加氯化钙→加色素→加凝乳剂→凝块切割→搅拌→加温→排除乳清→成形压榨→盐渍→成熟→上色→挂蜡→包装。

(二)操作要点

1.原料乳的检验与预处理

(1)原料乳的检验 高品质的干酪产品来源于高质量的原料乳。因此,必须对原料乳进行感官、理化、微生物、抗生素指标等严格检验,以保证进入生产过程的原料乳的质量。

一般用于干酪生产的原料乳中的菌落总数应低于 100 000 CFU/mL。

要求:

①健康奶畜分泌的新鲜优质乳,无抗生素残留,否则引起发酵剂菌种失活。

②感官检查合格后,酸度要求:牛奶为 18°T,羊奶为 10~14°T。

③酒精检验为阴性。

(2)原料乳的预处理

①净乳:除杂,除去乳中 90%的细菌,并能有效破坏在巴氏杀菌中很难杀死的丁酸梭状芽孢杆菌。

通常不用均质。均质导致乳成分与水结合的能力大大上升,用均质后的物料很难生产硬质和半硬质类型的干酪。

②冷却和储存:牛乳净化后立即冷却到 4℃以下,可抑制细菌繁殖。

2.标准化

要准确测定原料乳的乳脂率和酪蛋白的含量,调整原料乳中的脂肪和非脂乳固体之间的比例,使其符合产品要求。

除了对脂肪含量标准化外,还要对酪蛋白含量以及酪蛋白含量与脂肪含量的比例(C/F)进行标准化,一般要求 $C/F=0.7$。

主要方法:通过离心的方法除去部分乳脂肪;加入脱脂乳;加入稀奶油;加入脱脂乳粉。

3.杀菌

(1)作用

①杀灭原料乳中的致病性微生物并降低细菌的总体数量。

②破坏乳中的多种酶类。

③蛋白质变性。加热杀菌使部分白蛋白凝固,留存于干酪中,可以增加干酪的产量。

(2)杀菌方法　杀菌温度的高低,直接影响干酪的品质。如果温度过高,时间过长,则受热变性的蛋白质增多,破坏乳中盐类离子的平衡,进而影响皱胃酶的凝乳效果,使凝块松软,收缩作用变弱,易形成水分含量过高的干酪。所以多采用 63℃保持 30 min 或 71~75℃保持 15 s 的杀菌方法。杀菌后的牛乳冷却到 30℃左右,放入干酪槽中。

4.加入添加剂

为了改善乳凝固性能,提高干酪品质,需要向乳中加入某些添加剂。添加剂主要有以下几种类型:

(1)氯化钙

①目的:可以促进凝乳酶的作用,促进酪蛋白凝块的形成。

②添加量:生产中配成约含 40%氯化钙的饱和溶液,氯化钙的允许使用量不超过 20 g/

100 kg 牛乳。

(2)色素 乳脂肪中的胡萝卜素使干酪呈黄色,其含量随季节变化,冬季则低。在生产中应向干酪中添加一定量的色素,调整色泽。现多使用胭脂树橙的碳酸钠抽出液,通常每 1 000 kg 原料乳中加 30～60 g。

(3)CO_2 添加 CO_2 是提高干酪用乳品质的一种方法。通过人工手段加入 CO_2 可降低牛乳的 pH,通常可降低 0.1～0.3,这会使凝乳时间缩短。

(4)硝酸盐

①目的:抑制产气菌的生长,防止干酪发生鼓胀现象。产气菌包括大肠杆菌、丁酸梭状芽孢杆菌等。

②添加量:其用量必须依照牛乳的组成、各种干酪的加工工艺等进行精确计算。因为过量的硝酸盐(硝石)也会抑制发酵剂生长,硝石过量会影响干酪的成熟,甚至使成熟过程终止。硝石过量会使干酪脱色,引起红色条纹和不良的滋味。通常使用硝酸钾,一般加入量为 20 g/100 kg 牛乳。为防止污染,先将硝石配成溶液经煮沸后再加入牛乳中。

5.添加发酵剂和预酸化

原料乳经杀菌后,直接打入干酪槽中。干酪槽为水平卧式长椭圆形不锈钢槽,且有保温(加热或冷却)夹层及搅拌器(手工操作时为干酪铲和干酪耙)(图 8-1)。将干酪槽中的牛乳冷却到 30～32℃,然后按操作要求加入发酵剂。

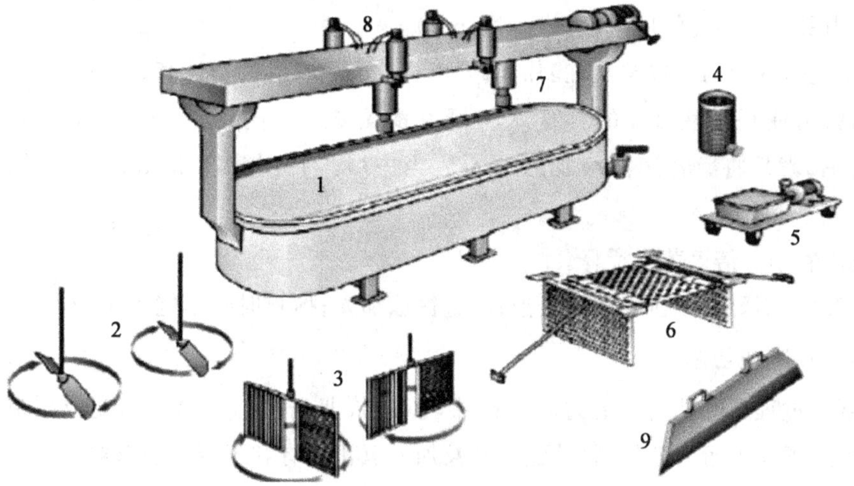

图 8-1 带有干酪生产用具的普通干酪槽

1.带有横梁和驱动电机的夹层干酪槽 2.搅拌工具 3.切割工具 4.置于出口处干酪槽内侧的过滤器
5.带有一个浅容器小车上的乳清泵 6.用于圆孔干酪生产的预压板
7.工具支撑架 8.用于预压设备的液压桶 9.干酪切刀

(1)添加发酵剂的目的

①发酵乳糖产生乳酸,提高凝乳酶的活性,缩短凝乳时间;

②促进切割后凝块中乳清的排除；

③在成熟过程中，发酵剂利用本身的各种酶类促进干酪的成熟；

④防止杂菌的繁殖。

(2)发酵剂的加入方法　取原料乳量的1%～2%配制好的工作发酵剂，边搅拌边加入，并在30～32℃条件下充分搅拌3～5 min。为了促进物料凝固和正常成熟，加入发酵剂后应进行短时间发酵，以保证充足的乳酸菌数量，此过程称为预酸化。经20～30 min的预酸化后，取样测定酸度。

(3)调整酸度　添加发酵剂并经20～30 min发酵后，酸度为0.18%～0.22%，但该乳酸发酵酸度很难控制。为使干酪成品质量一致，可用1 mol/L的盐酸调整酸度，一般调整酸度至0.21%左右。具体的酸度值应根据干酪的品种而定。

6.添加凝乳酶

(1)来源　皱胃酶(凝乳酶)是小牛皱胃(第四胃)的提取物，制成粉状或片剂。将皱胃的提取物添加到乳中，使乳迅速凝固，然后再加工成干酪。由于皱胃酶的来源及成本等的限制，人们开发了多种皱胃酶的替代品，如动物性的、微生物来源的和植物来源的凝乳酶。

(2)皱胃酶的等电点　pH为4.45～4.65，最适pH为4.8。凝固的最适温度为40～41℃。制造干酪时的凝乳温度通常为30～35℃，时间为20～40 min。

(3)皱胃酶活力单位　指1 g(或1 mL)皱胃酶(凝乳酶)在一定温度(35℃)，一定时间(40 min)内所凝固牛乳的质量(g)或体积(mL)。

(4)凝乳酶的使用　根据凝乳酶的活力单位按照原料乳的量计算。

①粉状酶使用前用1%的食盐水将疑乳酶配成2%的溶液，并在28～32℃下保温30 min左右，然后将疑乳酶溶液加入原料乳当中，均匀搅拌2～3 min后，使原料乳静置凝固。

②液体酶用2倍灭菌水稀释。

注意事项：不要使原料乳产生气泡；沿边徐徐加入；搅拌时间不能太长。

7.凝乳及凝块切割

(1)凝乳过程　凝乳酶凝乳过程与酸凝乳不同，即先将酪蛋白酸钙变成副酪蛋白酸钙后，再与钙离子作用而使乳凝固，乳酸发酵及加入氯化钙有利于凝块的形成。

添加凝乳酶后，在32℃条件下静置30 min左右，即可使乳凝固，达到凝乳的要求。

(2)凝块的切割　当乳凝固后，凝块达到适当硬度时开始切割。

①目的：使大凝块转化为小凝块，缩短乳清从凝块中流出的时间；增大凝块的表面积，改善凝块的收缩脱水特性。

②切割时间的确定方法：

a.用刀在凝乳块表面切深2 cm、长5 cm的切口，用食指斜向从切口的一端插入凝块中约3 cm。当手指向上挑起时，如果切面整齐平滑，指上无小片凝块残留且渗出乳清透明时，即可开始切割。

b.将玻璃棒以45°角斜插入凝乳块中，再缓缓抽出，凝乳块裂口如锐刀切割，有透明乳清析出即可切割。

c.自加入凝乳酶至开始凝固的时间乘以2.5即为开始切割时间。

③切割的方法：切割可以把凝块柔和地分裂成3～15 mm大小的颗粒，其大小决定于干酪的类型。切块越小，则最终干酪中的水分含量越低。

切割需用干酪刀。干酪刀分为水平式和垂直式两种，钢丝刃间距一般为0.79～1.27 cm。先沿着干酪槽长轴方向用水平式刀平行切割，再用垂直刀沿长轴垂直切割后，沿短轴垂直切割。注意动作要轻、稳，防止将凝块切得过碎和不均匀，影响干酪的品质(图8-2，图8-3)。

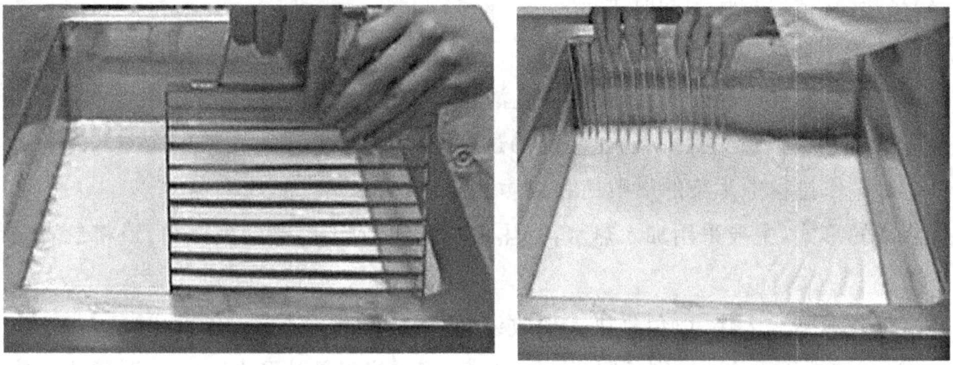

a.平行切割　　b.垂直切割

图 8-2　手动切割

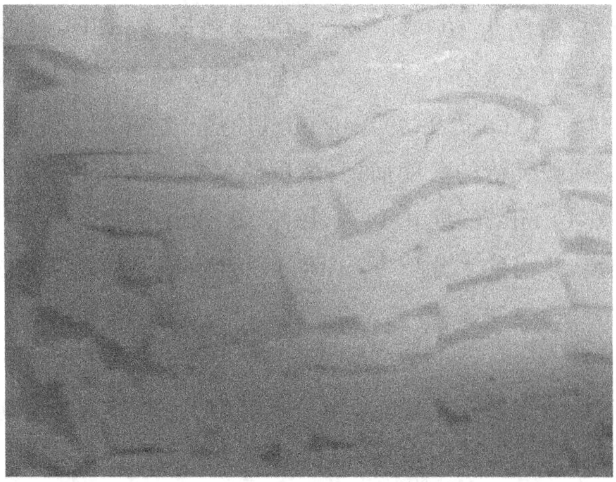

图 8-3　切割后干酪状态

8.凝块的搅拌及加温

(1)前期搅拌　切割后的凝块具有聚集的倾向,因此必须搅拌。用干酪耙或干酪搅拌器轻轻搅拌。此时凝块较脆弱,搅拌必须很缓和并且必须足够快,以确保凝块能悬浮于乳清中。搅拌持续到第一次乳清排除的时间为 15~25 min,这时凝块较硬且不易堆积。

(2)排除乳清

①目的:为热烫时加水提供空间并降低热烫时的能源消耗;有助于进行强度较大的搅拌。

②排除量:一般为牛乳体积的 30%~50%。

在通常情况下,乳清排除时不停止搅拌,这样可避免凝块粘连在一起。

(3)中期搅拌　从第一次排除乳清后到热烫前的搅拌称为中期搅拌,时间为 5~20 min。

(4)热烫(在搅拌过程中同时进行)

①目的:

a.促进凝乳颗粒收缩脱水,排除游离乳清,增加凝块的紧实度。

b.降低乳酸菌数量和活力,防止干酪的过度酸化。

c.杀死操作过程中污染的腐败性和致病性微生物,利于产品的稳定。

②热烫的形式:主要采用加入热水,将热水、蒸汽加入干酪槽的夹层中,或将二者结合起来等方法。

开始时升温不宜太快,以免凝块表面收缩,阻隔内部水分排出。初始时每 3~5 min 升高 1℃。当温度升至 35℃时,则每隔 3 min 升高 1℃。当温度达到 38~42℃时停止加热并维持此时的温度。根据干酪品种确定具体终止温度。

如果最终温度比较高,加热可分两个阶段进行:

第一阶段加热到 35~37℃,此时凝块相当坚实,因此,搅拌破块的危险性小,可在 35℃下长时间搅拌,一般搅拌时间为 10~15 min,便有大量乳清排出。此时进行第一次排除乳清,第一次排除乳清的量为乳量的 1/3~1/2,一般用虹吸管或一台泵排除乳清。

第二阶段加热至 42~45℃,需要 30~40 min(加热+搅拌)。

一般加热、搅拌时间按乳清的酸度而定,酸度越低加热时间越长,酸度高可缩短加热时间。酸度 0.13%,加热 40 min;酸度 0.14%,加热 30 min;酸度 0.145%,加热 25 min。

通常加热温度越高,排出的水分越多,干酪越硬,特硬干酪二次加热的温度有的达 50℃,这是特硬干酪的加工方法,也叫热烫(通常加热至 44℃ 以上就叫热烫),采用此法必须用嗜热菌发酵剂。

(5)后期搅拌　热烫结束后须对凝乳颗粒进行冷却处理,并进行后期搅拌。

确定后期搅拌时间(停止搅拌判定)的根据:

①乳清酸度达到 0.17%~0.18%时。

②凝块的体积收缩到切割时的 1/2(豆粒大小)时。

③用手捏干酪粒感觉有适度弹性或用手握一把干酪粒,用力压出水分后放开,如果干酪

粒富有弹性，搓开仍能重新分散时。

④凝乳粒内外硬度一致时。

9.排除乳清

凝乳粒和乳清达到标准时，就可将乳清通过干酪槽底部的金属网排除。将干酪粒堆积在干酪槽的两侧，促进乳清的进一步排除。

排除乳清可分几次进行。每次排除乳清的体积，一般为牛乳体积的35%～50%，排放乳清可在不停搅拌下进行。

排除的乳清要求：脂肪含量一般约为0.3%，蛋白质含量约为0.9%。若脂肪含量在0.4%以上，证明操作不理想，应将乳清回收，作为副产物进行综合加工利用。

10.堆积、压榨成形

(1)堆积　乳清排除后，将干酪粒堆积在干酪槽的一端或专用的堆积槽中，上面用带孔木板或不锈钢板压5～10 min，压出乳清使干酪成块，此过程称为堆积。

注意：避免空气进入干酪凝块当中。

(2)压榨成形　将堆积后的干酪块切成方砖形或小立方体，装入成形器中进行定形压榨。干酪成形器可由不锈钢、塑料或木材制成。

①目的：为了更好地排除乳清，促进凝乳颗粒完全融合，赋予干酪一定的形状。

②方法：在内衬衬网的成形器内装满干酪凝块后，放入压榨机上进行压榨定形。

③操作过程：预压榨一般压力为0.2～0.3 MPa，时间为20～30 min。预压榨后取下凝块进行调整，视其情况，可以再进行一次预压榨或直接正式压榨。将干酪翻转后装入成形器内以0.4～0.5 MPa的压力在15～20℃再压榨12～24 h。压榨结束后，需将干酪从成形器中取出，并切除多余的边角，产品称为生干酪。如果制作软质干酪，则不需要压榨工序。

11.加盐

(1)目的

①抑制腐败及病原微生物的生长。

②调节干酪当中包括乳酸菌在内的有益微生物的生长和代谢，调节乳酸的生成和干酪的成熟。

③促进在干酪成熟过程中的物理和化学变化。

④改进干酪的风味、组织和外观，排除内部乳清或水分，增加干酪硬度。

(2)干酪的盐分含量　一般在0.5%～3%(质量分数)。

(3)加盐方法

①干盐法1：在压榨成形前，将食盐撒布在干酪粒中，并在干酪槽中混合均匀。这种方法加盐使干酪的含水量增高，质地柔软，但乳清中含盐量高，不利于以后乳清的处理。

②干盐法2：将食盐涂布在压榨成形后的干酪表面。这种方法会阻止眼孔的形成，费工，不易掌握盐量。

③湿盐法：将压榨成形后的干酪取下包布，置于盐水池中腌渍(图8-4)，盐水的含盐量第

图 8-4　湿盐法加盐

1～2 天保持在 17%～18%，以后保持在 22%～23%。为防止干酪内部产生气体，盐水的含盐量应控制在 15%～25%，盐水温度应保持在 8℃左右，腌渍时间一般为 4 d。

④混合法：以上几种方法并用，在压榨成形后先涂布食盐，过一段时间后再浸入盐水中的方法（如瑞士干酪）。

12. 干酪的成熟

（1）成熟概念　将生鲜干酪置于一定温度（10～12℃）和湿度（相对湿度 85%～90%）条件下，在乳酸菌等有益微生物和凝乳酶的作用下，经一定时间（3～6 个月）使干酪发生一系列物理和生物化学变化的过程，称为干酪的成熟。干酪成熟是复杂的物理和生物化学过程。目前认为干酪成熟是以乳酸发酵、丙酸发酵为基础的，并与温度、湿度和微生物的种类有密切关系。

（2）成熟目的　改善干酪的组织状态和营养价值，增加干酪的特有风味。

（3）成熟的条件　干酪的成熟通常在成熟库（室）内进行。不同类型的干酪要求不同的温度和相对湿度。环境条件对成熟的速度、质量损失、硬皮形成和表面菌丛至关重要。成熟时低温比高温效果好，温度一般为 5～15℃。相对湿度，一般细菌成熟硬质和半硬质干酪为 85%～90%，而软质干酪及霉菌成熟干酪为 95%。当相对湿度一定时，硬质干酪在 7℃条件下需 8 个月以上的成熟，在 10℃时需要 6 个月以上，而在 15℃时则需 4 个月左右。软质干酪或霉菌成熟干酪需 20～30 d。另外，在成熟储存期间，需要经常对干酪块进行翻转。

（4）成熟期变化

①水分的变化：成熟期间，干酪的水分有不同程度的蒸发而使质量减轻。

②乳糖的变化：生干酪中含有 1%～2%的乳糖，其大部分在 48 h 内被分解，在成熟后两周内消失。所形成的乳酸则变成丙酸或乙酸等挥发酸。事实上，乳酸发酵在干酪成熟进行之前已经开始。乳糖的绝大部分降解发生在干酪的压榨过程中和储存的第一周或前两周。

③蛋白质的变化：蛋白质分解是干酪成熟中最重要的变化过程，且十分复杂。凝乳时不溶性副酪蛋白在凝乳酶和乳酸菌的蛋白水解酶作用下形成胨、多肽、氨基酸等可溶性的含氮物。成熟期间蛋白质的变化程度常以总蛋白质中所含水溶性蛋白质和氨基酸的量为指标。水溶性氮与总氮的百分比被称为干酪的成熟度。一般硬质干酪的成熟度约为 30%，软质干酪则为 60%。

④脂肪的分解：在成熟过程中，部分乳脂肪被解脂酶分解产生多种水溶性挥发脂肪酸及其他高级挥发性酸等，这与干酪风味的形成有密切的关系。

⑤气体的产生：在微生物的作用下，成熟过程使干酪中产生各种气体。尤其重要的是，有的干酪品种在丙酸菌作用下所生成的 CO_2，使干酪形成带孔眼的特殊组织结构。

⑥风味物质的形成：在成熟过程中所形成的各种氨基酸及多种水溶性挥发脂肪酸是干酪风味物质的主体。

(5)影响干酪成熟的因素

①成熟时间：随着成熟时间的延长，水溶性含氮物量增加，成熟度增高。

②温度：在其他条件相同时，水溶性含氮物的增加量与温度成正比，在工艺允许的范围内，温度越高，成熟度越高。

③水分含量：在一定范围内，水分含量越多，越容易成熟。

④干酪质量：在同一条件下，质量大的干酪成熟度好。

⑤含盐量：含盐量越多，成熟越慢。

⑥凝乳酶添加量：在同一条件下，凝乳酶添加量越多，干酪成熟越快。

⑦杀菌：原料乳不经过杀菌则容易成熟。

(6)成熟管理

①前期成熟：将待成熟的新鲜干酪放入温度、湿度适宜的成熟库中，每天用洁净的棉布擦拭其表面，防止霉菌的繁殖。为了使表面的水分蒸发均匀，擦拭后要翻转放置。此过程一般要持续 15～20 d。

②上色挂蜡：为了防止霉菌生长和增加美观，将前期成熟后的干酪清洗干净后，用食用色素染成红色(也有不染色的)。待色素完全干燥后，在 160℃的石蜡中进行挂蜡。所选石蜡的熔点以 54～56℃为宜。为食用方便和防止形成干酪皮，现多采用塑料真空及热缩密封。

③后期成熟：为了使干酪完全成熟，以形成良好的口感和风味，还要将挂蜡后的干酪放在成熟库中继续成熟 2～6 个月。成品干酪放在 5℃及相对湿度 80%～90%条件下贮存。

④加速干酪成熟的方法：传统方法，加入蛋白酶、肽酶和脂肪酶。

现在的方法，加入微胶囊脂质体包裹的酶类、基因工程修饰的乳酸菌等，以加速干酪的成熟；提高成熟温度，加速干酪成熟。

13. 干酪储存

成品干酪放在 5℃及相对湿度 80%～90%的条件下进行储存。但研究表明，干酪最好在−5℃和 90%～92%的相对湿度下进行储存，这样可以保存一年以上。

目的：

①使干酪产生一定的气味、滋味和软硬度。

②产生良好的、合适的组织结构。

③进行特殊处理以形成外壳在储存和运输中保护干酪。

14. 包装

干酪在移出储藏室之前进行包装，尽管所用包装材料不同，但目的相同：

①保护干酪不受异味污染，不受外界的微生物、昆虫等侵扰。

②防止水分损失。

③保护干酪形状。

④美化外观。

硬质干酪通常加蜡质或塑料或树脂保护层；切达干酪一般用干酪布包装，然后挂蜡；半硬质干酪和软质干酪用铝箔或塑料薄膜包装，然后装入纸盒中。

思政花园

直接入口的食品应当使用无毒、清洁的包装材料、餐具、饮具和容器。

——《中华人民共和国食品安全法》第三十三条（七）

八、常见干酪的加工

（一）农家干酪

农家干酪属典型的非成熟软质干酪，它具有爽口、温和的酸味，光滑、平整的质地。

1.工艺流程

设备、容器的清洗消毒→原料乳及预处理→发酵剂和凝乳酶的添加→凝乳→切割→加温搅拌→堆积→添加风味物质→包装→储存。

2.操作要点

（1）设备、容器的清洗消毒　制作农家干酪的所有设备及容器都必须彻底清洗消毒以防杂菌污染，因为农家干酪是非常易腐的产品。

（2）原料乳及预处理　农家干酪以脱脂乳或浓缩脱脂乳为原料，一般用脱脂乳进行标准化调整，使无脂乳固形物达到8.8%以上。然后对原料乳进行63℃、30 min或72℃、15 s的杀菌处理。冷却温度应根据菌种和工艺方法来确定，一般短时法为32℃，长时法为22℃。

（3）发酵剂和凝乳酶的添加

①添加发酵剂：将杀菌后的原料乳注入干酪槽中，温度保持在25～30℃，添加制备好的生产发酵剂（多由乳酸链球菌和乳油链球菌组成）。添加量为：短时法（5～6 h）5%～6%，长时法（16～17 h）1.0%。加入前要检查发酵剂的质量，加入后应充分搅拌。

②氯化钙及凝乳酶的添加：按原料乳量的0.011%加入$CaCl_2$，搅拌均匀后保持5～10 min。

按凝乳酶的效价添加适量的凝乳酶，一般为每100 kg原料乳加凝乳酶0.05 g，搅拌5～10 min。

（4）凝乳　凝乳在25～30℃条件下进行。短时法须静置4.5～5 h及以上，长时法则须静置12～14 h。当乳清酸度达到0.52%（pH为4.6）时凝乳完成。

（5）切割、加温搅拌

①切割：当酸度达到0.5%～0.52%（短时法）或0.52%～0.55%（长时法）时开始切割。用水平和垂直式刀分别切割凝块。

凝块的大小为1.8～2.0 cm(长时法为1.2 cm)。

②加温搅拌:切割后静置15～30 min,加入45℃温水(长时间法加30℃温水)至凝块表面10 cm以上位置。边缓慢搅拌,边在夹层加温,在45～90 min内达到49℃(长时法2.5 h达到49℃),搅拌使干酪粒大小收缩至0.5～0.8 cm。

(6)排除乳清及干酪粒的清洗　将乳清全部排除后,分别用29℃、16℃、4℃的杀菌纯水在干酪槽内漂洗干酪粒3次,以使干酪粒遇冷收缩,相互松散,并使其温度保持在7℃以下。

第一次水洗:加水量与原奶量一致,时间为15 min,排水;第二次水洗,加水量为原奶量的3/4,时间为15 min,排水;第三次水洗,加水量为原奶量的1/2,时间为15 min,排水。

(7)堆积、添加风味物质　水洗后将干酪粒堆积于干酪槽的两侧,尽可能排除多余的水分。再根据实际需要加入各种风味物质。最常见的是加入食盐(1%)和稀奶油,使成品乳脂率达4%～4.5%。

(8)包装与储存　一般多采用塑杯包装,质量有250 g、300 g等。应在10℃以下储存并尽快食用。

(二)荷兰圆形干酪

1.原料乳的验收与标准化

原料乳按乳脂率为2.5%～3.0%进行标准化。

2.原料乳的杀菌

将原料乳在干酪槽内进行63～65℃、30 min的杀菌处理后,冷却至29～31℃。

3.添加发酵剂

向原料乳中添加2%的发酵剂,搅拌后,加入0.02%的$CaCl_2$(事先配成10%溶液)。调整酸度至0.18%～0.20%。

4.添加凝乳酶

加凝乳酶(用1%的食盐水配成2%的溶液),搅拌均匀,保温静置25～40 min进行凝乳。

凝乳酶的添加量是按其效价进行计算的,当凝乳酶的效价为7万U时,一般加入原料乳量的0.003%。

5.切割及凝块的处理

切割后的凝块大小为1.0～1.5 cm。然后用干酪耙搅拌25 min。当凝块达到一定硬度后排除全部乳清量的1/3,再加温搅拌,在25 min内使温度由31℃升至38℃,并在此温度下继续搅拌30 min。

当凝块收缩,达到规定硬度时排除全部乳清。

6.堆积、压榨成形

将凝块在干酪槽内进行堆积,彻底排除乳清。此时乳清的酸度应为0.13%～0.16%。然后,将干酪切成大小适宜的块并装入成形器内,置于压榨机上预压榨约30 min,取下整形后翻转压榨，最后进行 3～6 h 的正式压榨。取下后进行整理。

7. 浸盐

将干酪放在温度为 10～15℃、含盐量为 20%～22% 的盐水中浸盐 2～3 d，每天翻转一次。

8. 成熟

将浸盐后的干酪擦干放入成熟库中进行成熟。条件为：温度 10～15℃，相对湿度 80%～85%。

每天对干酪进行擦拭和翻转，至 10～15 d 后上色挂蜡，最后将干酪放入成熟库中进行后期成熟（5～6 个月）。

（三）融化干酪

1. 概念

将同一种类或不同种类的两种以上的天然干酪，经粉碎、加乳化剂、加热搅拌、充分乳化、灌注包装而制成的产品，叫作融化干酪（processed cheese），也称加工干酪。

2. 融化干酪的特点

①可以将不同组织和不同成熟度的干酪适当配合，制成质量一致的产品；

②由于在加工过程中进行加热杀菌，食用安全、卫生，并且具有良好的保存特性；

③集各种干酪为一体，组织和风味独特；

④可以添加各种风味物质和营养强化成分，较好地满足消费者的需求和嗜好。

3. 融化干酪的生产工艺

原料选择→原料预处理→切割→粉碎→加水→加乳化剂→加色素→加热融化→灌注→包装→静置→冷却→成熟→成品。

（1）原料干酪的选择　一般选择细菌成熟的硬质干酪如荷兰干酪、切达干酪和荷兰圆形干酪等。为满足制品的风味及组织，成熟 7～8 个月风味浓的干酪占 20%～30%。为了保持组织滑润，成熟 2～3 个月的干酪占 20%～30%，搭配中间成熟度的干酪 50%，使平均成熟度在 4～5 个月，含水量为 35%～38%，含可溶性氮 0.6%左右。过熟的干酪，由于有氨基酸或乳酸钙结晶析出，不宜作原料。不能使用有霉菌污染、气体膨胀、异味等缺陷者。

（2）原料干酪的预处理　原料干酪的预处理室要与正式生产车间分开。预处理是去掉干酪的包装材料，削去表皮，清拭表面等。

（3）切碎与粉碎　用切碎机将原料干酪切成块状，用混合机混合。然后用粉碎机粉碎成 4～5 cm 的面条状，最后用磨碎机处理。近来，此项操作多在熔融釜中进行。

（4）熔融、乳化　在熔融釜中加入适量的水，通常为原料干酪重的 5%～10%。

成品的含水量为 40%～55%，应防止加水过多造成脂肪含量的下降。按配料要求加入适量的调味料、色素等，然后加入预处理粉碎后的原料干酪，开始向熔融釜的夹层中通入蒸汽进行加热。

当温度达到50℃左右，加入1%～3%的乳化剂，如磷酸钠、柠檬酸钠、偏磷酸钠和酒石酸钠。

最后将温度升至60～70℃，保温20～30 min，使原料干酪完全熔化。加乳化剂后，如果需要调整酸度时，可以用乳酸、柠檬酸、醋酸等，也可以几种酸混合使用。

成品的pH为5.6～5.8，不得低于5.3。乳化剂中，磷酸盐能提高干酪的保水性，可以形成光滑的组织状态；柠檬酸钠有保持颜色和风味的作用。

在进行乳化操作时，应加快釜内的搅拌器的转数，使乳化更完全。在此过程中应保证杀菌条件，一般为60～70℃、20～30 min，或80～120℃、30 s。乳化终了时，应检测水分、pH、风味等，然后抽真空进行脱气。

(5)充填、包装　经过乳化的干酪应趁热进行充填、包装。必须选择与乳化机相适应的包装机。包装材料多使用玻璃纸或涂塑性蜡玻璃纸、铝箔、聚偏氯乙烯薄膜等。包装的量、形状和包装材料的选择应考虑到食用、携带、运输方便。包装材料既要满足制品本身的保存需要，还要保证卫生安全。

(6)储藏　包装后的成品，应静置10℃以下的冷藏库中定形和储藏。

(四)干酪制品

1.干酪食品

天然干酪和融化干酪被广泛地应用到其他食品中，如干酪三明治、干酪香肠、干酪蛋糕、干酪汉堡包、干酪糖果等，目前在各国食品市场上占有重要的地位，并且有着良好的发展势头。

2.功能性干酪制品

人们目前在对食品追求其营养和风味的同时，开始重视食品对人体的健康保健作用。因此，最近不断开发研制出强化钙、微量元素、维生素等及降低脂肪和盐含量的干酪。

另外，添加功能性食品营养物质，如膳食纤维、低聚糖、甲壳素等可开发新型功能性食品。

九、干酪的质量控制

①确保清洁的生产环境，防止外界因素造成污染。

②对原料乳要严格进行检查验收，以保证原料乳的各种成分组成，微生物指标符合生产要求。

③严格按生产工艺要求进行操作，加强对各工艺指标的控制和管理。保证产品的成分组成、外观和组织状态，防止产生不良的组织和风味。

④干酪生产所用的设备、器具等应及时进行清洗和消毒，防止微生物和噬菌体等的污染。

⑤干酪的包装和储藏应安全、卫生、方便。储藏条件应符合规定指标。

项目九
炼 乳 加 工

知识目标

1. 了解炼乳的定义及分类。
2. 理解炼乳加工中常见的质量问题。
3. 掌握炼乳生产工艺流程和工艺操作技术。

技能目标

1. 根据炼乳生产工艺流程，学会各工艺操作要点与操作方法。
2. 能解决炼乳加工中常见的质量问题。

德育目标

培养学生严谨的工作作风，激发学生的责任感、使命感，引导学生遵守食品生产法律法规和执行食品安全国家标准。

任务一 甜炼乳的加工

【任务描述】

近年来，随着中国奶业的发展，炼乳已退出乳制品的大众消费市场，主要作为含乳饮料和烘焙类含乳食品的配料。但是，为了满足不同消费者对鲜奶的浓度、料理方法、风味以及营养等方面的特殊要求，采用适当的浓缩技术将鲜奶适度浓缩（闪蒸）而生产的"浓缩奶"仍占有一定的市场。因此，应掌握炼乳类产品的生产工艺。

【参考标准】

GB 13102—2010《食品安全国家标准　炼乳》

【工艺流程】

原料乳验收→标准化→预热杀菌→加糖→真空浓缩→冷却→装罐→包装→成品。

【任务实施】

1.材料、设备。

材料：鲜乳或脱脂乳、蔗糖、乳糖粉。

设备：灭菌器、蒸发浓缩器、封罐机。

2.操作方法。

(1)原料乳验收：选用新鲜含脂或脱脂乳，原料乳符合 GB 19301—2010《食品安全国家标准　生乳》的要求，同时，热稳定性要好。

(2)乳的标准化：为了使产品的成分一致，所用的原料乳要进行标准化。如果要提高脂肪含量，在乳中应加入奶油。如果要降低含脂率，则在乳中加入脱脂乳。

(3)预热杀菌：预热温度约在 95℃，保持 15 min，在预热时观察乳蛋白质的耐热性。

(4)加糖：生产甜炼乳在原料预热后注入糖浆，其量为乳总量的 16%～18%。

(5)真空浓缩：将乳处在空气稀薄的空间，沸点从 100.6℃高温降到 48.8～54.4℃范围内，最高不得超过 60℃。真空度维持在 78.45～98.07 kPa，乳开始沸腾，将乳喷洒呈气雾状，水汽迅速散发，达到浓缩的目的。

(6)冷却：浓缩乳迅速冷却到 30～32℃，加入为炼乳量 0.025%的乳糖粉，加入后慢速搅拌 40～60 min，再继续冷却到 17～18℃，继续搅拌，促使其中结晶变为极细小的粒子。

(7)装罐、包装：装罐时乳温度应控制在 17～18℃，但必须在搅拌后 1～2 h 内进行，用真空封罐机进行封罐。封罐后去除罐身的污物，贴标，包装。

【任务评价】

评价单

学习领域	甜炼乳的加工				
评价类别	项目	子项目	个人评价	组内互评	教师(师傅)评价
专业能力 80%	资讯(5%)	搜集信息(2%)			
		引导问题回答(3%)			
	计划(5%)	计划可执行度(3%)			
		计划执行参与程度(2%)			
	实施(40%)	操作熟练度(40%)			
	结果(20%)	结果质量(20%)			
	作业(10%)	完成质量(10%)			
社会能力 20%	团结协作(10%)	对小组的贡献(10%)			
	敬业精神(10%)	学习纪律性(10%)			

【师生共研】

在生产中，受各种因素的影响，炼乳常会出现一些质量问题。

1. 变稠。变稠（浓厚化）是甜炼乳在储存中最常见的缺陷之一。甜炼乳在储存中，特别是在温度较高的环境下储存，其黏度逐渐升高，以致失去流动性，甚至成为凝胶状，这一过程称为变稠，其原因有细菌性和物化性两个方面。

（1）细菌性变稠　细菌性变稠主要是由于芽孢菌、链球菌、葡萄球菌及乳酸杆菌等作用产生的。这些细菌均为革兰阳性菌，它们可将甜炼乳中的蔗糖和蛋白质作为碳源和氮源，通过自身的胞外酶进行代谢，代谢后的产物为甲酸、乙酸、丁酸及乳酸等有机酸，并分泌一种凝乳酶，使甜炼乳变稠。如原料乳污染了较多的细菌，即使细菌已死亡，但凝乳酶的作用并没消失，仍会出现甜炼乳变稠现象。

（2）理化性变稠　理化性变稠主要是乳中蛋白质胶体由溶胶态转化为凝胶态，进而导致甜炼乳变稠凝固。产生理化性变稠的原因有：

①蛋白质、脂肪的含量。乳蛋白质含量越高，脂肪含量越低越易引起甜炼乳变稠。对此可以解释为乳中蛋白质胶粒因涨润或水合作用引起变稠，而脂肪介于蛋白质胶粒之间，有利于防止胶粒互相结合。

②蔗糖含量和加入方法。蔗糖具有很强的渗透压，可使乳中酪蛋白的水合性降低，自由水增加，因此适当增加蔗糖含量，可降低甜炼乳的变稠倾向，加糖方法应以浓缩末期添加为佳。

③盐类平衡。盐类特别是钙盐、镁盐过多会引起变稠，对此可以添加柠檬酸钠、磷酸氢二钠等平衡过多的钙离子、镁离子，抑制变稠。除此之外，通过离子交换减少乳中钙离子、镁离子也能达到相同的目的。

④酸度。酸度高会使酪蛋白胶粒不稳定，促进甜炼乳变稠。产品酸度高时可用碱中和，中和后用于生产工业用炼乳。而当酸度过高时，用碱中和也不能防止变稠，因此除了控制好原料乳质量外，还要做好卫生工作。

⑤储存条件。储存温度越高，时间越长就越容易引起变稠。优质甜炼乳在 10℃以下保存 4 个月不发生变稠现象，20℃则变稠现象有所增加，30℃以上则变稠现象明显增加。

⑥预热条件。用温度 63℃保持 30 min 预热时甜炼乳变稠的倾向较小，但是易引起脂肪分离，同时成品中含有解脂酶致使产品脂肪分解，所以不宜采用。可采用较高温度、较短时间预热。但加热温度过高，影响制品的色泽。

⑦浓缩工艺。浓缩温度过高、时间过长，就越会引起甜炼乳变稠。采用间歇式真空浓缩锅进行浓缩时，在浓缩末期停止送蒸汽，仍打开冷凝器和真空泵有利于抑制变稠倾向。采用先进浓缩设备可以防止出现因浓缩而引起的变稠现象。

2. 乳糖晶体粗大和甜炼乳组织粗糙。甜炼乳的组织粗糙主要由于乳糖晶体粗大所致。如乳糖晶体大小为 15～20 μm，口感就会呈粉状或粗粉状；乳糖晶体大小为 20～30 μm 时，有明显的砂状感觉；30 μm 以上则有严重的砂状感。因此，乳糖晶体在 10 μm 以下，而且大小均匀者为佳。

(1)乳糖晶体粗大的主要原因

①乳糖晶种未磨细。如添加未经研磨的晶种,乳糖晶体都在 30 μm 以上,可见晶种磨细的重要性。研磨乳糖晶种,首先要烘干,选用超细微粉碎机研磨较好,并要求有足够的研磨时间或次数,磨后的晶种需经检验,绝大部分颗粒应为 3～5 μm。

②晶种量不足。有时因粉筛过细,乳糖粉吸水黏结,晶种未经过秤等原因而影响晶种的添加量。

③加晶种时温度过高,过饱和程度不够高,部分微细晶体颗粒溶解。

④结晶缸用毕后未经清洗就进行下一锅的冷却结晶。

⑤冷却水温过高,冷却速度过慢。

⑥结晶缸搅拌器的转速过慢,或浓乳黏度过高,搅拌不均匀。采用真空冷却结晶器结晶效果较好。

(2)乳糖晶体在冷却结晶以后或储存期间增大的原因

①当冷却结束时温度未冷却到 19～20℃,乳糖溶液的过饱和状态尚未消失,致使储存期气温下降而继续结晶,晶体增大。

②冷却搅拌时间太短,乳糖溶液的过饱和状态尚未消失就停止搅拌,此后晶体继续长大。故冷却搅拌时间应不少于 2 h。

③甜炼乳储存期间气温变化太大,也会使乳糖晶体增大。当温度升高时,乳糖溶液由饱和状态变为不饱和状态,使微细的晶体溶解;降温时则转变为过饱和溶液,使乳糖晶体增大。因此甜炼乳应在较凉爽的仓库内储存。

3.糖沉淀。甜炼乳储藏了一段时间或经培养以后,有时罐底会出现粉状或砂状沉淀,主要是乳糖的大晶体下沉所致。因为 α-含水乳糖在常温下的相对密度为 1.545 3,而甜炼乳相对密度为 1.30 左右,所以大晶体势必会沉淀。炼乳中大晶体越多,甜炼乳的黏度越低,则沉淀速度越快,沉淀量也越多。但 10 μm 以下的微细晶体,在正常的初黏度下,是不会产生沉淀的。此外,当甜炼乳的糖水比超过 64.5%,并在低温下储存时,产生的蔗糖晶体亦沉于罐底。蔗糖的晶体更粗大,呈六角形,形状规则。乳糖晶体大部分呈长梯形,容易区别。

4.脂肪上浮。脂肪上浮是指甜炼乳经过相当长时间的储存,开罐后有时上部有一层淡黄色的脂肪层,严重时甚至形成淡黄色膏状脂肪层,亦称脂肪分离。脂肪上浮也是甜炼乳的常见缺陷之一,严重的储存一年后的甜炼乳脂肪层厚度可达 5 mm 以上。膏状脂肪层的脂肪含量在 20%～60%,严重影响甜炼乳的质量。

脂肪上浮产生的原因与乳牛品种有关系,含脂率高的水牛、黄牛的牛乳乳脂肪球大,容易产生脂肪上浮。另外,在工艺操作方面,预热温度偏低、保温时间短、浓缩时间过长、浓缩乳温度超过 60℃、甜炼乳的初始温度偏低等,都会促使甜炼乳脂肪上浮。

5.胖罐。胖罐也称胖听、胀罐,分为微生物性胖罐和物理性胖罐两种。

(1)微生物性胖罐　产品储存期间由于微生物活动而产生气体,使罐头底、盖膨胀,严重的会使罐头破裂,这种胖罐称为微生物性胖罐。

在适宜的工艺条件和严格的卫生条件下生产的甜炼乳,由于高浓度糖溶液产生的高渗透压,可以抑制微生物的生长繁殖。但在生产过程中,产品如被严重污染,特别是被活力很强的耐高渗透压的嗜糖性酵母菌污染时,就导致产生气体,造成胖罐,严重的胖罐率达20%～70%,夏季十余天便可产生胖罐。酵母菌能分解蔗糖,产生酒精、二氧化碳和水。此外,产品储存于温度较高场所时,厌氧性丁酸菌的繁殖产生气体也会造成胖罐,但较少见。

微生物性胖罐的具体原因:设备、容器、管道的清洗、消毒不及时、不彻底,或消毒后被二次污染;结晶缸或甜炼乳储存缸的盖不密闭,甜炼乳长时间暴露在不洁的空气中,造成污染;使用含有转化糖较高的劣质蔗糖,为发酵创造条件。

甜炼乳微生物性胖罐目前还无理想的预测方法。冬季生产的甜炼乳要到翌年气温25℃以上时才可发现,往往给企业造成严重的损失。

(2)物理性胖罐　物理性胖罐也称假胖罐,其罐内炼乳并没有变质,但影响外观,也是罐头食品所不允许的。其形成原因有:装罐时装得太满,使封罐后罐内产生很大的压力;装罐温度过低,气温升高时造成底、盖凸起;罐盖膨胀线(圈)过浅或制造底、盖的马口铁太薄;封罐时底托板压力不足;搬运甜炼乳箱时摔得太重。

6.纽扣状凝块。纽扣状凝块是指甜炼乳在常温储存3～4个月后,有时于罐盖上出现白色、黄色乃至红棕色大小不等的干酪样凝块,其形状似纽扣。甜炼乳储存的时间越长,温度越高,"纽扣"越大,严重的扩散至整个罐面。有"纽扣"的甜炼乳带金属臭及陈腐的干酪气味,失去食用价值。

"纽扣"主要是由霉菌引起的。产品被葡萄曲霉及其他霉菌所污染,在有氧气和适宜的温度条件下,生成霉菌菌落,2～3周以后霉菌死亡,其分泌的酶促使甜炼乳局部凝固,同时变色,产生异味,2～3个月后形成"纽扣",并渐渐长大。此外还有几种球菌能形成白色纽扣状凝块,分布在盖上及罐内甜炼乳中。

7.钙盐沉淀。甜炼乳冲调后,有时会在杯底发现白色细小的沉淀,这种沉淀物的主要成分是柠檬酸钙,俗称"小白点"。柠檬酸钙在甜炼乳中一般处于过饱和状态,因此柠檬酸钙结晶析出是必然的。此外,柠檬酸钙的析出与乳中的盐类平衡、柠檬酸钙存在状态与晶体大小等因素有关。实践证明,在甜炼乳冷却结晶过程中,添加15～20 mg/kg的柠檬酸钙粉剂,特别是添加柠檬酸钙胶体作为诱导结晶的晶种,可以促使柠檬酸钙晶核提前形成,有利于形成细微的柠檬酸钙结晶,可减轻或防止柠檬酸钙沉淀的生成。

8.褐变(棕色化)。褐变(棕色化)主要是乳中的蛋白质与蔗糖中所含的还原糖发生羰氨反应所造成的。甜炼乳在储藏过程中会逐渐生成褐色物质,从而失去特有的光泽而逐渐变成黄褐色,严重时会生成褐色的凝块。褐变会使甜炼乳的营养价值降低,主要表现在外观及滋味恶化，物理性质变差；维生素及氨基酸分解；蛋白质的生理价值及消化性降低；生成有毒物质或代谢抑制物质，如丁酸、丙酸、H_2S 和 NH_4^+。

9.酸败臭及其他异味。酸败臭是由于乳脂肪水解而生成的刺激味。这可能是由于在原料乳中混入了含脂酶多的初乳或末乳，或被能生成脂酶的微生物污染。另外，预热温度低于70℃使乳中脂酶残留以及原料乳未先经加热处理就进行均质等都会使成品炼乳逐渐产生脂肪分解导致酸败臭。但是一般在短期保藏情况下，不会发生这种缺陷。此外，鱼臭、青草臭等异味多为饲料或奶畜饲养管理不良等原因所造成。乳品厂车间的卫生管理也很重要。在使用陈旧的镀锡设备、管件和阀门等时，如果镀锡层剥离脱落，也容易使炼乳产生氧化现象而具有异臭。

思政花园

作为乳制品感官评鉴人员必须满足下列要求：必须具备乳制品加工、检验方面的专业知识；必须是通过感官分析测试合格者，具有良好的感官分析能力；应具有良好的健康状况，不应患有色盲、鼻炎、龋齿、口腔炎等疾病；具有良好的表达能力，在对样品的感官特性进行描述性时，能够做到准确、无误，恰到好处；具有集中精力和不受外界影响的能力，热爱评鉴工作；对样品无偏见、无厌恶感，能够客观、公证（编者注：原文为证）地评价样品；工作前不使用香水、化妆品，不用香皂洗手；不在饮食后一小时内进行评鉴工作；不在评鉴开始前30分钟内吸烟。

——摘自 RHB 301—2004《全脂加糖炼乳感官质量评鉴细则》

【知识链接】

炼乳是一种牛奶制品，是用鲜牛奶经过杀菌浓缩制成的产品，它的特点是可储存较长时间。炼乳是“浓缩奶”的一种，是将鲜乳经真空浓缩或其他方法除去大部分的水分，浓缩至原体积25％～40％的乳制品。

炼乳种类很多，根据所用的原料和添加辅料的不同，可分为以下几种：

(1)甜炼乳　一种加糖的浓缩乳，呈淡黄色。甜炼乳的糖分浓度很高，因而渗透压大，能抑制大部分微生物。

(2)淡炼乳　一种不加糖、经过灭菌处理、浓缩的外观颜色淡似稀奶油的乳制品。

(3)脱脂炼乳　原料经离心脱脂，除去大部分乳脂肪后浓缩制成的浓稠乳制品。

(4)半脱脂炼乳　原料经离心脱脂，除去50％的乳脂肪后浓缩制成的浓稠乳制品。

(5)花色炼乳　炼乳中加入可可、咖啡及其他有色食品辅料制成的乳制品。

(6)强化炼乳　炼乳中强化了维生素、微量元素等营养物质。

(7)调制炼乳　炼乳中配有蛋白、植物脂肪、饴糖或蜂蜜类的营养物质等，制成适合不同人群的乳制品。

一、甜炼乳的加工

甜炼乳是在原料乳中加入约16％的蔗糖后，经杀菌、浓缩到原容积的40％左右的含糖乳制品。其中蔗糖含量在40%～45%，水分含量不超过28%。加糖后增大了乳制品的渗透压，能抑制大部分微生物生长繁殖，因而成品具有良好的保存性。甜炼乳主要用作饮料、糕点、糖果及其他食品的加工原料，如咖啡伴侣。

（一）工艺流程

原料乳验收→预处理→标准化→预热杀菌→真空浓缩（↓加糖）→均质→冷却结晶（↓晶种）→装罐→包装→储藏（成品）。

（二）操作要点

1.原料乳验收

原料乳质量对甜炼乳质量影响很大，特别是原料乳中发酵酸度的增加对甜炼乳储藏期变稠的影响很大，因此，应严格地按照食品安全国家标准的要求对原料乳进行验收。除此之外，还应控制芽孢和耐热细菌的数量，乳中蛋白质热稳定性要好。

2.预处理

检验合格的原料乳经称量、过滤、净乳、冷却后泵入贮乳罐内暂时储存。

3.标准化

原料乳的标准化是使成品中的脂肪含量与非脂乳固体含量保持一定的比例关系。原料乳之所以标准化是考虑到：与加糖炼乳的生产量有关，原料乳的乳脂率在3%～3.7%范围内炼乳生产量最大；与炼乳的保存性有关，若原料乳的乳脂率低，生产的炼乳保存性也低；与炼乳生产过程中的操作有关，乳脂率低的原料乳在浓缩过程中容易起泡，操作较困难。

4.预热杀菌

预热杀菌是指原料乳在标准化之后，浓缩之前，必须进行的加热杀菌处理。预热杀菌有利于下一步浓缩工序的进行。

(1)预热杀菌目的　杀灭致病菌、病毒并破坏对成品质量有危害的其他微生物，提高成品安全性；抑制酶的活力，防止成品出现脂肪水解和酶促褐变等不良现象；为浓缩过程进行预热，以利于浓缩过程稳定进行，提高蒸发速度，避免原料乳因骤然受热，在加热面上焦化结垢，进而影响产品质量和蒸发速度；使乳中蛋白质适当变性，防止成品出现变稠和脂肪上浮等现象；若采用预先加糖的方法，预热便于蔗糖快速完全溶解。

(2)预热杀菌条件　随着原料乳质量、季节及预热设备等不同，预热的温度、保持时间等条件也不相同。常用的预热方法主要有：低温长时法（80～85℃、10 min）、高温短时法（95℃、3～5 min）、超高温瞬时法（120℃、2～4 s）。实践证明，预热杀菌条件为110～150℃的超高温瞬时，75℃保持10～20 min或80℃保持5～10 min，产品的质量较好。

5.加糖

(1)加糖的目的　加糖除了赋予甜炼乳甜味外，主要是为了抑制炼乳中细菌的生长繁殖，增强制品的保存性。糖的防腐作用是由渗透压产生的，而蔗糖溶液的渗透压与其浓度成正比。实践证明：甜炼乳成品中若含有43%的蔗糖、25.5%的水分时，则其中蔗糖水溶液将具有5.7 MPa的渗透压。在炼乳中添加适量的蔗糖，能使残存的菌体严重脱水，难以增殖，甚至死亡，起着良好的防腐作用。

(2)对蔗糖的要求　所用蔗糖的各项指标必须符合GB/T 317—2018《白砂糖》中规定的一级标准以上。

(3)加糖量　加糖量一般用蔗糖比表示。蔗糖比也称蔗糖浓缩度，是甜炼乳中蔗糖含量占其水溶液的百分比。蔗糖比决定甜炼乳应含蔗糖的浓度，也是向原料乳中添加蔗糖量的计算标准，一般为62.5%～64.5%。加糖量的计算步骤如下：

①先算出蔗糖比。成品的蔗糖含量应在规定的范围内。

$$\text{蔗糖比}=\frac{\text{蔗糖}}{\text{水}+\text{蔗糖}}\times 100\%$$

②根据所要求的蔗糖比计算出炼乳中的蔗糖含量。

$$\text{炼乳中的蔗糖含量}=\frac{(100-\text{总乳固体物含量})\times\text{蔗糖比}}{100}$$

③根据浓缩比计算加糖量。

所谓浓缩比是指炼乳中的总乳固体物含量与原料乳中的总乳固体物含量的比值。

$$\text{浓缩比}=\frac{\text{炼乳中的总乳固体物含量}}{\text{原料乳中总乳固体物含量}}$$

$$\text{蔗糖添加量}=\frac{\text{炼乳中的蔗糖含量}}{\text{浓缩比}}$$

(4)加糖方法　常用的加糖方法有：

①将糖加入原料乳中加热溶解，进行预热；

②把经杀菌的浓缩糖浆与进行预热的原料乳混合；

③当牛乳浓缩即将结束时，把经杀菌的浓蔗糖浆吸入真空浓缩锅内。

加糖方法对成品稳定性影响很大。第一种方法操作简便，但杀菌时由于糖的存在提高了细菌的耐热性，而且容易造成成品在储存中变稠；第二种次之。为了杀菌彻底和防止变稠，一般采用第三种方法。采用第三种方法时，把蔗糖溶于85℃以上的热水中，制成约65%的糖浆，在浓缩结束时加入真空浓缩锅内。

6.真空浓缩

浓缩就是用加热的方法，使牛乳中水分蒸发以提高乳固体物含量使其达到要求浓度的过程。为了减少牛乳中营养成分的损失，一般都在减压下进行，即采用真空浓缩的方式。

(1)真空浓缩的特点　节省能源，蒸发效能高；蒸发在较低温度条件下就可以进行；乳的热变性小，色泽、风味、流动性好，保持了牛乳原有的性质；避免外界污染的可能性。

(2)真空浓缩的设备条件和方法　真空浓缩设备种类很多，按加热部分的结构可分为盘管式、直管式、板式等3种;按其二次蒸汽的利用与否,可分单效和多效浓缩设备。我国炼乳生产大多数使用间歇式盘管真空浓缩设备,真空浓缩的条件:温度为45～60℃,真空度为78.45～98.07 kPa,加热蒸汽压力为49～196 kPa。

牛奶在真空浓缩过程中温度一般在45～55℃的范围内,时间不超过2.5 h,这对于防止蛋白质变性、保持牛奶原有风味和色泽等均有好处。

(3)浓缩终点的判定　连续式蒸发器在稳定的操作条件下,可以正常连续出料,产品浓度可通过在线检测加以控制。间歇式浓缩锅浓缩终点的测定是在浓缩到接近要求的浓度时,浓缩乳黏度升高,沸腾状态滞缓,微细的气泡集中在中心,表面稍呈光泽,根据经验观察判定浓缩的终点,但为准确起见,可迅速取样,测定其相对密度、黏度或折射率来确定浓缩终点。

7.均质

(1)均质目的　炼乳在长时间放置后,会发生脂肪上浮现象,其上部形成稀奶油层,严重时一经振荡还会形成奶油颗粒,影响成品的质量,对此除在预热等工序进行严格控制外,还可以采用均质加以克服。

均质的目的:破碎脂肪球,防止脂肪上浮;使吸附于脂肪球表面的酪蛋白量增加,改善黏度,延缓变稠现象;使炼乳易于消化吸收;改善成品感官品质。

(2)均质工艺　均质中最主要的两个工艺条件:压力和温度,两者决定了均质的效果。压力过高或过低均对产品质量有所影响,压力过高会降低酪蛋白的热稳定性,过低则达不到破碎脂肪球的目的。选择一个合适的温度有助于控制均质时脂肪球的大小,同时又能防止脂肪球聚合成团。

为了使2 μm以下的脂肪球含量达到较高的比例,65℃是适宜的均质温度。在实际操作中,如在浓缩后进行均质则温度一般为50～65℃。由于开始均质时的压力不会马上稳定,所以最初出来的物料均质不一定充分,可以将这部分物料返回,再均质一次。

炼乳生产可以采用一次或二次均质,国内多为一次均质,均质压力一般在10～14 MPa,温度为50～65℃。如果采用二次均质,第一次均质条件和上述相同,第二次均质压力较低,为3.0～3.5 MPa,温度控制在50℃左右。如采用两次均质,第一次在预热之前进行,第二次应在浓缩之后进行。虽然两次均质可以适当提高产品的相关质量,但无疑又使设备费用和操作费用增加,因此在具体生产中可以视情况加以选择。

为了确保均质效果,可以对均质后的物料进行显微镜检视,如果有80%以上的脂肪球直径在2 μm以下,就可以认为均质合格。

8.冷却结晶

真空浓缩锅出来的浓缩乳,温度为50℃左右,如果不及时冷却,会加剧成品在储藏期变稠与褐变,严重者会使产品逐渐成为块状的凝胶,因此需要迅速冷却至常温。另外,通过冷却结晶可促使处于过饱和状态的乳糖形成细微的结晶,保证炼乳具有细腻的感官品质。

(1)冷却结晶原理　甜炼乳中的乳糖有α-乳糖和β-乳糖两种不同异构体,后者的溶解度相对较高。在溶液中α-乳糖和β-乳糖可以互相转化,两者之间存在一个动态的平衡比例。

乳糖溶液为饱和溶液，当温度下降时，就会生成过饱和溶液，开始析出乳糖，首先析出的是 α-乳糖。此时 α-乳糖、β-乳糖之间的比例就被破坏了，β-乳糖开始向 α-乳糖转化，溶解度下降，不断析出晶体，最终达到新的平衡。乳糖的结晶就是利用其在不同温度下的溶解度差来实现的。

由真空浓缩锅放出的浓缩乳温度一般在 50℃，此时乳糖的溶解度为 30.4%，而一般炼乳中的乳糖浓度低于这个值，所以它能全部溶于炼乳所含的水分中。在冷却阶段，温度不断降低，乳糖的溶解度也随着相应下降，到 30℃时为 19.9%，20℃时仅为 16.1%。在蔗糖存在情况下，溶解度会更低，乳糖必然发生结晶。这是一个从不饱和到饱和再到过饱和的过程。

同其他物质一样，乳糖结晶过程也分为两步，即晶核形成和晶体成长。该过程与溶液过饱和系数有关，过饱和系数越高，则晶核的形成速度和晶体的成长速度越快，但这样所形成的晶体量少且大，是甜炼乳生产所不允许的。

乳糖结晶分为自然结晶和强制结晶。结晶过程自然进行，不加控制，不添加晶种的称为自然结晶，这种方法所得到的晶体大而少。强制结晶则须控制冷却速度和添加晶种，所得到的晶体小而多。在甜炼乳生产中所采用的就是强制结晶。

(2)乳糖结晶温度的选择　如果把乳糖的饱和溶液冷却，则形成过饱和溶液，但尚未析出晶体，此刻的溶解度即为过饱和溶解度(又称超溶解度)。当进一步冷却时，开始析出 α-含水乳糖晶体，从而打破了 α-乳糖与 β-乳糖的平衡。此时 β-乳糖向 α-含水乳糖转化，溶解度随之下降，相应地继续析出晶体，直至达到该温度的饱和状态，重新建立平衡为止。

若以乳糖溶液的乳糖含量为横坐标，溶液温度为纵坐标，可以绘出乳糖的溶解度曲线，图 9-1 是乳糖在水中的溶解度曲线及强制结晶曲线。图 9-1 中最终溶解度曲线表示在最终平衡状态时 100 g 溶液中乳糖最大的溶解度。过饱和溶解度曲线是乳糖可能呈现的最大浓度。该图可以分为 3 个区域：最终溶解度曲线的左侧是溶解区；过饱和溶解度曲线的右侧是不稳定区，在不稳定区内乳糖将自然析出结晶；在最终溶解度曲线与过饱和溶解度曲线之间是亚稳定区，在亚稳定区内，处于过饱和状态的乳糖将要结晶而尚未结晶，在此状态下只要创造必要的条件，就能促使它迅速地生成大小均匀的细微晶体，这一过程称为乳糖的强制结晶。实验表明，在亚稳定区内，大约高于过饱和溶解度曲线 10℃的位置有一条强制结晶曲线，通过这条曲线可以找到强制结晶的适宜温度。

在强制结晶过程中使浓缩乳的温度控制在亚稳定区内，当达到结晶的适宜温度时，及时投入乳糖晶种，迅速搅拌并随之冷却，就能形成大量细微的晶体。生产高质量炼乳的重要条件之一是结晶温度，温度过高不利于迅速结晶，温度过低则黏度增大也不利于迅速结晶，生产中的适宜温度视乳糖含量而异。

(3)冷却结晶工艺　确定了强制结晶温度后，就可以确定何时投入晶种了。

①晶种的制备。取精制乳糖粉(多为 α-乳糖)在 120℃烘箱中烘 2～3 h，然后在超细微乳糖粉碎机内进行粉碎，再置烘箱中烘 1 h，反复粉碎 2～3 次，并通过 120 目粉筛就可达到 5 μm 以下的细度。粉碎后的晶种可置于塑料袋或装瓶封蜡储藏，如需长期储藏就要置于罐内，抽真空并充氮气。

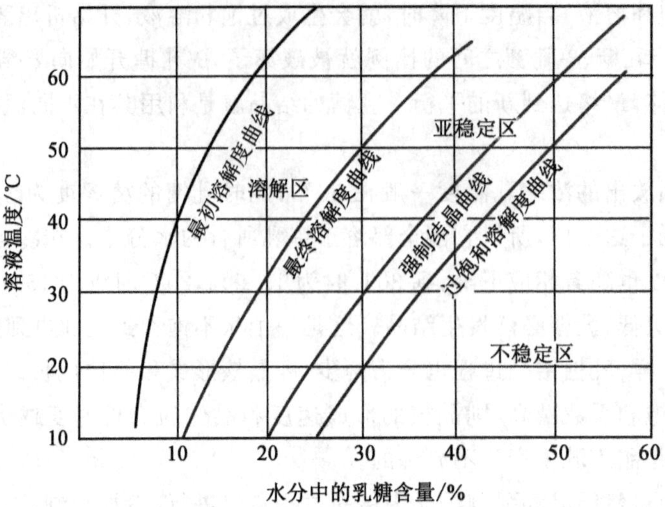

图 9-1 乳糖溶解度曲线

②晶种的添加。一般晶种添加量为甜炼乳成品量的 0.02%～0.03%（晶种也可以用成品炼乳代替，添加量为炼乳量的 1%）。在冷却过程中，当温度达到强制结晶的适宜温度时，将预先制备的乳糖晶种用 120 目筛均匀筛入，要求在 10 min 内筛完，整个过程都要在强烈搅拌中进行。如采用真空冷却结晶法，则在 79.99～85.33 kPa 条件下慢慢地将晶种以雾状均匀喷入炼乳中。

(4)冷却结晶方法　一般可分为间歇式及连续式两类。

①间歇式冷却结晶。一般采用蛇管冷却结晶器，冷却过程可分为 3 个阶段：浓缩乳出料后乳温在 50℃以上，应迅速冷却至 35℃左右，这是第一阶段冷却期。随后，继续冷却到接近 26℃，此为第二阶段，即强制结晶期，结晶的适宜温度就处于这一阶段。此时可投入 0.03% 左右的乳糖晶种，晶种要均匀地边搅边加。没有晶种亦可加入 1%的成品炼乳代替。强制结晶期应保持 0.5 h 左右，以充分形成晶核。然后进入第三阶段冷却期，即把炼乳迅速冷却至 15℃左右，从而完成冷却结晶操作。

另一种是间歇式的真空冷却方法。浓缩乳进入真空冷却结晶机，在减压状态下冷却，不仅冷却速度快，而且可以减少污染。此外，在真空度高的条件下炼乳在冷却过程中处于沸腾状态，内部有强烈的摩擦作用，可以获得细微均一的结晶。但是应预先考虑沸腾蒸发的水量，防止出现成品水分含量偏低的现象。

②连续式冷却结晶。利用连续瞬间冷却结晶机可进行炼乳的连续冷却结晶。连续瞬间冷却结晶机具有水平式的夹套圆筒，夹套有冷媒流通。将炼乳由泵泵入内层套筒中，套筒中有带搅拌桨的转轴，转速为 300～699 r/min。在强烈的搅拌作用下，在几十秒到几分钟内即可将炼乳冷却到 20℃以下，不添加晶种即可获得 5 μm 以下的细微结晶，而且可以防止褐变和污染，亦有利于防止变稠。

9.装罐、包装和储藏

(1)装罐、包装 炼乳经检验合格后方可装罐,空罐需用蒸汽杀菌,沥干水分烘干后方可使用。装罐时,一定要除去气泡并装满,封罐后洗去罐上附着的炼乳或其他污物,再贴上商标,包装,即可入库储藏。大型工厂多用自动装罐机,罐内装入一定数量的炼乳后,移入旋转盘中采用离心力除去其中的气体,或用真空封罐机进行封罐。

(2)储藏 炼乳储藏于库房内时,应离开墙壁及保暖设备 30 cm 以上,库房内温度不得高于 15℃且应恒温,空气相对湿度不应高于 85%。如果储藏温度经常波动,会引起乳糖形成大块结晶。储藏中每月应进行 1~2 次翻罐,以防止乳糖沉淀。

二、淡炼乳的加工

淡炼乳也称无糖炼乳,是将鲜牛乳先浓缩至原体积的 40%,装罐后再进行灭菌处理而制成的浓缩灭菌乳。

淡炼乳分为全脂和脱脂两种,一般淡炼乳指前者,后者称为脱脂淡炼乳。此外,还有添加维生素 D 的强化炼乳,以及调整化学组成使之近似于母乳,并添加各种营养素的用于喂养婴儿的调制淡炼乳。

由于经过高温灭菌,淡炼乳在室温下可长期保存,凡是不易获得新鲜牛乳的地方都可以用淡炼乳来代替。高温灭菌会导致牛乳中 B 族维生素和维生素 C 有一定量的损失,若加以补充,淡炼乳的营养价值几乎与新鲜牛乳相同;经过高温处理后,产品呈现软凝块状,易于消化;淡炼乳中脂肪球经均质处理后变小,易于被人体消化吸收,是很好的育儿乳制品。

(一)工艺流程

原料乳验收→预处理→标准化→预热杀菌→真空浓缩→均质→冷却→再标准化→小样试验→装罐→封罐→灭菌→振荡→保藏试验→包装→成品。

(二)操作要点

1.原料乳验收

由于在淡炼乳的生产过程中有高温灭菌工序,所以对原料乳的要求较严。首先选择新鲜优质的原料乳,除了符合生产甜炼乳时对原料乳的要求外,还要做热稳定性试验。同时,酒精试验必须用 75%的酒精。

2.预处理、标准化

同甜炼乳的加工。

3.预热杀菌

(1)预热的目的 不仅是为了杀菌,而且适当加热可使一部分乳清蛋白凝固,可提高酪蛋白的热稳定性,防止其灭菌时凝固,并赋予成品适当的黏度。

(2)预热条件 淡炼乳一般用 95~100℃,保持 10~15 min 的预热条件。如果温度低于 95℃时,其中乳的稳定性显著降低,如果采用超高温瞬时灭菌法,即将牛乳加热至 120℃,保持25 s的条件时，牛乳的热稳定性得到明显的改善。进行超高温瞬时处理就可减少稳定剂的使用量，甚至可不用稳定剂仍能获得稳定性高、褐变程度低的产品。

为了提高乳蛋白质的热稳定性，在淡炼乳生产中允许添加少量稳定剂，常用的稳定剂有柠檬酸钠、磷酸氢二钠或磷酸二氢钠，稳定剂的用量最好根据浓缩后的小样试验来决定，使用过量，产品风味不好且易褐变。

4.真空浓缩

淡炼乳的浓缩过程与甜炼乳基本相同，但淡炼乳因不加蔗糖其总乳干物质含量较低，可以使用0.12 MPa的蒸汽压力进行蒸发。浓缩时牛乳温度一般保持在54～60℃。若预热温度高，浓缩时沸腾剧烈，易起泡和产生焦管现象，应注意对加热蒸汽的控制。

浓缩终点可用波美比重计来测定。因为蒸发速度比较快，测定必须迅速进行。关于浓缩设备，淡炼乳不必加糖，所以有利于使用各种类型的连续式多效蒸发设备。

5.均质

均质使脂肪球变小，大大增加了脂肪表面积，从而增加了脂肪表面上的酪蛋白吸附量，使脂肪球相对密度增大，上浮力变小。多采用二段均质，第一段压力为14.7～16.7 MPa，第二段压力为4.9 MPa。均质效果可通过显微镜检验，直径为2 μm的脂肪球占80%以上即为合格。

6.冷却

均质后的浓缩乳应立即冷却，此时冷却的目的与甜炼乳不同，仅仅是为了及时降温，所以应尽可能迅速进行。当日装罐需冷却至10℃以下，次日装罐则应冷却到4℃。冷却温度对浓缩乳的热稳定性有影响，冷却温度高可能出现耐热性细菌增殖或酸度上升等现象，使灭菌效果不佳及热稳定性降低，所以必须充分注意冷却温度的正确掌握。

7.再标准化

原料乳已进行过标准化，浓缩后进行的再标准化仅是为了使淡炼乳符合所要求的乳干物质含量。因为淡炼乳的浓度是比较难以正确掌握的，所以一般多浓缩到较要求的浓度稍高一点，浓缩后再加蒸馏水以调整到要求的浓度。所以再标准化习惯上就称为加水。

加水量可按下式计算：

$$\text{加水量}=\frac{A}{F_1}-\frac{A}{F_2}$$

式中：A——标准化乳的脂肪总量；

F_1——成品的含脂率，%；

F_2——浓缩乳的含脂率，%。

8.小样试验

(1)目的　为防止不能预计的变化而造成大量的损失，灭菌前先按不同剂量添加稳定剂，试封几罐进行灭菌，然后开罐检查，以确定批量生产时稳定剂的添加量、灭菌温度和时间。

(2)样品的准备　由贮乳缸取样，通常以每千克原料乳含稳定剂0.25 g为限，调制成含有各种计量稳定剂的样品。稳定剂可配制成饱和溶液，用刻度为 0.1 mL 和 1 mL 吸管添加比较方便。

(3)灭菌试验　把样品放入小样试验用的灭菌机中，按照灭菌条件温度 116.5℃，保持 16 min 进行灭菌。灭菌结束冷却后取出小样检查。

(4)开罐检查　检查顺序是先检查有无凝固物，然后检查黏度、风味、色泽。如不符合要求时，可降低灭菌温度或缩短保温时间，减慢灭菌机转速等对工艺条件进行调整，直至达到要求为止。

9. 装罐、封罐

按照小样试验结果添加稳定剂后，应立即进行装罐、封罐。装罐时要留有一定的顶隙，以免灭菌时膨胀变形。装罐后进行真空封罐，以减少气泡及顶隙中的残留空气。封罐后应及时灭菌，若不能及时灭菌，应在低温条件下保藏以防变质。

10. 灭菌

(1)灭菌的目的　彻底杀灭微生物及酶类，使成品经久耐藏。适当高温处理可提高成品黏度，有利于防止脂肪上浮，并可赋予炼乳特有的芳香味。不过淡炼乳的二次杀菌会引起美拉德反应而造成产品轻微的褐变。

(2)灭菌方法

①保持式灭菌法。批量不大的生产可用回转式灭菌器进行保持式灭菌。一般按小样试验法控制温度和升温时间，要求在 15 min 内使温度升至 116～117℃，并保持 16 min。

②连续式灭菌法。大规模生产多采用连续式灭菌机灭菌。灭菌机由预热区、灭菌区和冷却区三部分组成。封罐后的罐内温度在 18℃以下进入预热区被加热到 93～99℃，然后进入灭菌区，升温至 114～119℃，经一段时间运输进入冷却区冷却至室温。

③UHT 处理。将浓缩乳进行 UHT 杀菌(140℃，保持 3 s)，然后无菌纸盒包装。

④乳酸链球菌素改进灭菌法。乳酸链球菌素是一种安全性高的国际上允许使用的食品添加剂，人体每日允许摄入量为每千克体重 0～33 000 U(1 mg=1 000 U)。淡炼乳生产中如果添加乳酸链球菌素，可减轻灭菌负担，且能保证淡炼乳的品质，并为利用热稳定性较差的原料乳提供了可能性。

11. 振荡

如果灭菌操作不当，或使用热稳定性较差的原料乳，生产出的淡炼乳往往出现软的凝块，振荡可使凝块分散复原成均一的流体，使用振荡机进行振荡，应在灭菌后 2～3 d 内进行，每次振荡 1～2 min。

12. 保藏试验

淡炼乳出厂之前，一般还要经过保藏试验，即产品在 25～30℃保温储藏 3～4 周，观察有无胖罐，并开罐检查有无缺陷，必要时可抽取一定数量样品，于 37℃保存 6～10 d 加以观察及检查，合格者方可装箱出厂。

13.淡炼乳的质量控制

(1)脂肪上浮　脂肪上浮是淡炼乳常见的缺陷。这是由于黏度下降或均质不完全而出现的问题。如果热处理控制得当,使产品保持适当的黏度,并注意均质操作,使脂肪球直径都在 2 μm 以下,就能够防止脂肪上浮。

(2)胖罐　淡炼乳的胖罐现象可以分为细菌性胖罐、化学性胖罐及物理性胖罐三种类型。

细菌活动产气可能造成细菌性胖罐。其原因是物料污染严重或是灭菌不彻底,特别是受耐热性芽孢杆菌的污染。预防措施是防止污染和加强灭菌控制。

如果淡炼乳酸度偏高并储存过久,乳中的酸性物质和罐壁的锡、铁等发生化学反应产生氢气,可能导致化学性胖罐。此外,如果装罐太满或置于海拔高、气压低的场所,则可能出现物理性胖罐,也就是所谓的“假胖听”。

(3)褐变　淡炼乳经高温灭菌色泽转深呈黄褐色,灭菌温度及储藏温度越高,保温时间及储藏时间越长,这种褐变现象就越突出。褐变的原因是羰氨反应。为了防止褐变,要求在能达到灭菌目的的前提下避免过度高温长时间加热处理,储藏温度与时间应予以控制,如果在 5℃以下保藏就不会出现色泽加深变化。此外,所采用的稳定剂应注意质量和品种,碳酸钠容易促进褐变,以使用柠檬酸钠或磷酸钠为好,用量亦不要过多。

(4)凝固　淡炼乳出现的凝固分为细菌性凝固和理化性凝固两种。

细菌性凝固:淡炼乳受到耐热性芽孢杆菌严重污染,灭菌不彻底,或者封罐不严密,在微生物产生的乳酸或凝乳酶的浸入下,能出现凝固现象。细菌性凝固大多还伴随着苦味、酸味或腐败臭味等现象出现,并使乳清分离、蛋白质凝固。防止措施是防止污染,保证封罐严密,掌握正确的灭菌制度。凡是细菌性凝固,淡炼乳的颜色均较淡。

理化性凝固:若使用热稳定性差的原料乳,或在生产过程中物料的干物质含量过高、浓缩过度、均质压力过高、灭菌过度等均可能出现凝固现象。原料乳热稳定性差主要是酸度高、乳清蛋白含量高或盐类平衡失调造成的,所以须严格控制热稳定性试验。盐类不平衡可通过离子交换树脂处理或适当添加稳定剂来解决。此外,正确地进行浓缩操作和灭菌处理,避免过高的均质压力等可以避免理化性凝固。

(5)黏度下降　淡炼乳在储藏期间,一般会出现黏度降低的趋势。黏度降低显著时,就为脂肪上浮及发生沉淀创造了条件。影响黏度的重要因素是热处理和储藏温度。如高温长时间的预热杀菌,使成品黏度降低,储藏温度高,则成品黏度下降快。在 0～5℃时即可避免黏度的迅速下降,但也要防止在 0℃以下的温度储藏,否则会导致蛋白质不稳定。

(6)沉淀　淡炼乳在保藏中,罐底常有不溶解的白色砂状的无定形结晶沉淀物。这些沉淀物是由柠檬酸钙、磷酸三钙及磷酸镁构成的,这几种盐在冷水中比在热水中有易溶解的特性。所以淡炼乳保藏温度越高,沉淀的生成越多,浓度越高,生成的沉淀物也越多。一般将淡炼乳储藏于 7.2℃的较低温度中,沉淀物可完全避免。

项目十
奶油加工

知识目标

1. 了解奶油定义及分类。
2. 了解奶油加工中常见的质量问题。
3. 掌握奶油生产工艺流程和工艺操作技术。

技能目标

1. 根据甜性奶油和酸性奶油生产工艺流程，学会各工艺操作要点与操作方法。
2. 能解决奶油加工中常见的质量问题。

德育目标

培养学生严谨的工作作风，激发学生的责任感、使命感，引导学生遵守食品生产法律法规和执行食品安全国家标准。

任务一 甜性奶油的加工

【任务描述】

奶油风味好，营养高，把奶油添加到其他产品中可提高食品的营养价值，并能赋予制品良好柔软的组织质地，因此，奶油仍为我国乳制品中不可缺少的品种。本任务为甜性奶油的加工。

【参考标准】

GB 19646—2010《食品安全国家标准　稀奶油、奶油和无水奶油》

【工艺流程】

牛乳的分离→稀奶油→中和→杀菌→冷却→成熟→搅拌→排酪乳→洗涤→压炼、加盐(加色素)→包装→成品。

【任务实施】

1. 材料、设备和用具。

材料：鲜乳、食盐、10%碳酸氢钠溶液。

设备和用具：牛乳分离机、三角烧杯(带塞)、纱布、烧杯、刀、硫酸纸。

2. 操作方法。

(1)牛乳的分离　牛乳分离可以采用手摇或电动牛乳分离机。牛乳预热至 35～40℃，启动分离机，待其达到规定转速后将 40～50℃热水倒入受乳器内，打开开关，热水进入分离机钵内进行预热，当水流出停止后关闭开关。预热好的乳倒入受乳器，慢慢打开开关进行乳的分离。分离 3～5 min 后，观察稀奶油和脱脂乳的流量之比，并按要求进行稀奶油含脂率的调整。

供生产奶油用的稀奶油含脂率有一定的要求，用搅拌器加工奶油时要求稀奶油含脂率为 30%～35%。因此，在乳分离时应注意调整使稀奶油与脱脂乳含量比至 1∶10 左右。

(2)中和、杀菌、冷却、成熟　原料稀奶油灌入大三角瓶中，用 10%碳酸氢钠溶液中和至 20～22°T，在瓶内经巴氏杀菌后冷却至 6～10℃，物理成熟 10～12 h。

(3)搅拌　成熟的稀奶油，进行人工搅拌，用手抓紧瓶塞不要开盖，上下用力摔打，摔打十几下以后打开塞排放气，再盖紧摔打，反复放气几次后，再摔打约 30 min，待瓶壁出现透亮时，要注意小心摔打，不要过度，当瓶壁完全透亮时马上停止，观察温度控制在 8～10℃。

(4)排酪乳　排除酪乳，瓶口用纱布包住后将瓶内酪乳倒出，注意不要让奶油粒流失。

(5)洗涤　洗涤水质量要求是杀菌后的冷却水，每次用量与排出的酪乳量相同，水温要求在 8～10℃，加入水后上下摔打 2～3 下，排出洗涤水，再洗涤 1～2 次，但水温比第一次低 1～2℃。

(6)压炼、加盐(加色素)　在洗涤好的奶油粒上撒上 1%的食盐和色素，上下摔打几下再加入 1%的盐，摔打几下后最后加入 1%的食盐，摔打几下至色泽均匀，质地均匀，断面无游离水珠为止，产品表面光滑细腻。

(7)包装　将压炼好的奶油放在硫酸纸上，用木制模具成形，再用硫酸纸包装，外面包上装潢纸。

【任务评价】

评价单

学习领域	甜性奶油的加工				
评价类别	项目	子项目	个人评价	组内互评	教师(师傅)评价
专业能力 80%	资讯(5%)	搜集信息(2%)			
		引导问题回答(3%)			
	计划(5%)	计划可执行度(3%)			
		计划执行参与程度(2%)			
	实施(40%)	操作熟练度(40%)			
	结果(20%)	结果质量(20%)			
	作业(10%)	完成质量(10%)			
社会能力 20%	团结协作(10%)	对小组的贡献(10%)			
	敬业精神(10%)	学习纪律性(10%)			

【师生共研】

在生产中,受各种因素的影响,奶油常会出现一些质量问题。

1.风味缺陷。正常奶油应该具有乳脂肪特有的香味或乳酸菌发酵的芳香味,但操作不当时易出现下列质量问题。

(1)鱼腥味　出现鱼腥味主要是奶油的卵磷脂水解,生成三甲胺造成的。若乳脂肪已经发生氧化,会加剧此缺陷的发生倾向。

(2)脂肪氧化味与酸败味　脂肪氧化味是空气中氧气和不饱和脂肪酸反应所造成的;酸败味是脂肪在解脂酶的作用下生成低分子游离脂肪酸而造成的。奶油在储存中往往先出现氧化味,接着会产生脂肪水解味。

(3)肥皂味　当稀奶油中和过度,或者中和过程过快时,易引起产品局部皂化。

(4)干酪味　奶油呈干酪味是加工卫生条件差、霉菌污染或原料稀奶油的细菌污染导致蛋白质分解造成的。

(5)金属味　在生产过程中,奶油接触铜、铁设备时易产生金属味。

(6)苦味　在生产时,使用末乳或奶油被酵母菌污染,成品易形成苦味。

2.组织状态的缺陷。

(1)软膏状或黏胶状　压炼过度,洗涤水温过高或稀奶油酸度过低和成熟不足等会造成液态油过多,脂肪结晶少而形成黏性奶油。

(2)奶油组织松散　压炼不足,搅拌温度低等造成液态油过少,形成松散状奶油。

(3)砂状奶油　此缺陷出现于加盐奶油中,盐粒未能溶解所致。有时出现粉状并无盐粒存在,原因是中和时蛋白质凝固,混合于奶油中。

3. 色泽缺陷。

(1)条纹状　此缺陷容易出现在干法加盐的奶油中，是盐加得不匀、压炼不足等造成的。

(2)色暗而无光泽　是压炼过度或稀奶油不新鲜造成的。

(3)色淡　此缺陷经常出现在冬季生产的奶油中，由于奶油中胡萝卜素含量太少使奶油色淡，甚至白色，可以添加胡萝卜素或其他天然色素加以调整。

(4)表面褪色　奶油暴露在阳光下，发生光氧化造成。

思政花园

感官评鉴实验室应设置于无气味、无噪音区域中。为了防止评鉴前通过身体或视觉的接触，使评鉴员得到一些片面的、不正确的信息，影响他们感官反应和判断，评鉴员进入评鉴区时要避免经过准备区和办公区。

——摘自 RHB 401—2004《奶油感官质量评鉴细则》

【知识链接】

奶油也称白脱油，它是将乳分离后得到的稀奶油经杀菌、冷却、物理成熟及搅拌等一系列加工过程而制成的含脂肪量高的乳制品。一般奶油的主要成分为脂肪含量 82%，含水量小于 16%，蛋白质、钙和磷，以及丰富的脂溶性维生素 A、维生素 D、维生素 E，少量的水溶性维生素。奶油应呈现均匀一致的颜色，稠密而味道纯正。水分应分散成微滴，从而使奶油外观干燥，硬度均匀，易于涂抹，入口即化。

奶油根据制造方法、选用原料、生产地区的不同，可以分成不同的种类。如甜性奶油、酸性奶油、重制奶油、无水奶油(黄油)、加盐奶油、无盐奶油、人造奶油、花色奶油以及含乳脂肪 30%～35%的发泡奶油。此外，我国少数民族还有传统产品“奶皮子、乳扇子”等。

一、甜性和酸性奶油的加工

甜性奶油是以杀菌的甜性奶油制成的，分加盐的和不加盐的，具有特有的乳香味，含乳脂肪 80%～85%。酸性奶油是以杀菌的稀奶油用纯乳酸菌发酵(也有天然发酵)后加工制成的，分加盐的和不加盐的，具有微酸和较浓的乳香味，含乳脂肪 80%～85%。

(一)工艺流程

原料乳→稀奶油的分离→稀奶油的标准化→稀奶油的中和→杀菌→冷却→发酵→物理成熟→加色素→搅拌→洗涤→加盐→压炼→包装→储存(成品)。

(二)操作要点

1. 原料乳

制造奶油用的原料乳，必须是从健康牛挤出来的，而且在色、香、味、组织状态、脂肪含量及密度等各方面都是正常的乳，其酸度应低于 22°T，其他指标应符合国家质量标准。加工酸性奶油的原料中不得有抗生素成分。

2.稀奶油的分离

稀奶油的分离原理是根据乳脂肪与乳中其他成分密度的差异，利用静置或离心的方法使两部分分开。目前，绝大部分企业都使用专用的离心分离机来分离稀奶油。

原料乳的温度过高或过低都会影响分离效果，低温、黏度大分离效率低；高温会导致脂肪球破裂而严重影响脂肪的分离率。脂肪要么几乎全部凝固，要么全部处于液态，这样均能减少游离脂肪的形成。此外，分离钵的转速、分离碟片的间距、乳的流量、乳脂肪球的大小等都会影响分离的效果。

将验收合格的牛乳加热到 50～55℃，然后送入分离机。目前多采用连续的全封闭式奶油分离机，这种分离机分离效果好、效率高，并保证了卫生条件。

3.稀奶油的标准化

稀奶油含脂率直接影响奶油的质量和产量。稀奶油含脂率低时，有利于菌种的发酵，产品香气浓郁；反之，稀奶油过浓时，则容易造成分离机的堵塞，从而使乳脂肪受到损失。间歇法生产新鲜奶油及酸性奶油时，稀奶油的含脂率控制在 30%～35%为宜；采用连续法进行生产时，稀奶油的含脂率控制在 40%～45%为宜。

4.稀奶油的中和

稀奶油的中和直接影响奶油的保存性和成品的品质。在加热杀菌时，酸度高的稀奶油其酪蛋白易受热凝固，导致部分脂肪被包在凝块内而引起乳脂肪损失，凝固物进入奶油使其保存性下降；此外，在储存过程中，酸度过高的奶油易发生水解氧化等现象，影响产品的品质。因此在杀菌前必须对酸度较高的稀奶油进行中和，通过中和可使奶油的风味得以改善，品质统一。

制造甜性奶油时，奶油的酸度应保持在中性附近（pH 6.4～6.8 或 16°T 左右），酸性奶油的酸度以 20～22°T 为宜。

中和稀奶油酸度可使用石灰、碳酸钠、碳酸氢钠、氢氧化钠等添加剂。在实际生产中一般多使用石灰和碳酸钠。添加石灰时，应先配制成 20%的溶液后计算用量使用。使用碳酸钠先将其配成 10%的溶液，再徐徐加入。

5.杀菌及冷却

通过加热杀菌可以杀死稀奶油中的病原菌和腐败菌及其他杂菌和酵母菌等，保证奶油的安全性；破坏稀奶油中脂肪酶，防止脂肪分解酸败，提高奶油的保藏性和增加风味；使得部分挥发性异味物质挥发从而改善产品品质。

杀菌温度直接影响奶油的风味。脂肪的导热性很低，能阻碍温度对微生物的作用，同时为了使酶完全被破坏，因此，一般进行高温巴氏杀菌。稀奶油的杀菌方法一般分为间歇式和连续式两种。小型工厂多采用间歇式杀菌，稀奶油温度达到 85～90℃，保持 20～30 s，加热过程中要进行搅拌。大型工厂则多采用板式高温或超高温瞬时杀菌器进行连续杀菌，高压的蒸汽直接接触稀奶油，瞬间加热至 116℃，3～5 s 后，再进入减压室冷却。此法能使稀奶油脱臭，有助于风味的改善，使得产品气味芳香。

一般生产新鲜奶油时，可冷却至 5℃以下。如果生产甜性奶油，则将经杀菌后的稀奶油冷却至 10℃以下，而后进行物理成熟。如果是制造酸性奶油，需要进入发酵工序，则冷却到稀奶油的发酵温度。

6.发酵

(1)发酵的作用　生产酸性奶油时，需要经过发酵工序。通过发酵过程中产生乳酸，抑制腐败细菌的繁殖因而可提高奶油的保藏性。发酵后的奶油有爽快独特的芳香风味。

(2)发酵菌种　生产酸性奶油用的发酵剂主要为产生乳酸和产生芳香风味的混合菌种。一般可选用的菌种有：乳链球菌、乳脂链球菌、嗜柠檬酸链球菌、副嗜柠檬酸链球菌、丁二酮乳链球菌(弱还原型)、丁二酮乳链球菌(强还原型)。

(3)稀奶油的发酵　将经过杀菌、冷却到 18～20℃的稀奶油注入发酵成熟槽内，添加相当于稀奶油量 3%～5%的工作发酵剂，使其混合均匀。添加时，要徐徐添加并搅拌。搅拌均匀后在 18～20℃温度下发酵。为保证发酵均匀，并促使羟丁酮氧化为丁二酮，需每隔 1 h 搅拌 5 min，直到发酵结束。

7.物理成熟

生产甜性奶油时，一般不需要进行发酵过程，杀菌、冷却后可立即进行物理成熟。生产酸性奶油时，则在发酵前或后，或与发酵同时进行物理成熟。

(1)物理成熟的作用　经杀菌冷却后的稀奶油，需在低温下保存一段时间，即所谓的稀奶油的物理成熟。通过物理成熟可使乳脂肪中的大部分甘油酯由乳浊液状态转变为结晶固体状态，脂肪硬化并破坏了脂肪球磷脂蛋白的保护膜及球膜从而合并成大的聚合体，结晶成固体相越多则在搅拌和压炼过程中乳脂肪损失越少，使搅拌能顺利进行，防止奶油过软及含水量过多并防止乳脂肪损失。

(2)物理成熟的方法　稀奶油必须冷却至奶油脂肪的凝固点以下才能重新凝固，一般要求将杀菌后的稀奶油迅速冷却至 5℃左右而后进行物理成熟。如生产甜性奶油时，稀奶油经杀菌后直接进行低温成熟。杀菌后的稀奶油应冷却至 4～5℃，最少保持 4 h，最好 24 h，以便使乳脂肪充分结晶，完成物理成熟。在某一温度下，使脂肪组织的最大可能的硬化时的状态称为平衡状态。选择温度时，应选择使脂肪尽可能多地变成固态脂肪的温度，即达到平衡状态。温度一般为 5℃，夏季为 3℃，保持 12～15 h，硬化程度可达到 60%～70%。

8.加色素

为了使奶油颜色全年一致，当产品颜色太淡时，即需要添加色素。安那妥是常用的一种天然植物色素，一般用量为稀奶油的0.01%～0.05%。调色时可以利用"奶油标准色"的标本。添加色素通常在搅拌前，直接加到奶油搅拌器内的稀奶油中。

9.搅拌

将稀奶油置于搅拌器中，利用机械的冲击力，使脂肪球膜破坏，而形成脂肪团粒，脂肪游离出来并集结成奶油粒，这一过程称为"搅拌"。搅拌时分离出来的液体称为酪乳。稀奶油的搅拌是奶油制造最重要的操作，其目的是使脂肪球互相聚结而形成奶油粒，同时析出酪乳。此过程要求在较短时间内形成奶油粒，且酪乳中脂肪含量越少越好。搅拌时应注意：

①奶油的脂肪含量应在32%～40%，过高时则会影响成品率。

②物理成熟的程度直接影响搅拌的时间和成品率。一般含脂率低的稀奶油泡沫厚度控制在2～3 mm，中等含脂率的稀奶油泡沫厚度控制在3～4 mm，含脂率高的稀奶油泡沫厚度控制在5 mm为宜。

③搅拌的最初温度，一般夏季为8～10℃，冬季为11～14℃。

④搅拌机中稀奶油的装满程度：搅拌时，搅拌机中装的量过多或过少，均会延长搅拌时间，一般小型搅拌机装入其容积的30%～35%；大型电动搅拌机可装入50%，如果装得过多，则因形成泡沫困难而延长搅拌时间，但最少不得低于20%。

⑤搅拌时的转速：间歇法生产时，一般采用40 r/min左右的转速，转速过快或过慢都会延长搅拌时间。

10.洗涤

奶油粒洗涤是为了除去残余在奶油粒表面的酪乳，并对于奶油的硬度进行调整，同时能使稀奶油的部分异常气味消失。此外，酪乳中含有蛋白质及糖，利于微生物的生长。通过洗涤可减少其在奶油中的含量，提高奶油的保存性。操作时将酪乳放出后，用经过杀菌冷却的清水在搅拌机中对奶油粒进行洗涤，加水量为稀奶油量的50%左右，或者与排放的酪乳的量相当。水温应根据奶油颗粒的软硬程度而定，奶油粒软时，应使用比稀奶油温度低1～3℃的水，注入水后慢速搅拌3～5转，停止旋转，将水放出，有异味时可进行2～3次洗涤。

11.加盐

酸性奶油一般不加盐，甜性奶油有的地区喜欢加盐。加盐是为了增加风味并抑制微生物的繁殖，提高其保藏性。加盐量一般不超过奶油总量的2%，所用的盐必须符合国家特级或一级的标准。加盐时，先将原料盐在120～130℃下烘焙3～5 min，然后通过30目的筛子，待奶油洗涤完成后，在奶油表面均匀加上烘焙过的盐。加盐后静置10 min左右，食盐溶解然后再开启搅拌机使其混合均匀，再静置10 min后即可进行压炼。

12.压炼

奶油压炼是为了调节产品中水分的含量，并使水滴及盐分分布均匀，奶油粒变为组织细腻的团块。奶油压炼方法有搅拌机内压炼和搅拌机外专用压炼机压炼两种，现在大多采用机内压炼方法即在搅拌机内通过轧辊和不通过轧辊对奶油粒进行挤压从而达到压炼的目的。此外还可以在真空条件下压炼，使奶油中空气量减少。实际操作时，一般开始时碾压5～10次，将水分压出，形成奶油层排气后旋转2～3周，而后排出游离水，从奶油层不同部分取出样品测定其含水量。最终压炼完成后奶油的含水量应控制在16%以下，水滴必须达到极微小状态，奶油切面上不允许有流出的水滴。

13.包装

奶油一般根据其用途分为餐桌用奶油、烹调用奶油和食品工业用奶油。前两者必须是优质的小包装。一般采用硫酸纸、塑料夹层纸、铝箔纸等材料进行包装，也有用小型马口铁罐真空包装或塑料盒、涂塑复合纸盒进行包装。食品工业用奶油一般都用较大型的马口铁罐、塑料桶、木桶、复合纸箱等进行包装。奶油包装时应注意：应进行无菌操作，所用器具应进行严格消毒；切勿留有空隙，以防在储存时发生氧化或产生霉斑。

14.储存

包装后的产品尽快送入冷库中储存。当储存期只有2～3周时，可以放入0℃冷库中；当储存6个月以上时，应放入－15℃冷库中；当储存期超过1年时，应放入－25～－20℃冷库中。为了提高奶油的抗氧化和防霉能力，可以在奶油压炼时添加或在包装材料上喷涂抗氧化剂或防霉剂。此外，奶油极易吸收外界异味，因此储存时应注意不得与有异味物质混存。

二、无水奶油的加工

无水奶油(AMF)是以乳和(或)奶油或稀奶油(经发酵或不发酵)为原料，添加或不添加食品添加剂和营养强化剂，经加工制成的脂肪含量不小于99.8%的产品。

无水奶油可被加工成以下3种不同的类型。

无水乳脂：必须含有至少99.8%的乳脂肪，并且必须由新鲜稀奶油或奶油制成，不允许含有任何添加剂，比如用于中和游离脂肪酸的添加物。

无水奶油脂肪：必须含有至少99.8%的乳脂肪，但可以由不同贮期的奶油或稀奶油制成。允许用碱去中和游离脂肪酸。

奶油脂肪：必须含有99.3%的乳脂肪，原材料和加工的详细要求与无水奶油脂肪相同。

(一)工艺流程

无水奶油的生产主要有两种方法：一种是直接用稀奶油(或乳)来生产无水奶油；另一种是通过奶油来生产无水奶油，工艺流程见图10-1。无论采用何种加工方法，如果稀奶油和奶油质量不够好，可以通过洗涤或中和等方法提高产品质量。

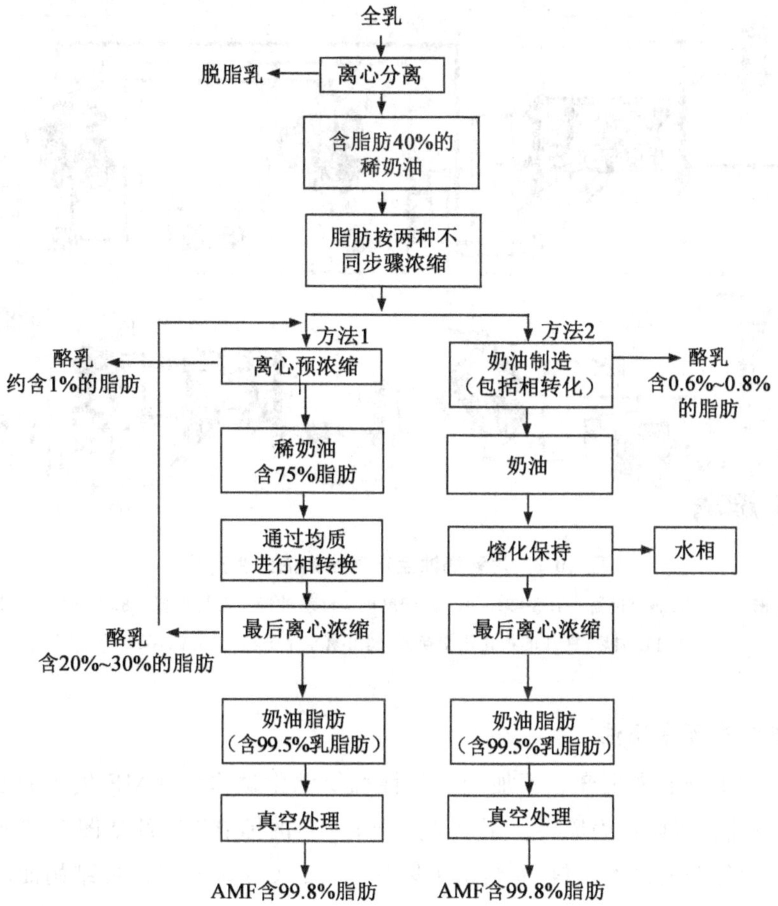

图 10-1　无水奶油的工艺流程

(二)操作要点

1.用稀奶油生产无水奶油

用稀奶油生产无水奶油生产线见图 10-2。

将含脂肪 35%～40%的稀奶油由平衡槽 1 进入无水奶油生产线，然后通过板式热交换器 2 进行温度调整或巴氏杀菌，再被送入预浓缩机 4 进行预浓缩提纯，使脂肪含量达到约 75%(在预浓缩和到板式热交换器时的温度保持在约 60℃)，“轻相”被收集到缓冲罐 6，待进一步加工。同时“重相”即酪乳部分可以通过分离机 5 重新脱脂，脱出的脂肪再与稀奶油在平衡槽 3 混合，脱脂乳再回到板式热交换器 2 进行热回收后到一个储存罐。浓缩稀奶油经缓冲罐 6 后输送到均质机 7 进行相转换，再输送到最终浓缩器 9。均质机工作能力比终浓缩器高，剩余的浓缩物回流至缓冲罐 6。均质过程中部分机械能转化成热能，为避免其对于生产线温度平衡的干扰，因此，在冷却器 8 中要去除多余的热量，最后含 99.8%乳脂肪的奶油在板式热交换器 11 中加热到 95～98℃，送入真空干燥器 12 使其含水量≤0.1%，将干燥后的奶油经冷却的板式热交换器 11 冷却至 35～40℃，然后进行包装。

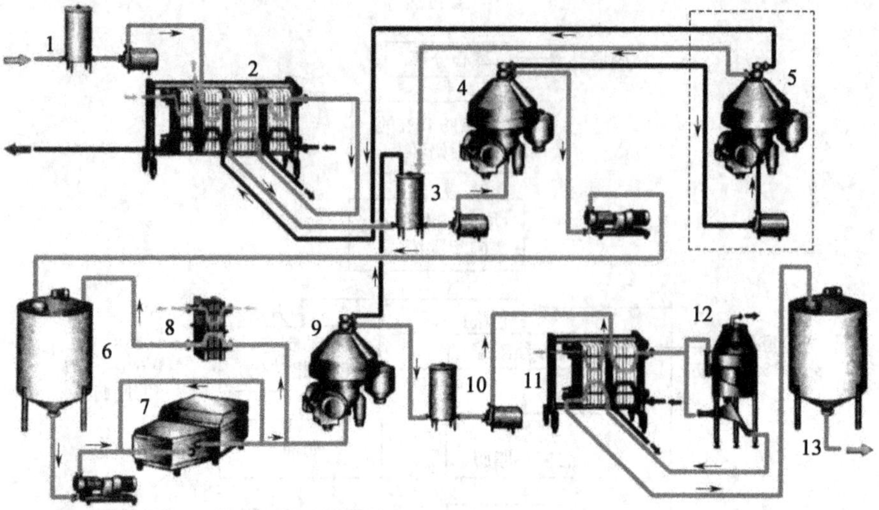

图 10-2 用稀奶油生产无水奶油的生产线

1、3、10. 平衡槽 2. 板式热交换器 4. 预浓缩机 5. 分离机 6. 缓冲罐 7. 均质机 8. 冷却器 9. 最终浓缩机 11. 加热/冷却的板式热交换器 12. 真空干燥器 13. 储存罐

2. 用奶油生产无水奶油

无水奶油常用奶油来生产。不加盐的甜性稀奶油常被作为 AMF 生产的原料，但酸性稀奶油、加盐奶油也可以作为原料。用奶油生产 AMF 的标准生产线如图 10-3 所示，常采用储存过一段时间的奶油作为原料，原料也可以是在-25℃下储存过的冻结奶油。

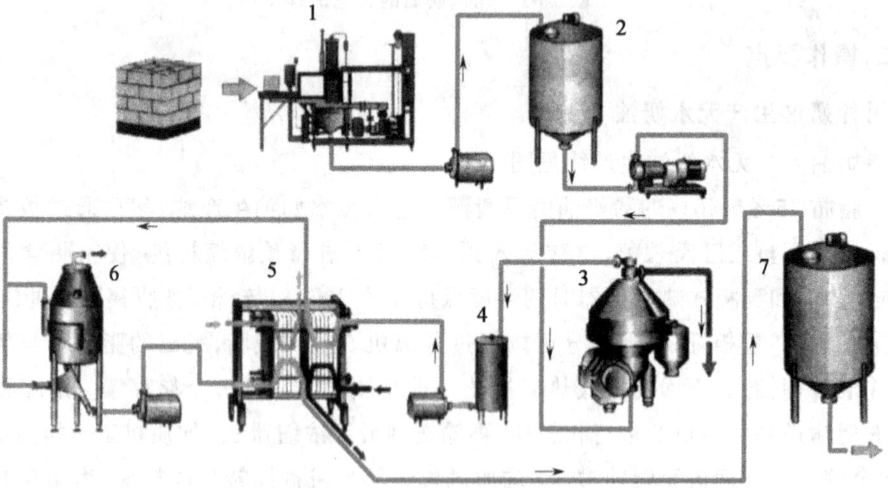

图 10-3 用奶油制作无水奶油的生产线

1. 奶油熔化和加热器 2. 储存罐 3. 浓缩器 4. 平衡槽 5. 加热/冷却用板式热交换器 6. 真空干燥器 7. 储藏罐

熔化和加热后的热奶油被输送到储存罐2，在此可以储存一定时间（20～30 min），主要是确保完全熔化，也是为了使蛋白质絮凝。奶油从储存罐2被输送到最终浓缩器3，浓缩后进入平衡槽4，上层“轻相”含有99.5%的乳脂肪，被输送到板式热交换器5，加热到90～95℃，再到真空干燥器6，最后再回到板式热交换器5，冷却到35～40℃，然后被送入储藏罐7，并进行包装。“重相”如果纯净无杂质可被送至酪乳罐，如果有杂质或有中和剂污染，则被送至废物收集罐。

3.无水奶油的精制

（1）磨光　磨光是用水洗涤从而获得清洁有光泽的产品。具体方法是在最终浓缩后的奶油中加入20%～30%的水，加水的温度应该和奶油的温度相同，保持一段时间，水和水溶性物质（主要是蛋白质）一起被分离出来。

（2）中和　通过中和可以降低奶油中游离脂肪酸的含量。高含量的游离脂肪酸会导致奶油及其制品产生臭味。

将质量分数8%～10%的NaOH加入奶油中，NaOH的加入量应与奶油中游离脂肪酸含量相当，保持10 s后，加入水，加水比例与洗涤时相同，最后皂化的游离脂肪酸和水相一起被分离出来。

（3）分级　分级是将奶油分离成为高熔点和低熔点脂肪的过程，这些分馏物可用于生产不同的产品。具体过程：将无水乳脂肪即通常经洗涤所得到的“纯脂肪”熔化，再慢慢冷却至适当温度，在此温度下，某些分馏物结晶析出，同时低熔点的分馏物仍保持液态，经特殊过滤就可获得一部分晶粒，然后再将滤液冷却至更低温度，其他分馏物结晶析出，经过滤又得到一部分晶粒，如此进行操作可以分级得到不同熔点的制品。

（4）分离胆固醇　分离胆固醇是从无水乳脂肪中去除胆固醇的过程。具体方法是：用改性淀粉或环状糊精和乳脂肪混合，由β-环状糊精分子包裹胆固醇，形成沉淀，通过离心分离的方法去除此沉淀物。

（5）包装　无水奶油可以装入大小不同的容器中，一般对于家庭或饭店而言，1～19.5 kg的盒子比较方便；而对工业生产来说，一般采用大容量容器进行包装。通常在容器中先注入惰性气体氮，形成一个“严密的气盖”保护无水奶油，防止无水奶油吸入空气，产生氧化作用。

参考文献

[1] 朱丹丹.乳品加工技术.北京:中国农业大学出版社,2013.
[2] 李楠.乳品加工技术.重庆:重庆大学出版社,2014.
[3] 苏东海.乳制品加工技术.北京:中国轻工业出版社,2010.
[4] 罗红霞.乳制品加工技术.北京:中国轻工业出版社,2012.
[5] 冯镇.乳品机械与设备.北京:中国轻工业出版社,2013.
[6] 王建.乳制品加工技术.北京:中国社会出版社,2009.
[7] 蔡健,常锋.乳品加工技术.北京:化学工业出版社,2008.
[8] 郭本恒.乳制品生产工艺与配方.北京:化学工业出版社,2007.
[9] 张和平,张列兵.现代乳品工业手册.北京:中国轻工业出版社,2005.
[10] 张兰威.乳与乳制品工艺学.北京:中国农业出版社,2006.
[11] 张和平,张佳程.乳品工艺学.北京:中国轻工业出版社,2007.
[12] 陈志.乳品加工技术.北京:化学工业出版社,2011.
[13] 李慧东,严佩峰.畜产品加工技术.北京:化学工业出版社,2008.
[14] 武建新.乳品生产技术.北京:科学出版社,2011.
[15] 马兆瑞,李慧明.畜产品加工技术及实训教程.北京:科学出版社,2011.
[16] 李凤林,兰文峰.乳与乳制品加工技术.北京:中国轻工业出版社,2010.
[17] 孔保华.乳品科学与技术.北京:科学出版社,2008.
[18] 朱俊平.乳及乳制品质量安全与卫生操作规范.北京:中国计量出版社,2008.
[19] 翁鸿珍.乳与乳制品检测技术.北京:中国轻工业出版社,2007.
[20] 陈历俊.液态乳加工与质量控制.北京:中国轻工业出版社,2008.